高等院校计算机应用系列教材

信息技术基础
(Windows 10+WPS Office)
(微课版)

苏 丹 唐永华 编 著

清华大学出版社
北京

内 容 简 介

本书系统地介绍了基于Windows 10操作系统和WPS Office办公软件的信息技术基础知识。全书共分9章，主要内容包括计算机与信息技术概述、信息素养和信息安全、使用Windows 10操作系统、WPS Office文字处理、WPS Office表格应用、使用WPS Office演示、计算机网络与Internet应用、多媒体技术及应用、计算机应用新技术等。

本书结构清晰，语言简练，实例丰富，可作为高等院校相关专业的教材，也可作为从事计算机信息技术研究与应用人员的参考书。

本书同步的实例操作教学视频可供读者随时扫码学习。书中对应的电子课件、习题答案和实例源文件可以到http://www.tupwk.com.cn/downpage网站下载，也可以扫描前言中的二维码推送配套资源到邮箱。

本书封面贴有清华大学出版社防伪标签，无标签者不得销售。
版权所有，侵权必究。举报：010-62782989，beiqinquan@tup.tsinghua.edu.cn

图书在版编目(CIP)数据

信息技术基础：Windows 10+WPS Office：微课版 / 苏丹，唐永华编著. —北京：清华大学出版社，2023.8（2024.9重印）
高等院校计算机应用系列教材
ISBN 978-7-302-64358-6

Ⅰ.①信… Ⅱ.①苏… ②唐… Ⅲ.①Windows 操作系统—高等学校—教材 ②办公自动化－应用软件－高等学校－教材 Ⅳ.①TP316.7 ②TP317.1

中国国家版本馆CIP数据核字(2023)第144643号

责任编辑：胡辰浩
封面设计：高娟妮
版式设计：妙思品位
责任校对：成凤进
责任印制：刘海龙

出版发行：清华大学出版社
网　　址：https://www.tup.com.cn, https://www.wqxuetang.com
地　　址：北京清华大学学研大厦A座　　　邮　编：100084
社 总 机：010-83470000　　　　　　　　　邮　购：010-62786544
投稿与读者服务：010-62776969，c-service@tup.tsinghua.edu.cn
质 量 反 馈：010-62772015，zhiliang@tup.tsinghua.edu.cn

印 装 者：三河市东方印刷有限公司
经　　销：全国新华书店
开　　本：185mm×260mm　　印　张：19.25　　字　数：492千字
版　　次：2023年10月第1版　　　印　次：2024年9月第2次印刷
定　　价：79.00元

产品编号：100468-01

前　言

随着计算机技术和网络技术的迅猛发展，信息技术已经成为经济社会转型发展的主要驱动力。信息技术是建设创新型国家、制造强国、网络强国、数字强国、智慧社会的基础支撑。培养信息意识与计算思维，提升数字化创新与发展能力，促进专业技术与信息技术融合，有助于满足现代信息化社会学习和生活的要求。

本书全面、翔实地介绍了基于 Windows 10 操作系统和 WPS Office 办公软件的信息技术基础知识。通过本书的学习，读者可以把基本知识和实战操作结合起来，快速、全面地掌握信息技术的各方面知识以及相关的应用，实现融会贯通、灵活运用的效果。

本书共分 9 章，从计算机与信息技术概述开始，然后介绍信息素养和信息安全、使用 Windows 10 操作系统、WPS Office 文字处理、WPS Office 表格应用、使用 WPS Office 演示、计算机网络与 Internet 应用、多媒体技术及应用、计算机应用新技术等内容。

本书同步的实例操作教学视频可供读者随时扫码学习。本书对应的电子课件、习题答案和实例源文件可以到 http://www.tupwk.com.cn/downpage 网站下载，也可以扫描下方的二维码推送配套资源到邮箱。

扫描下载　　　　　　　　　　　　扫一扫

配套资源　　　　　　　　　　　　看视频

本书是作者在总结多年教学经验与科研成果的基础上编写而成的，可作为高等院校相关专业的教材，也可作为从事计算机信息技术研究与应用人员的参考书。

本书由黑河学院的苏丹和鲁迅美术学院的唐永华合作编写完成，其中苏丹编写了第1、3～6 章，唐永华编写了第 2、7～9 章。由于作者水平有限，本书难免有不足之处，欢迎广大读者批评指正。我们的邮箱是 992116@qq.com，电话是 010-62796045。

编　者
2023 年 4 月

目 录

第1章 计算机与信息技术概述 ………… 1
1.1 了解计算机发展历程 ………………… 1
- 1.1.1 认识计算机 ……………………… 1
- 1.1.2 了解计算机的发展阶段 ………… 2
- 1.1.3 中国计算机行业的发展趋势 …… 4

1.2 计算机的分类与应用 ………………… 5
- 1.2.1 计算机的主要性能指标 ………… 5
- 1.2.2 计算机的分类 …………………… 6
- 1.2.3 计算机的应用领域 ……………… 7

1.3 认识计算机系统 ……………………… 7
- 1.3.1 计算机系统的组成和工作原理 … 8
- 1.3.2 计算机硬件系统 ………………… 10
- 1.3.3 计算机软件系统 ………………… 13

1.4 信息与信息技术 ……………………… 14
- 1.4.1 认识信息和数据 ………………… 15
- 1.4.2 了解信息技术及其发展 ………… 16
- 1.4.3 信息化社会 ……………………… 17

1.5 计算机常用数制和信息编码 ………… 20
- 1.5.1 认识数制与进制 ………………… 20
- 1.5.2 进制的转换 ……………………… 22
- 1.5.3 整数与实数 ……………………… 25
- 1.5.4 认识计算机编码 ………………… 26

1.6 计算思维和算法 ……………………… 29
- 1.6.1 认识计算思维 …………………… 29
- 1.6.2 认识算法 ………………………… 30
- 1.6.3 认识程序设计语言 ……………… 32

1.7 课后习题 ……………………………… 33

第2章 信息素养和信息安全 …………… 35
2.1 计算机文化和信息素养 ……………… 35
- 2.1.1 认识计算机文化 ………………… 35
- 2.1.2 认识信息素养 …………………… 36

2.2 计算机职业道德和信息伦理 ………… 37
- 2.2.1 了解计算机职业道德 …………… 37
- 2.2.2 了解信息伦理 …………………… 39
- 2.2.3 了解社会责任 …………………… 40

2.3 信息安全及其相关技术 ……………… 41
- 2.3.1 信息安全概述 …………………… 41
- 2.3.2 信息安全的隐患 ………………… 42
- 2.3.3 信息安全的常见威胁 …………… 43
- 2.3.4 信息安全的防御技术 …………… 45

2.4 信息检索及其相关技术 ……………… 47
- 2.4.1 了解信息检索 …………………… 47
- 2.4.2 了解搜索引擎 …………………… 49
- 2.4.3 检索数字信息资源 ……………… 52

2.5 课后习题 ……………………………… 56

第3章 使用Windows 10操作系统 …… 57
3.1 认识Windows 10操作系统 ………… 57
- 3.1.1 安装Windows 10 ……………… 57
- 3.1.2 启动和退出Windows 10 ……… 59
- 3.1.3 认识桌面、开始菜单和任务栏 … 60

3.2 操作窗口和对话框 …………………… 64
- 3.2.1 窗口的组成 ……………………… 64
- 3.2.2 打开和关闭窗口 ………………… 66
- 3.2.3 窗口的预览和切换 ……………… 66
- 3.2.4 调整窗口大小 …………………… 67
- 3.2.5 窗口的排列 ……………………… 67
- 3.2.6 对话框的组成 …………………… 68
- 3.2.7 使用菜单 ………………………… 69

3.3 管理文件系统·············70
   3.3.1 了解文件和文件夹·········71
   3.3.2 文件和文件夹的基本操作·····72
   3.3.3 设置文件和文件夹········75
   3.3.4 使用回收站············79
3.4 设置个性化系统环境··········80
   3.4.1 更改桌面图标···········80
   3.4.2 更改桌面背景···········81
   3.4.3 自定义鼠标指针的外形·····82
   3.4.4 自定义任务栏···········83
   3.4.5 设置屏幕保护程序········84
   3.4.6 设置显示器参数·········85
   3.4.7 设置系统声音···········86
   3.4.8 创建用户账户···········88
3.5 管理硬件和软件············90
   3.5.1 安装和卸载软件·········91
   3.5.2 查看硬件设备信息········92
   3.5.3 更新硬件驱动程序········93
   3.5.4 设置虚拟内存···········94
3.6 课后习题················96

第4章 WPS Office 文字处理·····97
4.1 认识 WPS Office···········97
   4.1.1 WPS Office 操作界面······97
   4.1.2 WPS 文件基础操作······101
   4.1.3 WPS Office 特色功能·····104
4.2 制作"问卷调查"···········106
   4.2.1 输入文本············106
   4.2.2 设置文本格式·········111
   4.2.3 设置段落格式·········113
   4.2.4 设置项目符号和编号·····116
4.3 制作"公司简介"···········117
   4.3.1 插入图片············117
   4.3.2 插入艺术字··········120
   4.3.3 绘制形状············121
   4.3.4 绘制文本框··········123
   4.3.5 添加表格············124
4.4 制作"员工手册"···········127
   4.4.1 设置页面格式·········127
   4.4.2 添加目录············129
   4.4.3 添加批注············132
   4.4.4 插入页眉、页脚········132
   4.4.5 插入页码············134
   4.4.6 设置样式············135
   4.4.7 打印文档············138
4.5 课后习题···············140

第5章 WPS Office 表格应用·····141
5.1 使用工作簿、工作表和单元格····141
   5.1.1 创建和保存工作簿······141
   5.1.2 添加与删除工作表······143
   5.1.3 重命名工作表·········144
   5.1.4 设置工作表标签的颜色···145
   5.1.5 插入与删除单元格······146
   5.1.6 合并与拆分单元格······147
   5.1.7 设置行高和列宽········147
5.2 制作"员工档案表"··········148
   5.2.1 输入表格数据·········149
   5.2.2 指定数据的有效范围·····152
   5.2.3 设置边框和底纹········153
   5.2.4 应用单元格样式········154
5.3 制作"考核表"············155
   5.3.1 插入公式············155
   5.3.2 插入函数············160
   5.3.3 嵌套函数············162
   5.3.4 使用名称············163
5.4 整理分析"成绩表"数据······164
   5.4.1 数据排序············165
   5.4.2 数据筛选············166
   5.4.3 数据分类汇总·········170
5.5 在"产品销售表"中使用图表····173
   5.5.1 插入图表············173
   5.5.2 设置图表············175
   5.5.3 制作数据透视表········178
   5.5.4 制作数据透视图········183
5.6 课后习题···············185

第6章 使用 WPS Office 演示·····187
6.1 制作"旅游 PPT"··········187

6.1.1 创建演示 187
　　6.1.2 添加和删除幻灯片 189
　　6.1.3 设计幻灯片母版 190
　　6.1.4 添加文本 192
　　6.1.5 插入艺术字 194
　　6.1.6 插入图片 195
　　6.1.7 插入表格 196
6.2 设计"公司宣传PPT"动画 198
　　6.2.1 设计幻灯片切换动画 198
　　6.2.2 添加对象动画效果 200
　　6.2.3 设置动画触发器 203
　　6.2.4 添加动作按钮 204
　　6.2.5 添加超链接 206
6.3 放映和输出"毕业答辩" 207
　　6.3.1 应用排练计时 208
　　6.3.2 设置放映方式 208
　　6.3.3 设置放映类型 211
　　6.3.4 放映演示过程 212
　　6.3.5 输出演示 216
6.4 课后习题 219

第7章 计算机网络与Internet应用 221
7.1 计算机网络基础知识 221
　　7.1.1 计算机网络的形成和发展 221
　　7.1.2 计算机网络的定义和组成 223
　　7.1.3 计算机网络的功能 223
　　7.1.4 计算机网络的分类 225
7.2 计算机网络体系结构 226
　　7.2.1 认识网络协议和网络体系结构 226
　　7.2.2 网络体系结构模型 227
　　7.2.3 计算机网络设备与软件 228
7.3 Internet及其应用 233
　　7.3.1 IP地址与域名 233
　　7.3.2 Internet的接入技术 235
　　7.3.3 Internet提供的服务 236
　　7.3.4 使用浏览器获取Internet上的信息 237
7.4 使用电子邮件 240

　　7.4.1 认识电子邮件和电子邮箱 240
　　7.4.2 使用Outlook收发电子邮件 241
7.5 课后习题 246

第8章 多媒体技术及应用 247
8.1 认识多媒体技术 247
　　8.1.1 多媒体和多媒体技术的概念 247
　　8.1.2 多媒体计算机系统的组成 250
　　8.1.3 多媒体技术的应用和发展 253
8.2 应用音频数据技术 254
　　8.2.1 数字音频基础知识 254
　　8.2.2 音频格式和格式转换 255
　　8.2.3 使用音频处理软件编辑音频 257
8.3 应用图像数据技术 259
　　8.3.1 图像数据基础知识 259
　　8.3.2 图像选区 261
　　8.3.3 处理图像 263
8.4 应用视频数据技术 266
　　8.4.1 数字视频基础知识 266
　　8.4.2 导入并编辑视频 270
　　8.4.3 添加视频效果 274
8.5 应用动画数据技术 275
　　8.5.1 二维和三维动画知识 276
　　8.5.2 制作基本二维动画 276
　　8.5.3 三维建模 281
8.6 课后习题 282

第9章 计算机应用新技术 283
9.1 认识云计算 283
　　9.1.1 云计算的概念 283
　　9.1.2 云计算的服务和部署模式 283
　　9.1.3 云计算的特点和应用 285
　　9.1.4 主流云服务商及其产品 286
9.2 认识移动互联网和物联网 287
　　9.2.1 移动互联网的概念和业务模式 287
　　9.2.2 物联网的定义和特征 288
　　9.2.3 物联网的应用和发展趋势 288
9.3 认识大数据 290
　　9.3.1 大数据的定义和特征 290

9.3.2 大数据的处理技术 ·············291
9.3.3 大数据的应用 ·················291
9.4 认识人工智能 ························293
9.4.1 人工智能的概念和发展 ·······293
9.4.2 人工智能的特点和应用 ·······294
9.4.3 人工智能的开发框架
和平台 ·······················295

9.5 认识虚拟现实 ························296
9.5.1 虚拟现实的概念和特性 ·······296
9.5.2 虚拟现实的分类和应用 ·······297
9.6 认识区块链 ···························298
9.6.1 区块链的定义和特点 ··········298
9.6.2 区块链的应用构想 ············298
9.7 课后习题 ·····························299

第 1 章 计算机与信息技术概述

计算机的产生是 20 世纪重大的科技成果之一,极大地促进了社会信息化的进程和知识经济的发展,引起了社会的变革。以计算机技术为核心的信息技术革命是社会信息化的动力源泉。随着信息技术的发展,信息技术的内容也在不断扩大延伸。

1.1 了解计算机发展历程

自古以来,人类就在不断地发明和改进计算工具,从古老的"结绳计数"到算盘、计算尺、手摇计算机,再到 1946 年第一台电子计算机诞生,经历了几代的演变,并迅速渗透到人类生活和生产的各个领域,在科学计算、工程设计、数据处理以及人们的日常生活中发挥着巨大的作用。

1.1.1 认识计算机

计算机是一种能够存储程序,并按照程序自动、高速、精确地进行大量计算和信息处理的电子机器。科技的进步促使计算机的产生和迅速发展,而计算机的迅速发展又反过来促进了科学技术和生产水平的提高。一个完整的计算机系统由硬件系统和软件系统两大部分组成。计算机硬件是指计算机系统中物理机械装置的总称,计算机软件是计算机程序及其有关文档的集合。没有安装软件的计算机称为"裸机",无法完成任何工作。计算机系统简称计算机,一般指的是"电子计算机",俗称电脑。电子计算机的发展和应用水平,已经成为衡量一个国家科学、技术水平和经济实力的重要标志。计算机的物理实体如图 1-1 所示。

图 1-1 计算机的物理实体

1.1.2 了解计算机的发展阶段

1946年2月,在第二次世界大战期间,由于军事上的需要,美国宾夕法尼亚大学的物理学家莫克利和工程师埃克特等人为弹道导弹研究实验室研究出了著名的电子数值积分计算机(electronic numerical integrator and calculator,ENIAC),如图1-2所示。一般认为,这是世界上第一台数字式电子计算机,它标志着电子计算机时代的到来。

ENIAC的运算速度可以达到5000次/秒加法运算,相当于手动计算的20万倍(据测算,最快的手动计算速度是5次/秒加法运算)或机电式计算机的1000倍。ENIAC可以进行平方、立方运算,正弦和余弦等三角函数计算以及一些更复杂的运算。美国军方对炮弹弹道的计算,之前需要200人手动计算2个月,ENIAC只需要3秒即可完成。ENIAC之后被用于诸多科研领域,它曾在人类第一颗原子弹的研制过程中发挥重要作用。

图1-2 ENIAC

早期的ENIAC是一个重量达30吨、占地面积约170平方米的庞然大物,其使用了大约1500个继电器、18 000只电子管、7000多只电阻和其他各种电子元件,每小时的耗电量大约140千瓦。尽管ENIAC证明了电子真空技术可以极大地提高计算技术,但它本身却存在两大缺点:一是没有真正的存储器,程序是外插型的,电路的连通需要手动进行;二是用布线接板进行控制,耗时长,故障率高。

在ENIAC诞生之前的1944年,美籍匈牙利科学家冯·诺依曼就已经是ENIAC研制小组的顾问。针对ENIAC设计过程中出现的问题,1945年,他以《关于离散变量自动电子计算机(electronic discrete variable automatic computer,EDVAC)的报告草案》为题起草了一份长达101页的总结报告。这份报告提出了制造电子计算机和进行程序设计的新思想,即"存储程序"和

"采用二进制编码"；此外还明确说明了新型的计算机由运算器、逻辑控制装置、存储器、输入设备和输出设备5部分组成，并描述了这5部分的逻辑设计。EDVAC是一种全新的"存储程序通用电子计算机方案"，为计算机的设计树立了一座里程碑。

1949年，首次实现了冯·诺依曼存储程序思想的EDSAC(electronic delay storage automatic calculator，电子延迟存储自动计算机)由英国剑桥大学研制并正式运行。同年8月，EDSAC交付使用，后于1951年开始正式运行，其运算速度是ENIAC的240倍。直到今天，不管是多大规模的计算机，其基本结构仍遵循冯·诺依曼提出的基本原理，因而被称为"冯·诺依曼计算机"。

计算机的发展阶段通常以构成计算机的电子器件来划分，至今已经历四代，目前正在向第五代过渡。每一个发展阶段在技术上都是一次新的突破，在性能上都是一次质的飞跃。下面就来介绍计算机的发展简史。

1. 第一代电子管计算机(1946－1957年)

第一代计算机采用的主要元件是电子管，称为电子管计算机，其主要特征如下。
- 采用电子管元件，体积庞大，耗电量高，可靠性差，维护困难。
- 运算速度慢，一般为1000~10000次/秒加法运算。
- 使用机器语言，几乎没有系统软件。
- 采用磁鼓、小磁心作为存储器，存储空间有限。
- 输入/输出设备简单，采用穿孔纸带或卡片。
- 主要用于科学计算。

2. 第二代晶体管计算机(1958－1964年)

晶体管的发明给计算机技术的发展带来了革命性的变化。第二代计算机采用的主要器件是晶体管，称为晶体管计算机，其主要特征如下。
- 采用晶体管器件，体积大大缩小，可靠性增强，寿命延长。
- 运算速度加快，每秒执行几万条到几十万条指令。
- 提出了操作系统的概念，出现了汇编语言，产生了FORTRAN和COBOL等高级程序设计语言和批处理系统。
- 普遍采用磁心作为内存储器，并采用磁盘、磁带作为外存储器，容量大大提高。
- 计算机应用领域扩大，除科学计算外，还被用于数据处理和实时过程控制。

3. 第三代集成电路计算机(1965－1969年)

20世纪60年代中期，随着半导体工艺的发展，人们已经制造出集成电路元器件。集成电路可以在几平方毫米的单晶硅片上集成十几个甚至上百个电子元器件。第三代计算机开始使用中小规模的集成电路元器件，其主要特征如下。
- 采用中小规模集成电路元器件，体积进一步缩小，寿命更长。
- 运算速度加快，每秒执行指令数可达几百万条。

- 高级语言进一步发展,操作系统的出现使计算机的功能更强,计算机开始被广泛应用于各个领域。
- 普遍采用半导体存储器,存储容量进一步提高,但体积更小、价格更低。
- 计算机的应用范围扩大到企业管理和辅助设计等领域。

4. 第四代大规模和超大规模集成电路计算机(1970年至今)

随着20世纪70年代初集成电路制造技术的飞速发展,产生的大规模集成电路元器件使计算机进入一个崭新的时代,即大规模和超大规模集成电路计算机时代,其主要特征如下。

- 采用大规模(large scale integration,LSI)和超大规模集成电路(very large scale integration,VLSI)元器件,体积与第三代计算机相比进一步缩小,可在硅半导体上集成几十万甚至上百万个电子元器件,可靠性更好,寿命更长。
- 运算速度加快,每秒执行几千万条到几十亿条指令。
- 软件配置丰富,软件系统工程化、理论化,程序设计部分自动化。
- 出现了并行处理技术和多机系统,微型计算机大量进入家庭,产品更新速度加快。
- 计算机在办公自动化、数据库管理、图像处理、语言识别和专家系统等各个领域大显身手,计算机的发展进入以计算机网络为特征的时代。

1.1.3 中国计算机行业的发展趋势

中国的计算机(主要指电子计算机)事业起步于20世纪50年代中期,与国外同期的先进计算机水平相比,起步晚了约10年。在计算机的发展过程中,中国经历了各种困难,走过了一段不平凡的历程。随着科研人员艰苦卓绝的奋斗,使中国的研制水平从与国外的差距整整一代直至达到国际前沿水平。中国自主研发的计算机为国防和科研事业做出了重要贡献,并且推动了计算机产业的发展。截至目前,中国既研制出了世界上计算速度最快的高性能计算机,也成为国际上最大的微机生产基地和主要市场。与此同时,中国计算机行业的发展呈现出多元化、智能化、微型化和专业化的发展趋势。

- 多元化:在21世纪的今天,不管是从全球现状来看还是从国内现状来看,个人计算机已经得到全面普及。不仅如此,当前在生产和生活中,人类对于大型机、巨型机、中微型、小型机等不同型号和功能计算机的依赖程度与需求量在逐年上涨,人类要求其工作效率和工作精准度,甚至在创新水平上都要达到理想水平,因此在当前科技水平范畴内,计算机应用早已形成了多元化趋势发展。不管是在军事、气象、天文、地质,还是在医学、教育,甚至是航天飞机和卫星轨道等领域,对巨型计算机尖端科技也提出了更高和更精准的要求。相信在未来的发展过程中,人类会发现更多领域需要用到计算机,并将使其投入更加先进的理念当中。
- 智能化:目前的计算机已经能够代替人类进行部分脑力劳动和体力劳动,使其工作效率更高,工作效果更精准。虽然当前水平相对于人的逻辑能力显得笨拙,但计算机的智能功能已然在日趋提升,例如无人操控生产车间、智能机器人、电子追踪定位系统等,此类计算机的应用不但大大降低了生产成本,更可以提高工作效率,为人类的生活水平和社会服务水平的提高提供高效的保障,同时也为人类文明的发展又推进了一大步。
- 微型化:原始形态的计算机具有体积大、功耗大、速度慢等特点,不仅如此,其还存在存储容量小、可靠性差、维护困难和价格昂贵等缺点。随着技术的不断推新,当前的计算机已经充分弥补了原始形态的不足,并在应用方面更高一筹。21世纪的人类对计算机使用的方便性又提出了更高的要求,例如手掌微型计算机和人类眼球内置微型计算机正在研发当中。相信在不久的未来,计算机的应用将会从形式、方法、概念等方面实现新的突破。
- 专业化:计算机的应用具备广泛化和专业化,其分布于工业、农业、科技、医疗、教育、军事、航空航天、服务、经济等社会各个角落,同时又有工业控制计算机、车载电脑、智能终端设备、医疗远程控制设备、高精度自动感应设备等具备特殊服务的功能。人类文明关键在于对生活和生产质量的提高,这就要求中国计算机应用水平要不断改革和创新,一方面要加大对计算机技术的研发,掌握核心专利技术,另一方面要不断缩减与发达国家的差距。

1.2 计算机的分类与应用

计算机的种类很多,从不同角度看,计算机有不同的分类方法。随着计算机科学技术的不断发展,计算机的应用领域越来越广泛,应用水平越来越高,正在改变人们传统的工作、学习和生活方式,推动人类社会不断进步。

1.2.1 计算机的主要性能指标

计算机的主要性能指标有以下几种。
- 字长:字长是计算机 CPU 能够同时处理的二进制数的位数。单位是位(bit)。字长决定数据总线的位数(数据总线的位数=字长位数)。64 位机的字长为 64 位,则其数据总线的位数也是 64 位),决定了计算机的处理能力。字长越长,计算机的精度越高,运算速度越快。目前市面上主流计算机的字长通常为 64 位。
- 主频:一般采用主频来描述运算速度,通常主频越高,运算速度就越快。单位是赫兹(Hz),常用 MHz 或 GHz 作为单位。例如,在微型计算机配置中标注 Core i7 3700/3.5G,其含义是 CPU 型号是 Core i7 3700,主频是 3.5GHz。
- 运算速度:通常所说的计算机运算速度(平均运算速度),是指每秒所能执行的指令条数,一般单位采用"百万条指令/秒"来描述,即 MIPS(million instructions per second,每秒执行 10^6 条指令),也可用 BIPS(每秒执行 10^9 条指令)来描述。
- 内存容量(主存容量):计算机内存也称为主存,是 CPU 可以直接访问的存储器。内存容量越大，存储能力越强，计算机的系统功能也就越强。内存容量常用 MB 或 GB 作为单位，目前市场上主流内存的内存容量通常是 8GB、16GB 和 32GB。
- 存取周期：按地址从存储器中取出数据，称为对存储器进行"读"操作；把数据写入存储器，称为对存储器进行"写"操作。存储器进行一次"读"或"写"操作所需的时间称为存储器的访问时间(或读写时间)，一般为几纳秒。存取周期即两次存取操作(如连续的两次"读"操作)之间所需的最短时间。存取周期也可以说是存储器进行一次完整的读/写操作所需的最短时间间隔。存取周期也称为存储周期或存取速度，存取周期越短，则存取速度越快。

1.2.2 计算机的分类

科学技术的发展带动了计算机类型的不断变化，形成了各种不同种类的计算机。不同的应用需要不同类型计算机的支持。计算机最初按照结构原理分为模拟计算机、数字计算机和混合式计算机三类，按用途又可以分为专用计算机和通用计算机两类。专用计算机是针对某类应用而设计的计算机系统，具有经济、实用、有效等特点(例如铁路、飞机、银行使用的就是专用计算机)。通常所说的计算机是指通用计算机，例如学校教学、企业会计做账和家用的计算机就是通用计算机。

对于通用计算机而言，又可以按照计算机的运行速度、字长、存储容量等综合性能进行分类。
- 超级计算机：超级计算机就是常说的巨型机，主要用于科学计算，运算速度在每秒执行亿万条指令以上，数据存储容量很大，结构复杂，价格昂贵。超级计算机是国家科研的重要基础工具，在军事、气象、地质等诸多领域的研究中发挥着重要的作用。目前，国际上对高性能计算机最权威的评测机构是世界超级计算机协会的 TOP500 组织，该组织每年都会公布一次全球超级计算机 500 强排行榜。
- 微型计算机：大规模集成电路与超大规模集成电路的发展是微型计算机得以产生的前提。日常使用的台式计算机、笔记本计算机、掌上电脑等都是微型计算机。目前微型计算机已被广泛应用于科研、办公、学习、娱乐等社会生产和生活的方方面面，是发展最快、应用最为普遍的计算机。
- 工作站：工作站是微型计算机的一种，相当于一种高档的微型计算机。工作站通常配置有容量很大的内存储器和外部存储器，主要面向专业应用领域，具备强大的数据运算与图形图像处理能力。工作站主要是为了满足工程设计、科学研究、软件开发、动画设计、信息服务等专业领域而设计开发的高性能微型计算机。注意：这里所说的工作站不同于计算机网络系统中的工作站，后者是网络中的任一用户节点，可以是网络中的任何一台普通微型计算机或终端。
- 服务器：服务器是指在网络环境中为网上多个用户提供共享信息资源和各种服务的高性能计算机。服务器上需要安装网络操作系统、网络协议和各种网络服务软件，主要用于为用户提供文件、数据库、应用及通信方面的服务。
- 嵌入式计算机：嵌入式计算机需要嵌入对象体系中，是实现对象体系智能化控制的专用计算机系统。例如，车载控制设备、智能家居控制器以及日常生活中使用的各种家用电器都采用了嵌入式计算机。嵌入式计算机以应用为中心，以计算机技术为基础，并且软、硬件可裁剪，适用于对系统的功能、可靠性、成本、体积、功耗有严格要求的场合。

1.2.3 计算机的应用领域

计算机的快速性、通用性、准确性和逻辑性等特点，使其不仅具有高速运算能力，而且具有逻辑分析和逻辑判断能力。这不仅可以大大提高人们的工作效率，而且现代计算机还可以部分替代人的脑力劳动，进行一定程度的逻辑判断和运算。如今，计算机已渗透到人们生活和工作的各个层面，其应用主要体现在以下几个方面。

- 科学计算(或数值计算)：是指利用计算机来完成科学研究和工程技术中提出的数学问题的计算。在现代科学技术工作中，存在大量且复杂的科学计算问题。利用计算机的高速计算、大存储容量和连续运算的能力，可以实现人工无法解决的各种科学计算问题。
- 信息处理(或数据处理)：是对各种数据进行收集、存储、整理、分类、统计、加工、利用、传播等一系列活动的统称。据统计，80%以上的计算机主要用于数据处理。这类工作量大面宽，决定了计算机应用的主导方向。
- 自动控制(或过程控制)：是指利用计算机及时采集检测数据，按最优值迅速对控制对象进行自动调节或自动控制。采用计算机进行自动控制，不仅可以大大提高控制的自动化水平，而且可以提高控制的及时性和准确性，从而改善劳动条件、提高产品质量及合格率。目前，计算机自动控制已在机械、冶金、石油、化工、纺织、水电、航天等领域得到广泛应用。
- 计算机辅助技术：是指利用计算机帮助人们进行各种设计、处理等过程，包括计算机辅助设计(CAD)、计算机辅助制造(CAM)、计算机辅助教学(CAI)和计算机辅助测试(CAT)等。另外，计算机辅助技术还有辅助生产、辅助绘图和辅助排版等。
- 人工智能(或智能模拟)：是指利用计算机模拟人类的智能活动，诸如感知、判断、理解、学习、问题求解和图像识别等。人工智能(artificial intelligence，AI)的研究目标是让计算机更好地模拟人的思维活动，从而完成更复杂的控制任务。
- 网络与通信应用：随着社会信息化的发展，通信业也发展迅速，计算机在通信领域的作用越来越大，促进了计算机网络的迅速发展。目前全球最大的网络(Internet，因特网)，已把全球的大多数计算机联系在一起。除此之外，计算机在信息高速公路、电子商务、娱乐和游戏、新媒体等领域也得到了快速发展。

1.3 认识计算机系统

计算机系统包括硬件系统和软件系统两大部分。计算机是依靠硬件和软件协同工作来完某一给定任务的。所谓"硬件"是指组成计算机的所有实体部件,例如键盘、鼠标、显示器、主机、打印机、磁盘等;所谓"软件"是指建立在硬件基础之上的所有程序和文档的集合。

其中,硬件部件是计算机进行工作的物质基础,任何软件都是建立在硬件基础之上的。离开了硬件,软件将一事无成。如果把硬件系统比作计算机的躯体,那么软件系统就是计算机的头脑和灵魂。这两者是互相依存、密不可分的。

1.3.1 计算机系统的组成和工作原理

完整的计算机系统由硬件系统和软件系统两部分组成。现在的计算机已经发展成一个庞大的家族,其中的每个成员尽管在规模、性能、结构和应用等方面存在很大的差别,但它们的基本结构和工作原理是相同的。

1. 计算机系统的组成

计算机由许多部件组成,但总的来说,一个完整的计算机系统由两大部分组成,即硬件系统和软件系统,如图1-3所示。

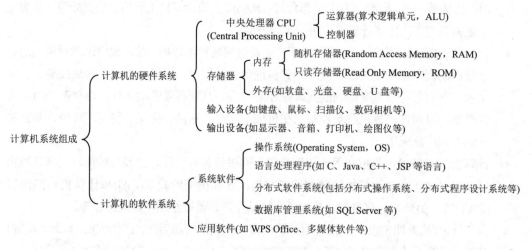

图1-3 计算机系统的组成

2. 计算机的工作原理

在介绍计算机的基本工作原理之前,首先介绍几个相关的概念。

指令是指挥计算机进行基本操作的命令,是计算机能够识别的一组二进制编码。通常一条指令由两部分组成:第一部分指出应该进行什么样的操作,称为操作码;第二部分指出参与操作的数据本身或该数据在内存中的地址。在计算机中,可以完成各种操作的指令很多,计算机所能执行的全部指令的集合称为计算机的指令系统。把能够完成某一任务的所有指令(或语句)有序地排列起来,就组成程序,即程序是能够完成某一任务的指令的有序集合。

现代计算机的基本工作原理是存储程序和程序控制。这一原理是美籍匈牙利数学家冯·诺依曼于1946年提出的,因此又称为冯·诺依曼原理。其主要思想如下:

- 计算机硬件由运算器、控制器、存储器、输入设备和输出设备5个基本部分组成。
- 在计算机内采用二进制的编码方式。
- 程序和数据一样，都存放于存储器中(即存储程序)。
- 计算机按照程序逐条取出指令加以分析，并执行指令规定的操作(即程序控制)。

计算机的基本工作方式如图1-4所示。

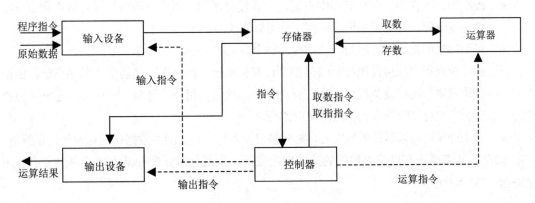

图1-4　计算机的基本工作方式

在图1-4中，实线为数据和程序，虚线为控制命令。首先，在控制器的作用下，计算所需的原始数据和计算步骤的程序指令通过输入设备送入计算机的存储器中。接下来，控制器向存储器发送取指指令，存储器中的程序指令被送入控制器中。控制器对取出的指令进行译码，接着向存储器发送取数指令，存储器中相关的运算数据被送到运算器中。控制器向运算器发送运算指令，运算器执行运算，并得到结果，把运算结果存入存储器中。控制器向存储器发出取数指令，数据被送往输出设备。最后，控制器向输出设备发送输出指令，输出设备将计算机结果输出。一系列操作完成后，控制器再从存储器中取出下一条指令进行分析，执行该指令，周而复始地重复"取指令""分析指令""执行指令"的过程，直到程序中的全部指令执行完毕为止。

- 存储器：存储器是实现"程序内存"思想的计算机部件。冯·诺依曼认为，对于计算机而言，程序和数据是一样的，所以都可以被事先存储。把运算程序事先放在存储器中，程序设计人员只需要在存储器中寻找运算指令，机器就会自行计算，这样就解决了计算器需要每个问题都重新编程的问题。"程序内存"标志着计算机自动运算实现的可能。综上，存储器用来存放计算机运行过程中所需的数据和程序。
- 运算器：运算器是冯·诺依曼计算机中的计算核心，用于完成各种算术运算和逻辑运算，所以也被称为算术逻辑单元(arithmetic logic unit，ALU)。除了计算之外，运算器还应当具有暂存运算结果和传送数据的能力，这一切活动都受控于控制器。
- 控制器：控制器是整个计算机的指挥控制中心，主要功能是向机器的各个部件发出控制信号，使整个机器自动、协调地工作。控制器管理着数据的输入、存储、读取、运算、操作、输出以及控制器本身的活动。

- 输入/输出设备：输入设备用来将程序和原始数据转换成二进制字符串，并在控制器的指挥下将它们按一定的地址顺序送入内存。输出设备则用来将运算结果转换为人们所能识别的信息形式，并在控制器的指挥下由机器内部输出。

按照冯·诺依曼原理构造的计算机称为冯·诺依曼计算机。其体系结构称为冯·诺依曼体系结构。冯·诺依曼计算机的基本特点如下。

- 程序和数据在同一个存储器中存储，二者没有区别，指令与数据一样可以送到运算器中进行运算，即由指令组成的程序是可以修改的。
- 存储器采用按地址访问的线性结构，每个单元的大小是一定的。
- 通过执行指令直接发出控制信号控制计算机操作。指令在存储器中按顺序存放，由指令计算器指明将要执行的指令在存储器中的地址。指令计算器一般按顺序递增，但执行顺序也可以随外界条件的变化而改变。
- 整个计算过程以运算器为中心，输入/输出设备与存储器间的数据传送都要经过运算器。

如今，计算机正在以难以置信的速度向前发展，但其基本原理和基本架构仍然没有脱离冯·诺依曼体系结构。

1.3.2 计算机硬件系统

计算机硬件的基本功能是接受计算机程序的控制，实现数据输入、运算、数据输出等一系列操作。虽然计算机的制造技术从计算机诞生到现在发生了翻天覆地的变化，但在基本的硬件结构方面一直沿用冯·诺依曼结构，即由运算器、存储器、控制器、输入设备和输出设备这 5 个基本部分构成。

下面介绍计算机的主要硬件设备。

1. 中央处理器

控制器和运算器是计算机系统的核心，称为中央处理器(central processing unit，CPU)。CPU 控制计算机发生的全部动作，安装在计算机主机内部，CPU 的主要功能包括处理指令、执行指令、控制时间和处理数据。CPU 主要有 intel 和 AMD 两大品牌，如图 1-5 所示。

图 1-5 CPU

CPU 的工作过程如下：CPU 从存储器或高速缓存取出指令，放入指令寄存器，并对指令译码，即指令分解成一系列微操作，然后发出各种控制命令，执行微操作系列，从而完成一条指令的执行。指令是计算机规定执行操作的类型和操作数的基本命令。

CPU 的性能参数包括主频、外频、倍频系数和缓存等。计算机的性能在很大程度上由 CPU 的性能所决定，而性能主要体现在运行程序的速度上。

2. 存储器

存储器(memory)是计算机用来存放程序和数据的记忆装置。计算机中的全部信息，包括输入的原始信息、经过计算机初步加工后的中间信息以及处理得到的结果信息，都记忆或存储在存储器中。另外，对数据信息进行加工处理的一系列指令所构成的程序也存放其中。存储器通常由主存储器和辅助存储器两部分构成，由此组成计算机的存储体系。

主存储器又称为内存储器、主存或内存，它和运算器、控制器联系紧密，负责与计算机的各个部件进行数据传送。主存储器的存取速度直接影响计算机的整体运行速度，所以在计算机的设计和制造上，主存储器和运算器、控制器是通过内部总线紧密连接的，它们都采用同类电子元器件制成。通常，我们将运算器、控制器、主存储器三大部分合称为计算机的"主机"。

主存储器按信息的存取方式分为 ROM 和 RAM 两种。

- 对于 ROM(read only memory，只读存储器)来说，信息一旦写入就不能更改。ROM 的主要作用是完成计算机的启动、自检、各功能模块的初始化、系统引导等重要功能，只占主存储器很小的一部分。在通用计算机中，ROM 指的是主板(如图 1-6(a)所示)上的 BIOS ROM(其中存储着计算机开机启动前需要运行的设置程序)。
- RAM(random access memory，随机存储器)是主存储器的一部分。当计算机工作时，RAM 能保存数据，但一旦电源被切断，RAM 中的数据将完全消失。通用计算机中的 RAM 有多种存在形式，第一种是大容量、低价格的动态随机存取存储器(dynamic RAM，DRAM)，作为内存(如图 1-6(b)所示)而存在；第二种是高速、小容量的静态随机存取存储器(static RAM，SRAM)，作为内存和处理器之间的缓存(cache)而存在；第三种是互补金属氧化物半导体存储器 CMOS。

(a) 计算机的主板　　　　　　　　　　　(b) 主板上安装的内存

图 1-6　主存储器

从主机的角度看，弥补内存功能不足的存储器被称为辅助存储器，又称为外部存储器或外存。这种存储器追求的目标是永久性存储及大容量，所以辅助存储器采用的是非易失性材料，如硬盘、光盘、磁带等。图1-7所示为硬盘和光盘。

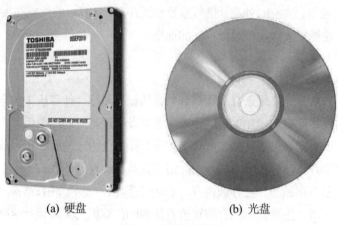

(a) 硬盘　　　　　　　　　　(b) 光盘

图1-7　硬盘和光盘

目前，通用计算机上常见的辅助存储器为硬盘，大致分为机械硬盘(hard disk drive，HDD)、固态硬盘(solid state drive，SSD)和混合硬盘(hybrid hard drive，HHD)三种。其中，机械硬盘是计算机中最基本的存储设备，是一种由盘片、磁头、盘片转轴及控制电机、磁头控制器、数据转换器、缓存等部分组成的硬盘，它在工作时磁头可沿盘片的半径方向运动，加上盘片的高速旋转，磁头就可以定位在盘片的指定位置并进行数据的读写操作，如图1-8(a)所示；固态硬盘由控制单元和存储单元(Flash芯片、DRAM芯片)组成，相比机械硬盘，数据的读写速度更快、功耗更低，但容量较小、寿命较短，并且价格更高，如图1-8(b)所示；混合硬盘是一种既包含机械硬盘，又有闪存模块的大容量存储设备，相比机械硬盘和固态硬盘，数据存储与恢复速度更快，寿命更长，如图1-8(c)所示。

(a) 机械硬盘　　　　　(b) 固态硬盘　　　　　(c) 混合硬盘

图1-8　硬盘

3. 输入设备

输入设备是指用来把数据和程序输入计算机中的设备。常用的输入设备包括键盘、鼠标、扫描仪、数码摄像头、数字化仪、触摸屏、麦克风等。其中，键盘是最常见、最重要的计算机输入设备，虽然如今鼠标和手写输入应用越来越广泛，但在文字输入领域，键盘依旧有着不可动摇的地位，是用户向计算机输入数据和控制计算机的基本工具。图 1-9 所示为键盘和鼠标。

图 1-9　键盘和鼠标

4. 输出设备

输出设备是指用来将计算机的处理结果或处理过程中的有关信息交付给用户的设备。常用的输出设备有显示器、打印机、绘图仪、音响等，其中显示器为计算机系统的基本设备，如图 1-10(a)所示。显示器通过主板上安装的显示适配卡(video adapter，简称显卡，如图 1-10(b)所示)与计算机相连接。显卡在工作时与显示器配合输出图形和文字，其作用是对计算机系统所需的显示信息进行转换驱动，并向显示器提供扫描信号，使信息显示正确。

(a) 显示器　　　　　　　　　　　　　(b) 显卡

图 1-10　输出设备

1.3.3　计算机软件系统

系统软件和应用软件组成了计算机软件系统(software systems)，它是计算机系统中由软件组成的部分，主要功能是帮助用户管理计算机的硬件，控制程序调度，执行用户命令，方便用户使用、维护和开发计算机。

1. 系统软件

系统软件是计算机系统的必备软件，是管理、监控和维护计算机资源(包括硬件和软件)的软件，它支持应用软件的运行。系统软件通常指操作系统、各种计算机语言处理程序、数据库管理系统、系统服务程序等。

- 操作系统：操作系统是控制和管理计算机系统的硬件和软件资源，合理地组织计算机工作流程，以及方便用户使用的程序集合，是人机交互的接口。其作用主要包括以下几点：管理计算机的硬件和软件资源；为用户使用计算机提供友好和方便的接口；最大限度地发挥整个计算机系统的效率。
- 语言处理程序：语言处理程序有汇编程序、编译程序、解释程序等。其作用是把人们编写的源程序转换成计算机能识别并执行的程序。
- 数据库管理系统：计算机处理的数据往往相当庞大，使用数据库管理系统可以有效地实现数据信息的存储、更新、查询、检索、通信控制。常用的数据库管理系统有 SQL Server、Oracle、Sybase、DB2 等。
- 系统服务程序：系统服务程序是一些工具性的服务程序，便于用户对计算机的使用和维护。

2. 应用软件

应用软件是指除了系统软件以外的所有软件，主要包括通用应用软件和专用应用软件。它是用户利用计算机及其提供的系统软件为解决各种实际问题而编制的计算机程序，例如：各种用于科学计算的软件包，各种办公自动化软件，计算机辅助设计、辅助制造、辅助教学软件，图形软件，以及各种工具软件等。

- 通用应用软件：通用应用软件是指具有通用信息功能的商品化软件。它的特点是通用性强，因此可以被许多有类似应用需求的用户所使用。通用应用软件提供的功能往往可以通过选择、设置和调配来满足用户的特定需求。常见的通用应用软件有文字处理软件、表格编辑软件、数据统计分析软件、财务核算软件等。
- 专用应用软件：专用应用软件是满足用户特定要求的应用软件。因为在某些情况下，用户对数据处理的功能需求存在很大的差异性，在通用应用软件不能满足要求时，需要由专业人员采取单独开发的方法，为用户开发具有特定要求的专门的应用软件。

1.4 信息与信息技术

人类已经走进以信息技术为核心的知识经济时代，信息技术正以其广泛的渗透性和高度的先进性与传统产业紧密结合。以计算机技术为基础的高新技术迅猛发展，使社会步入了信息化时代。信息化已成为国民经济的推进器，信息在现实世界中广泛存在，它和人们的关系非常密切。

1.4.1 认识信息和数据

1. 信息

什么是信息(information)？控制论创始人维纳(N. Wiener)曾说过："信息就是信息，它既不是物质也不是能量。"站在客观事物的立场来看，信息是事物运动的状态及状态变化的方式。站在认识主体的立场来看，信息是认识主体所感知(或所表述)的事物运动及其变化方式的形式、内容和效用。信息是一种基本资源，信息是对人有用的数据。

信息是事物的属性的表征。自然信息和社会信息一起构成了当前人类社会的信息体系，人们每时每刻都在自觉或不自觉地接收和传播信息。人类对世界的认知和改造过程就是获取信息、加工信息和发送信息的过程。

2. 数据

数据是指存储在某种媒体上可以加以鉴别的符号资料。数据是信息的载体，是对客观事物记录下来的事实，是描述或表达信息的物理形式。数据是一组可以识别的记号、符号或信号。在计算机领域中，凡是能被计算机所接收和处理的符号都可称之为数据，包括字符、数字图形、图像、声音和活动影像等。

数据有两种形态：一种是人类可读的数据，例如图书、资料等；另一种是机器可读的数据，例如商品包装上的条形码、磁盘或光盘上保存的数码等。

数据通常分为数值数据和非数值数据。数值数据是具有特定值的一类数据，有大小的概念，例如人的体重或年龄等。非数值型数据没有大小的概念，例如图片或音频等。具有数值大小和正负特征的数据称为数值数据。无数值大小和正负特征的数据称为非数值数据。非数值数据有时候也称为字符或符号数据。

数值型数据可以是十进制数、二进制数、八进制数和十六进制数等。数值型数据可以转换为二进制，数值型数据能参与算术运算。

非数值型数据，则采用二进制编码的形式来表示和处理，非数值数据包括西文字母、标点符号、汉字、图形、声音和视频等。非数值型数据不能参与算术运算。无论什么类型的数据，在计算机内部都使用二进制表示和处理。

3. 信息与数据的关系

信息≠数据。信息和数据是密切关联的，生活中经常把信息和数据这两个词互换使用，但本质上是两个不同的概念。信息是有独立意义的，而当数据独立存在时就没有意义。

信息是事物的属性，数据是反映客观事物特征的属性值。同样的信息可以用文字或图像来表述。数据是记录信息的一种形式。信息的符号化就是数据，所以数据是信息的具体表现形式，数据是信息的载体。

信息是数据的内涵意义，信息是数据的内容和解释。信息可以数据化，信息是数据的语义解释，信息是对数据进行加工后得到的结果。

4. 信息的单位

信息主要有以下几种单位。

- 位：现代计算机采用的是二进制，信息单位一般都基于二进制。最小的信息单位是位(bit，读为比特)，记为 bit 或 b，表示 1 个二进制数，1b 就是二进制的一个数位。计算机中最直接最基本的操作就是对二进制位进行操作。
- 字节：计算机基本的存储单位是字节(Byte，读为拜特)，记为 B，表示 1 字节。通常 1 字节占用存储器的 1 个存储单元，即 1 个存储单元存放 8 个二进制数。位是存储数据的最小单位。1 字节=8 位(1B=8b)，即 8 个二进制位称为 1 字节。
- 字：计算机信息交换、加工、存储的基本单元是"字"，记为 Word。在计算机中一般用若干二进制位表示一个数或一条指令，并把它们作为一个整体来处理、存储和传送。这种作为一个整体来处理的二进制位串称为计算机字。这一串二进制位由 1 字节或若干字节构成。表示数据的字称为数据字，表示指令的字称为指令字。
- 字长：字长是 CPU 一次能直接处理的二进制位数，是 CPU 内每个字所包含的二进制数据的长度。目前市场上主流 CPU 多为 64 位处理器，所谓"64 位机"，是指计算机安装的是字长为 64 位的 CPU。一般情况下，字长越长，运算速度越快，计算精度也越高，处理能力就越强。

1.4.2 了解信息技术及其发展

信息技术(information technology，IT)指的是用来扩展人的信息器官功能、协助人们进行信息处理的一类技术。

1. 基本信息技术

在人的信息器官功能中，感觉器官(眼、耳、鼻、舌和身体)能获取信息，神经网络能传递信息，思维器官(大脑)能处理信息并再生信息，效应器官(手脚)能使用信息。

信息处理又称为信息加工。信息处理包括信息的获取、存储、变换(再生)、传输、检测和使用等。信息处理指的是与信息获取(感知、测量、识别、收集、输入等)、信息传递(电话、电报等)、信息加工(分类、计算、分析、综合、转换、检索、管理等)、信息存储(录音、录像等)、信息使用(控制、显示等)等内容相关的行为和活动。

基本的信息技术有：感知与识别技术(扩展感觉器官功能，提高人们的感知范围、感知精度和灵敏度)、通信与存储技术(扩展神经网络功能，消除人们交流信息的空间和时间障碍)、计算处理技术(扩展思维器官功能，增强人们的信息加工处理能力)、控制与显示技术(扩展效应器官功能，增强人们的信息控制能力)。

2. 信息技术的发展

信息技术的研究始于 20 世纪 40 年代，电子计算机的诞生，为信息的采集、存储、分类等提供了有效的途径，以计算机技术为核心的信息技术革命是社会信息化的动力源泉。随着信息技术的发展，信息技术所包含的内容也在不断地变化。

信息技术主要经历了以下三个发展时期。

- 以文字记录为主要信息存储手段，以书信传递为主要信息传递方法，以人工为主要特征的古代信息技术。
- 以录音、电信为主要特征的近代信息技术。
- 以计算机、网络为主要特征的现代信息技术。

3. 信息技术的功能

信息技术的功能是指信息技术有利于自然界和人类社会发展的功用与效能。从宏观上看，信息技术最直接、最基本的功能或作用主要体现在辅助人的功能、开发功能、协同功能、增效功能和先导功能；信息技术的天职就是扩展人的信息器官功能，提高或增强人的信息获取、存储、处理、传输、控制能力。信息技术的根本目标是提高或扩展人类的信息能力。

信息技术对其他高新技术的发展起着先导作用，而其他高新技术的发展又反过来促进信息技术的更快发展。其他技术作用于能源和物质，而信息技术则改变人们对空间、时间和知识的理解。信息技术的普遍应用将会充分挖掘人类的智力资源，对各种生产要素效能的发挥将起到催化和倍增作用。

信息技术对社会产生的负面影响也是多方面的，信息社会带来的问题目前主要有信息污染、信息犯罪、信息侵权、计算机病毒和信息侵略。比如，信息污染主要表现为信息虚假、信息垃圾、信息干扰、信息无序、信息缺损、信息过时、信息冗余、信息误导、信息泛滥、信息不健康等。信息侵略通常是指信息强势的国家通过信息垄断大肆宣扬自己的价值观，用自己的文化和生活方式影响其他国家。

1.4.3 信息化社会

1. 信息化

信息化是指在国民经济和社会各个领域，不断推广和应用计算机、通信、网络及其他信息技术的相关智能技术，达到全面提高经济运行效率、劳动生产率、企业核心竞争力和人民生活质量的过程。信息化与工业化、现代化一样，是一个动态变化的过程，在这个过程中包含三个层面、七大要素。

三个层面：一是信息技术的开发和应用过程，是信息化建设的基础；二是信息资源的开发和利用过程，是信息化建设的核心与关键；三是信息产品制造业不断发展的过程，是信息化建设的重要支撑。这三个层面是相互促进、共同发展的，也是工业社会向信息社会演化的动态过程。

七大要素：信息网络、信息资源、信息技术、信息产业、信息化环境、信息人才和信息安全。

这三个层面、七大要素的相互作用过程就构成了信息化的全部内容。也就是说，信息化是在经济和社会活动中，通过普遍采用信息技术和电子信息装备，更有效地开发和利用信息资源，推动经济发展和社会进步,使由于利用了信息资源而创造的劳动价值在国民生产总值中的比重逐步上升直至占主导地位的过程。

信息化的主要目标是最大限度地开发利用信息资源。信息化的本质是将现实世界中的事物转化成数据并存储到网络空间中,即信息化是一个生产数据的过程。网络空间(cyberspace)是指计算机网络、广播电视网络、通信网络、物联网、卫星网等所有人造网络和设备构成的空间,这个空间真实存在。网络空间中的所有数据构成数据界,例如"互联网+"的应用。

"互联网+"指以互联网为主的一整套信息技术在经济、社会生活各部门的扩散和应用过程,其本质是传统产业和生产过程的在线化、数据化。"互联网+"作用下的传统产业,信息(数据)将作为独立的生产要素存在,并成为驱动产业发展的核心要素。实现了"互联网+"的产业,用户将成为行业创新的源头和终端。产业链将在共享信息的前提下被各参与方重构、优化,产生新的商业模式。

2. 信息化社会

信息社会(information society)也被称为信息化社会,它是指以信息技术为基础、以信息产业为支柱、以信息价值的生产为中心、以信息产品为标志的社会形态。

信息化社会的主要特征主要有以下几点。

- 高渗透性:信息的渗透性决定了信息化发展的普遍服务原则,信息化发展的基本目标就是要让每个社会成员都有权利、有能力享用信息化发展的成果,从而彻底改变社会诸方面的生存状态。
- 生存空间的网络化:这里的网络化不仅仅包括技术方面的具体网络之间的互通互联,而且强调基于这种物质载体之上的网络化社会、政治、经济和生活形态的网络化互动关系。目前信息社会期望与正在实施的是将电信网、有线电视网和计算机网三网合一,并建成全光纤交换网。信息化发展的区域目标是要建设数字城市、数字国家和数字地球。
- 信息劳动者、脑力劳动者的作用日益增大:信息化的发展大大加快了各主体之间的信息交流和知识传播的速度和效率,信息化水平的提高必然表现为国家人口素质的普遍提高,从事信息的生产、存储、分配、交换活动的劳动者及从事相关种类工作的劳动者的人数和比重正在急剧增加。知识成了改革与制定政策的核心因素,技术是控制未来的关键力量,专家与技术人员将成为卓越的社会阶层而发挥重大的历史作用。

虽然信息可以给人类带来利益和财富,但由于信息的过度增长,也会对社会产生一定的负面影响。

- 信息过度增长,导致信息爆炸:信息的日益累积,构成了庞大的信息源,一方面为社会发展提供了巨大的信息动力;另一方面却使人们身处信息的汪洋大海,难以找到自己所需要的信息,反而导致社会信息吸收率下降,信息利用量与信息生产量之间的差距越拉越大,过量的信息流使人们处于一种信息超载的状态。
- 信息失真和信息污染:社会信息流中混杂着虚假错误、荒诞离奇、淫秽迷信和暴力凶杀等信息，这种信息失真、信息噪声乃至信息污染现象，使传统的文化道德、文化准则和价值观念受到冲击，伦理法规容易被弱化。
- 知识产权受到侵害：信息技术完全突破了传统的信息获取方式，复制技术的发展，使信息极易被多次复制和扩散，为大规模侵权提供了方便，更容易产生知识产权纠纷，使知识生产者和数据库生产者的利益受到威胁和侵害。
- 对国家主权和利益的冲击：信息社会中信息技术已成为构成国家实力的重要战略武器，掌握最先进的信息技术的国家在世界舞台上处于有利的支配地位。在信息社会中维护国家安全不仅要靠先进而强大的军事力量，对数据库的占用和在核心信息技术上的领先与控制同样成为国家实力和国家安全的重要组成部分，因此维护国家主权和利益已从军事领域扩展到信息领域。同时，国与国之间的信息差距问题，造成了"马太效应"，即信息技术基础好的国家发展更快，信息技术基础弱的国家发展更慢。这使得国与国之间信息资源的分布、流通和获取极不平衡。
- 另外，信息社会的发展还带来电子犯罪问题、信息经济利益分配问题、个人隐私问题和人际交流问题等。

3. 信息产业

信息产业一般指以信息为资源，以信息技术为基础，进行信息资源的研究、开发和应用，以及对信息进行收集、生产、处理、传递、存储和经营活动，为经济发展及社会进步提供有效服务的综合性的生产和经营活动的行业。

在工业发达国家，一般都把信息当作社会生产力发展和国民经济发展的重要资源，把信息产业作为所有产业核心的新兴产业群，称其为第四产业。

中国对信息产业分类没有统一模式，一般可认为包括7个方面。
- 微电子产品的生产与销售。
- 电子计算机、终端设备及其配套的各种软件、硬件的开发、研究和销售。
- 各种信息材料产业。
- 信息服务业，包括信息数据、检索、查询、商务咨询。
- 通信业，包括计算机、卫星通信、电报、电话、邮政等。
- 与各种制造业有关的信息技术。
- 大众传播媒介的娱乐节目及图书情报等。

信息产业技术发展快，产业门类多，渗透能力强，市场竞争激烈，人才资源尤为重要。目前，我国信息产业规模总量已进入世界大国行列，但是，与国际先进水平相比，我国信息产业在核心技术、产业结构、管理水平、综合效益等方面还存在较大差距，产业发展"大"而不"强"。能否培养和建设一支适应产业发展需要的高素质人才队伍，是推动信息产业持续、健康、快速发展的关键，对提升我国信息产业的核心竞争力，实现信息产业由"大"到"强"的战略转变具有重大意义。

1.5 计算机常用数制和信息编码

在计算机中,信息是以数据的形式表示和使用的,计算机能表示和处理的信息包括数值型数据、字符型数据及音频和视频数据,而这些信息在计算机内部都是以二进制的形式表示的。也就是说,二进制是计算机内部存储、处理数据的基本形式。因此,要了解计算机如何进行工作,就必须了解信息编码、数制概念以及不同数制之间的转换。

1.5.1 认识数制与进制

在实际应用中,需要计算机处理的信息是多种多样的,如各种进位制的数据、不同语种的文字符号和各种图像信息等,这些信息要在计算机中存储并表达,都需要转换成二进制数。了解这个表达和转换的过程,可以使我们掌握计算机的基本原理,并认识计算机各种外部设备的基本原理和作用。

1. 数制

在日常生活中,常用不同的规则来记录不同的数,如 1 年有 12 个月,1 小时为 60 分,1 分为 60 秒,1 米等于 10 分米,1 分米等于 10 厘米等。按进位的方法表示一个数的计数方法称为进位计数制,又称数制。在进位计数制中,最常见的是十进制,此外还有二进制、八进制、十六进制等。在计算机科学中使用的是二进制,但有时为了方便也使用八进制、十六进制。

在计算机的数制中,数码、基数和位权这 3 个概念是必须掌握的。下面简单地介绍这 3 个概念。

- 数码:数制中表示基本数值大小的不同数字符号。例如,十进制有 10 个数码,即 0、1、2、3、4、5、6、7、8、9。
- 基数:一个数值所使用数码的个数。例如,二进制的基数为 2,十进制的基数为 10。
- 位权:一个数值中某一位上的 1 所表示数值的大小。例如,对于十进制的 123 来说,1 的位权是 100,2 的位权是 10,3 的位权是 1。

2. 十进制

十进制计数方法为"逢十进一",一个十进制数的每一位都只有 10 种状态,分别用 0~9 共 10 个数符(数码)表示。任何一个十进制数都可以表示为数符与 10 的幂次乘积之和,如十进制数 5296.45 可写成:

$$5296.45=5\times10^3+2\times10^2+9\times10^1+6\times10^0+4\times10^{-1}+5\times10^{-2}$$

上式称为数值按位权多项式展开,其中 10 的各次幂称为十进制数的位权,10 称为基数。

3. 二进制

基数为 10 的计数制称为十进制,同理,基数为 2 的计数制称为二进制。二进制是"逢二进

一",每一位只有 0 和 1 两种状态,位权为 2 的各次幂。任何一个二进制数,同样可以用多项式之和来表示。例如:

$$1011.01=1\times2^3+0\times2^2+1\times2^1+1\times2^0+0\times2^{-1}+1\times2^{-2}$$

二进制数整数部分的位权从最低位开始依次是 2^0、2^1、2^2、2^3、2^4……,小数部分的位权从最高位依次是 2^{-1}、2^{-2}、2^{-3}、2^{-4}……,其位权与十进制数值的对应关系如表 1-1 所示。

表 1-1 二进制数的位权与十进制数值的对应关系

…	2^4	2^3	2^2	2^1	2^0	2^{-1}	2^{-2}	2^{-3}	…
…	16	8	4	2	1	1/2	1/4	1/8	…

4. 八进制和十六进制

在计算机科学技术中,为了便于记忆和应用,除了使用二进制数之外还使用八进制数和十六进制数。

八进制数的基数为 8,进位规则为"逢八进一",使用 0~7 共 8 个数符,位权是 8 的各次幂。八进制数 3626.71 可以表示为:

$$3626.71=3\times8^3+6\times8^2+2\times8^1+6\times8^0+7\times8^{-1}+1\times8^{-2}$$

十六进制数的基数为 16,进位规则为"逢十六进一",使用 0~9 及 A、B、C、D、E、F 共 16 个符号,其中,A~F 的十进制数值为 10~15。位权是 16 的各次幂。十六进制数 1B6D.4A 可表示为:

$$1B6D.4A=1\times16^3+11\times16^2+6\times16^1+13\times16^0+4\times16^{-1}+10\times16^{-2}$$

5. 进位计数制的表示

综合以上几种进位计数制,可以概括为:对于任意进位的计数制,基数都可以用正整数 R 来表示,称为 R 进制。这时数 N 表示为多项式:

$$N=\pm\sum_{i=m}^{n-1}k_iR^i$$

上式中,m 和 n 均为正整数,k_i 则是 0,1,…,$(R-1)$ 中的任何一个数;R^i 是位权,采用"逢 R 进一"的原则进行计数。

在直接使用计算机内部的二进制数或编码进行交流时,冗长的数字及简单重复的 0 和 1 既烦琐又容易出错,所以人们常用八进制和十六进制进行交流。十六进制和二进制的关系是 $2^4=16$,这表示一位十六进制数可以表达四位二进制数,从而降低了计算机中二进制数的书写长度。二进制和八进制、二进制和十六进制之间的换算也非常直接、简便,避免了数字冗长所带来的不便,所以八进制和十六进制已成为人机交流中常用的记数法。

常用的几种进位计数制表示的方法及其相互之间的对应关系如表1-2所示。

表1-2　4种进位制对照表

十进制	二进制	八进制	十六进制	十进制	二进制	八进制	十六进制
1	1	1	1	9	1001	11	9
2	10	2	2	10	1010	12	A
3	11	3	3	11	1011	13	B
4	100	4	4	12	1100	14	C
5	101	5	5	13	1101	15	D
6	110	6	6	14	1110	16	E
7	111	7	7	15	1111	17	F
8	1000	10	8	16	10000	20	10

前面所介绍的4种进位制在书写时有以下3种表示方法。
- 在数字的后面加上下标(2)、(8)、(10)、(16)，分别表示二进制、八进制、十进制和十六进制的数。
- 把一串数用括号括起来，再加这种数制的下标2、8、10、16。
- 在数字的后面加上进制的字母符号 B(二进制)、O(八进制)、D(十进制)、H(十六进制)来表示。

例如：$10110101_{(2)}=265_{(8)}=181_{(10)}=B5_{(16)}$，也可表示为$(10110101)_2=(265)_8=(181)_{10}=(B5)_{16}$ 或 10110101B=265O=181D=B5H。

1.5.2　进制的转换

不同数制之间的转换包括非十进制数转换为十进制数、十进制数转换为非十进制数、非十进制数之间的转换。

1. 二进制数、八进制数、十六进制数转换为十进制数

将二进制数、八进制数、十六进制数转换为十进制数，可以简单地按照上述多项式求和的方法直接计算出。例如：

$$(101.01)_2 = 1\times 2^2 + 0\times 2^1 + 1\times 2^0 + 0\times 2^{-1} + 1\times 2^{-2} = (5.25)_{10}$$

$$(2576.2)_8 = 2\times 8^3 + 5\times 8^2 + 7\times 8^1 + 6\times 8^0 + 2\times 8^{-1} = (1406.25)_{10}$$

$$(1A4D)_{16} = 1\times 16^3 + 10\times 16^2 + 4\times 16^1 + 13\times 16^0 = (6733)_{10}$$

2. 十进制数转换成非十进制数

将一个十进制数转换成二进制数、八进制数、十六进制数，其整数部分和小数部分分别遵守不同的规则，先以十进制数转换成二进制数为例说明。

1) 十进制整数转换成二进制整数

十进制整数转换成二进制整数通常采用"除2取余，逆序读数"，就是将已知十进制数反复除以2，每次相除后若余数为1，则对应二进制数的相应位为1；若余数为0，则相应位为0。首次除法得到的余数是二进制数的最低位，后面的余数为高位。从低位到高位逐次进行，直到商为0。

例如，求$(13)_{10}=(\quad)_2$。

该数为整数，用"除2取余法"，即将该整数反复用2除，直到商为0；再将余数依次排列，先得出的余数在低位，后得出的余数在高位。

```
2 | 13    余 1    最低位
2 |  6    余 0      ↑
2 |  3    余 1
2 |  1    余 1    最高位
```

由此可得$(13)_{10}=(1101)_2$。

同理，可将十进制整数通过"除8取余，逆序读数"和"除16取余，逆序读数"转换成八进制和十六进制整数。

2) 十进制纯小数转换成二进制纯小数

十进制纯小数转换成二进制纯小数采用"乘2取整，顺序读取"，就是将已知十进制纯小数反复乘以2，每次乘2后所得新数的整数部分若为1，则二进制纯小数相应位为1；若整数部分为0，则相应位为0。从高位向低位逐次进行，直到满足精度要求或乘2后的小数部分是0为止。

例如，求$(0.3125)_{10}=(\quad)_2$。

```
0.3125×2=0.6250    取整 0    最高位
0.6250×2=1.25      取整 1      ↓
0.25×2=0.5         取整 0
0.5×2=1.0          取整 1    最低位
```

由此可得$(0.3125)_{10}=(0.0101)_2$。

多次乘2的过程可能是有限的，也可能是无限的。当乘2后小数部分等于0时，转换即告结束；当乘2后小数部分总不为0时，转换过程将是无限的，这时应根据精度要求取近似值。若未提出精度要求，则一般小数位数取6位；若提出精度要求，则按照精度要求取相应位数。

同理，可将十进制小数通过"乘8(或16)取整，顺序读取"转换成相应的八(或十六)进制小数。

3) 十进制混合小数转换成二进制数

混合小数由整数和小数两部分组成。只需要将其整数部分和小数部分分别进行转换，然后再用小数点连接起来即可得到所要求的混合二进制数。

例如，求$(13.3125)_{10}=($　　$)_2$，只要将前面两例的结果用小数点连接起来即可，如：$(13.3125)_{10}=(1101.0101)_2$。

上述将十进制数转换成二进制数的方法，同样适用于将十进制数转换成八进制数和十六进制数，只不过所用基数不同而已。

又如，求$(58.5)_{10}=($　　$)_8$。

① 先求整数部分，除 8 取余，如：

```
  8 | 58    余 2    ←    最低位
  8 |  7    余 7    ←    最高位
```

② 再求小数部分，乘 8 取整，如：0.5×8=4.0，取整数 4。

③ 整数与小数部分用小数点相连，则结果为：$(58.5)_{10}=(72.4)_8$。

再如，将十进制数 4586.32 转换成十六进制数(取 4 位小数)。

① 先求整数部分，除 16 取余，如：

```
 16 | 4586   余 10(A)   ←    最低位
 16 |  286   余 14(E)         ↑
 16 |   17   余 1
 16 |    1   余 1       ←    最高位
```

② 再求小数部分，乘以 16 取整，如：

　　0.32×16=5.12　　　取整数 5　　　←　　最高位
　　5.12×16=1.92　　　取整数 1　　　　　　↓
　　1.92×16=14.72　　 取整数 14(E)
　　14.72×16=11.52　　取整数 11(B)　　←　　最低位

③ 两部分用小数点相连，则结果为$(4586.32)_{10}=(11EA.51EB)_{16}$。

3. 非十进制数之间的转换

非十进制数之间的转换包括二进制数与八进制数之间的转换、二进制数与十六进制数之间的转换等。

1) 二进制数与八进制数之间的转换

(1) 对于二进制数转换成八进制数，由于 $2^3=8$，每位八进制数都相当于 3 位二进制数。因此，将二进制数转换成八进制数时，只需以小数点为界，分别向左、向右，每 3 位二进制数分为一组，最后不足 3 位时用 0 补足 3 位(整数部分在高位补 0，小数部分在低位补 0)；接着，将每组分别用对应的 1 位八进制数替换，即可完成转换。

例如，把$(11010101.0100101)_2$转换成八进制数。

　　　　　　　　(011　010　101　.　010　010　100$)_2$
　　　　　　　　(　3　　2　　5　.　2　　2　　4　$)_8$

可得(11010101.0100101)$_2$=(325.224)$_8$。

(2) 对于八进制数转换成二进制数，由于 1 位八进制数相当于 3 位二进制数，因此，只要将每位八进制数用相应的二进制数替换，即可完成转换。

例如，把(652.307)$_8$转换成二进制数。

$$(6\quad 5\quad 2\quad .\quad 3\quad 0\quad 7)_8$$
$$(110\quad 101\quad 010\quad .\quad 011\quad 000\quad 111)_2$$

可得(652.307)$_8$=(110101010.011000111)$_2$。

2) 二进制数与十六进制数之间的转换

由于 2^4=16，1 位十六进制数相当于 4 位二进制数，因此仿照二进制数与八进制数之间的转换方法，很容易得到二进制数与十六进制数之间的转换方法。

(1) 对于二进制数转换成十六进制数，只需以小数点为界，分别向左、向右，每 4 位二进制数分为 1 组，不足 4 位时用 0 补足 4 位(整数在高位补 0，小数在低位补 0)；然后将每组分别用对应的 1 位十六进制数替换，即可完成转换。

例如，把(1011010101.0111101)$_2$转换成十六进制数。

$$(0010\quad 1101\quad 0101\quad .\quad 0111\quad 1010)_2$$
$$(2\quad D\quad 5\quad .\quad 7\quad A)_{16}$$

可得(1011010101.0111101)$_2$=(2D5.7A)$_{16}$。

(2) 对于十六进制数转换成二进制数，只需将每位十六进制数用相应的 4 位二进制数替换，即可完成转换。

又如，把(1C5.1B)$_{16}$转换成二进制数。

$$(1\quad C\quad 5\quad .\quad 1\quad B)_{16}$$
$$(0001\quad 1100\quad 0101\quad .\quad 0001\quad 1011)_2$$

可得(1C5.1B)$_{16}$=(111000101.00011011)$_2$。

1.5.3 整数与实数

在计算机中数值信息分成整数(定点数)和实数(浮点数)，下面将分别介绍其各自的特点。

1. 整数

整数不使用小数点，或者说小数点隐含在个位数的右面，所以整数也称"定点数"。计算机中的整数分为不带符号的整数和带符号的整数两类。
- 不带符号的整数：此类整数一定是正整数。
- 带符号的整数：此类整数既可表示正整数，又可表示负整数。

不带符号的整数常用于表示地址、索引等正整数，带符号的整数必须使用一个二进位作为符号位，一般总是最高位(最左边的一位)，"0"表示"+"(正数)，"1"表示"−"(负数)，其余各位表示数值的大小。

例如：

$$00101011 = +43, \quad 10101011 = -43$$

上面表示法称为"原码"，当数值为负的整数在计算机内不采用"原码"而采用"补码"的方法进行表示时，其转换规则如下：

- 原码转为反码时，运算规则是：符号位不变，其余位取反。
- 原码转为补码时，运算规则是：符号位不变，其余位取反加1。
- 例如：(-43)的原码是10101011，(-43)的反码是11010100，(-43)的补码是11010101。正整数的原码和补码的编码相同。

2. 实数

实数通常是既有整数部分又有小数部分的数，整数和纯小数只是实数的特例。

任何一个实数在计算机内部都能用"指数"(称为"阶码"，是一个整数)和"尾数"(这是一个纯小数)表示，这种表示方法称为"浮点表示法"，所以实数又称为"浮点数"。例如：$1001.011 = 2^{100} \times (0.1001011)$，注意，这里的阶码为100，转换为十进制数是4位。浮点数的长度可以是32位、64位，位数越多，可表示的实数的范围就越大；尾数位数越多，可表示的实数的精度就越高。

1.5.4 认识计算机编码

文本由一系列字符组成。为了表示文本，必须先对每个可能出现的字符进行表示并存储在计算机中。同时，计算机中能够存储和处理的只能是用二进制表示的信息，因此每个字符都需要进行二进制编码，称为内码。计算机最早用于处理英文，使用ASCII(american standard code for information interchange，美国信息交换标准代码)码来表示字符；后来也用于处理中文和其他文字。由于字符多且内码表示方式不尽相同，为了统一，出现了Unicode码，其中包括了世界上出现的各种文字符号。

1. ASCII 码

目前，国际上使用的字母、数字和符号的信息、编码系统种类很多，但使用最广泛的是ASCII码。ASCII码最开始时是美国国家信息交换标准字符码，后来被采纳为一种国际通用的信息交换标准代码。

ASCII码共有128个元素，其中包括32个通用控制字符、10个十进制数码、52个英文大小写字母和34个专用符号。因为ASCII码共有128个元素，所以在进行二进制编码表示时需要用7位。ASCII码中的任意一个元素都可以由7位的二进制数$D_6D_5D_4D_3D_2D_1D_0$表示，从0000000到1111111共128种编码，可用来表示128个不同的字符。ASCII码是7位编码，但由于字节(8位)是计算机中的常用单位，因此仍以1字节来存放一个ASCII字符，在每一字节中，多余的最高位D_6取0。表1-3为7位ASCII编码表(省略了恒为0的最高位D_7)。

表1-3 7位ASCII编码表

$D_3D_2D_1D_0$	$D_6D_5D_4$							
	000	001	010	011	100	101	110	111
0000	NUL	DLE	SP	0	@	P	`	p
0001	SOH	DC1	!	1	A	Q	a	q
0010	STX	DC2	"	2	B	R	b	r
0011	ETX	DC3	#	3	C	S	c	s
0100	EOT	DC4	$	4	D	T	d	t
0101	ENQ	NAK	%	5	E	U	e	u
0110	ACK	SYN	&	6	F	V	f	v
0111	BEL	ETB	'	7	G	W	g	w
1000	BS	CAN	(	8	H	X	h	x
1001	HT	EM	)	9	I	Y	i	y
1010	LF	SUB	*	:	J	Z	j	z
1011	VT	ESC	+	;	K	[	k	{
1100	FF	FS	,	<	L	\	l	|
1101	CR	GS	-	=	M	]	m	}
1110	SO	RS	.	>	N	^	n	~
1111	SI	US	/	?	O	_	o	DEL

为了确定某个字符的ASCII码，需要首先在表1-3中找到它的位置，然后确定它所在位置相应的列和行，最后根据列确定高位码($D_6D_5D_4$)，根据行确定低位码($D_3D_2D_1D_0$)，把高位码与低位码合在一起，就是该字符的ASCII码(高位码在前，低位码在后)。例如，字母A的ASCII码是1000001，符号＋的ASCII码是0101011。

ASCII码的特点如下。

- 编码值0~31(0000000~0011111)不对应任何可印刷字符，通常为控制符，用于计算机通信中的通信控制或对设备的功能控制；编码值32(0100000)是空格字符，编码值127(1111111)是删除控制码；其余94个字符为可印刷字符。
- 0~9这10个数字字符的高3位编码为011，低4位编码为0000~1011。当去掉高3位的编码时，低4位正好是二进制形式的0~9。这既满足了正常的排序关系，又有利于完成ASCII码与二进制码之间的转换。

- 英文字母的编码是正常的字母排序关系，并且大小写英文字母编码的对应关系相当简便，差别仅表现在 D_5 位的值为 0 或 1，这十分有利于大小写字母之间的编码转换。

2. Unicode 码

常用的 7 位二进制编码形式的 ASCII 码只能表示 128 个不同的字符，扩展后的 ASCII 字符集也只能表示 256 个字符，无法表示除英语外的其他文字符号。为此，硬件和软件制造商联合设计了一种名为 Unicode 的编码。Unicode 码有 32 位，能表示最多 2^{32}＝4 294 967 296 个符号；Unicode 码的不同部分被分配用于表示世界上不同语言的符号，还有些部分被用于表示图形和特殊符号。

Unicode 字符集广受欢迎，已被许多程序设计语言和计算机系统普遍采用。为了与 ASCII 字符集保持一致，Unicode 字符集被设计为 ASCII 字符集的超集，即 Unicode 字符集的前 256 个字符集与扩展的 ASCII 字符集完全相同。

3. 汉字编码

为了在计算机内部表示汉字以及使用计算机处理汉字，同样要对汉字进行编码。计算机对汉字的处理要比处理英文字符复杂得多，这会涉及汉字的一些编码以及编码间的转换。这些编码包括汉字信息交换码、汉字机内码、汉字输入码、汉字字形码和汉字地址码等。

- 汉字信息交换码：用于在汉字信息处理系统与通信系统之间进行信息交换的汉字代码，简称交换码，也称作国标码。汉字信息交换码直接把第 1 字节和第 2 字节编码拼接起来，通常用十六进制表示，只要在一个汉字的区码和位码上分别加上十六进制数 20H，即可构成该汉字的国标码。例如，汉字"啊"的区位码为1601D，位于 16 区 01 位，对应的国标码为 3021H(其中，D 表示十进制数，H 表示十六进制数)。
- 汉字机内码：为了在计算机内部对汉字进行存储、处理而设置的汉字编码，也称内码。一个汉字在输入计算机后，首先需要转换为汉字机内码，然后才能在机器内传输、存储、处理。汉字机内码的形式也有多种。目前，对应于国标码，一个汉字的机内码也用 2 字节来存储，并把每字节的最高二进制位置为 1，作为汉字机内码的标识，以免与单字节的 ASCII 码产生歧义。也就是说，在国标码的 2 字节中，只要将每字节的最高位置为 1，即可将其转换为汉字机内码。
- 汉字输入码：为了将汉字输入计算机而编制的代码称为汉字输入码，也叫外码。目前，汉字主要经标准键盘输入计算机，所以汉字输入码都由键盘上的字符或数字组合而成。流行的汉字输入码编码方案有多种，但总体来说分为音码、形码和音形码三大类。音码是根据汉字的发音进行编码，如全拼输入法；形码是根据汉字的字形结构进行编码，如五笔字型输入法；音形码则结合了音码和形码，如自然输入法。
- 汉字字形码：又称汉字字模，用于向显示器或打印机输出汉字。汉字字形码通常有点阵和矢量两种表示方式。用点阵表示字形时，汉字字形码指的就是这个汉字字形点阵的代码。根据输出汉字的要求不同，点阵的多少也不同。简易型汉字为 16×16 点阵，提高型汉字为 24×24 点阵、32×32 点阵、48×48 点阵等。点阵规模越大，字形越清晰、美观，所占存储空间越大。
- 汉字地址码：每个汉字字形码在汉字字库中的相对位移地址称为汉字地址码，即汉字字形信息在汉字字库中存放的首地址。每个汉字在字库中都占有固定大小的连续区域，其首地址即该汉字的地址码。输入汉字时，必须通过地址码，才能在汉字字库中找到所需的字形码，最终在输出设备上形成可见的汉字字形。

提示：

在计算机中，数值和字符都需要转换成二进制数来存储和处理。同样，声音、图形、视频等信息也需要转换成二进制数后，计算机才能存储和处理。将模拟信号转换成二进制数的过程称为数字化处理。

1.6 计算思维和算法

计算思维和算法是计算机技术背后的思想和方法，也就是计算机科学家在解决计算科学问题时的思维方法，阐明计算系统的价值实现。

1.6.1 认识计算思维

理论科学、实验科学和计算科学作为科学发展的三大支柱，推动着人类文明进步和科技发展。与三大科学方法相对应的是三大科学思维，即理论思维、实验思维和计算思维。

计算思维又称构造思维，以设计和构造为特征，以计算机学科为代表。计算思维的研究目的是提供适当的方法，使人们借助现代和将来的计算机，逐步实现人工智能的较高目标。例如，模式识别、决策、优化和自控等算法都属于计算思维的范畴。

计算的发展也影响着人类的思维方式，从最早的结绳计数，发展到目前的电子计算机，人类的思维方式发生了相应的改变(如计算生物学改变着生物学家的思维方式，计算机博弈论改变着经济学家的思维方式，计算社会科学改变着社会学家的思维方式，量子计算改变着物理学家的思维方式)。计算思维已经成为利用计算机求解问题的一种基本思维方法。

"计算思维"是美国卡内基·梅隆大学(Carnegie Mellon University，CMU)周以真(Jeannette M. Wing)教授提出的一种理论。周以真教授认为：计算思维是指运用计算机科学的基础概念来求解问题、设计系统和理解人类行为，它涵盖了计算机科学的一系列思维活动。

国际教育技术协会(International Society for Technology in Education，ISTE)和计算机科学教师协会(Computer Science Teachers Association，CSTA)在2011年对计算思维给出了一个可操作的定义，即计算思维是一个解决问题的过程，该过程包含以下几个特点。

- 拟定问题，并且能够利用计算机和其他工具来解决问题。
- 符合逻辑地组织和分析数据。
- 通过抽象(如模型、仿真等)再现数据。

- 通过算法思想(一系列有序的步骤)，支持自动化的解决方案。
- 分析可能的解决方案，找到最有效的方案，并且有效地应用这些方案和资源。
- 对该问题的求解过程进行推广，并移植到更广泛的问题中。

我们已经知道，计算思维是人的思维，但并不是所有的"人的思维"都是计算思维。比如，一些我们觉得困难的事情，如累加和、连乘积、微积分等，用计算机来做就很简单；而一些我们觉得容易的事情，如视觉、移动、顿悟、直觉等，用计算机来做就比较困难。例如，让计算机分辨一只动物是猫还是狗，可能就不太容易办到。

但在不久的将来，那些可计算的、难计算的甚至不可计算的问题也都会有"解"的方法。这些立足计算本身来解决问题，包括问题求解、系统设计以及人类行为理解等一系列的"人的思维"就称为广义的计算思维。

狭义的计算思维基于计算机科学的基本概念，而广义的计算思维基于计算科学的基本概念。广义的计算思维显然是对狭义的计算思维概念的外延和拓展以及推广和应用。狭义的计算思维更强调由计算机作为主体来完成，而广义的计算思维则拓展到由人或机器作为主体来完成。不过，它们虽然是涵盖所有人类活动的一系列思维活动，但却都建立在当时的计算过程的能力和限制之上。计算思维已渗透到社会的各个学科、各个领域，并正在潜移默化地影响和推动各领域的发展，成为一种发展趋势。

1.6.2 认识算法

通俗地讲，算法就是定义任务如何一步一步执行的一套步骤。在日常生活中，我们经常会碰到算法。比如，如果我们每天都需要乘坐地铁，那么乘坐地铁的过程步骤也是一种算法。计算机与算法有着密不可分的关系。正如上面举例说明的算法会影响我们的日常生活一样，计算机上运行的算法也会影响我们的生活。

1. 算法的基本定义

算法(algorithm)被公认为计算机科学的灵魂。简单地说，算法就是解决问题的方法和步骤。在实际情况下，方法不同，对应的步骤也不一样。在设计算法时，首先应考虑采用什么方法，方法确定了，再考虑具体的求解步骤。任何解题过程都是由一定的步骤组成的，我们通常把关于解题过程准确而完整的描述称为求解这一问题的算法。

进一步说，程序就是用计算机语言表述的算法，流程图则是图形化之后的算法。既然算法是解决给定问题的方法，那么算法的处理对象必然是该问题涉及的相关数据。因此，算法与数据是程序设计过程中密切相关的两个方面。程序的目的是加工数据，而如何加工数据是算法的问题。程序是数据结构与算法的统一。著名计算机科学家、Pascal 语言发明者尼古拉斯·沃斯(Niklaus Wirth)教授提出了以下公式：

$$程序＝算法＋数据结构$$

这个公式的重要性在于表达了以下思想：既不能离开数据结构去抽象地分析程序的算法，也不能脱离算法去孤立地研究程序的数据结构，而只能从算法与数据结构的统一上去认识程序。换言之，程序就是在数据的某些特定表示方式和结构的基础上，对抽象算法的计算机语言具体表述。

当使用一种计算机语言描述某个算法时，其表述形式就是计算机语言程序；而当某个算法的描述形式详尽到足以用一种计算机语言来表述时，"程序"不过是瓜熟蒂落、唾手可得的产品而已。因此，算法是程序的前导与基础。从算法的角度，可以将程序定义为：为解决给定问题的计算机语言有穷操作规则(如低级语言的指令、高级语言的语句)的有序集合。当采用低级语言(机器语言和汇编语言)时，程序的表述形式为"指令(instruction)的有序集合"；当采用高级语言时，程序的表述形式为"语句(statement)的有序集合"。

算法可以用任何形式的语言和符号来表示，通常有自然语言、伪代码、流程图、N-S 图、PAD 图、UML 等。

2. 算法的基本特征

算法的基本特征有以下 5 个。

- 有穷性：一个算法必须在有穷步骤后结束，即算法必须在有限时间内完成。这种有穷性使得算法不能保证一定有解，结果包括以下几种情况：有解；无解；有理论解；有理论解，但算法运行后，没有得到解；不知道有没有解，但在算法执行有穷步骤后没有得到解。
- 确定性：算法中的每一条指令必须有确切含义，无二义性，不会产生理解偏差。算法可以有多条执行路径，但是对于某个确定的条件值，只能选择其中的一条路径执行。
- 可行性：算法是可行的，里面描述的操作都可以通过基本的有限次运算来实现。
- 输入：一个算法有零个或多个输入，输入取自某些特定对象的集合。有些输入在算法执行过程中输入，有些算法则不需要外部输入，输入已被嵌入算法中。
- 输出：一个算法有一个或多个输出，输出与输入之间存在某些特定的关系。不同的输入可以产生不同或相同的输出，但是相同的输入必须产生相同的输出。

需要说明的是，有穷性这一限制是不充分的。实用的算法不仅要求有穷的操作步骤，而且应该尽可能包含有限的步骤。

3. 算法的作用

一台机器(例如计算机)在执行任务之前，必须先找到与之兼容的执行任务的算法。算法的表示被称作程序(program)。为了方便人类读写，程序通常打印在纸上或显示在计算机屏幕上；为了便于机器执行，程序需要以一种与机器兼容的形式编码。开发程序并将其编码成与机器兼容的形式，然后输入机器中的过程称为编程(programming)。程序及其体现的算法共同被称为"软件"(software)，而机器本身则被称为"硬件"(hardware)。

可通过算法的方式捕获并传达智能(或者至少是智能行为)，从而使我们能够让机器执行有意义的任务。因此，机器表现出来的智能受限于算法本身可以传达的智能。只有当执行某任务的算法存在时，我们才可以制造出执行该任务的机器。换言之，如果执行某任务的算法还不存在，那么该任务就已经超出机器的能力范围了。

20世纪30年代，库尔特·哥德尔(Kurt Gödel，美籍奥地利数学家、逻辑学家和哲学家)发表了有关不完备性理论的论文，算法能力成为数学领域的研究命题。这一理论从本质上阐述了在任何包含传统算术系统的数学理论中，总有通过算法方式不能确定真伪的命题。简单来说，对算术系统的任何完整性研究都超出了算法活动的能力范围。这一发现动摇了数学领域的基础，但对算法能力的研究相继到来，后者就是当今计算机领域的开端。正是对算法的研究，组成了计算机科学的核心。

4. 解决问题的算法

求解一个问题时，可能会有多种算法可供选择。选择的标准首先是算法的正确性、可靠性、简单性；其次是算法所需的存储空间少和执行速度快等。

- 问题的抽象描述：遇到实际问题时，首先把它形式化，将问题抽象为一个一般性的数学问题。对需要解决的问题用数学形式描述它，先不要管是否合适。然后通过这种描述来寻找问题的结构和性质，看看这种描述是否合适，如果不合适，再换一种方式。通过反复的尝试，不断的修正，从而得到一个满意的结果。在遇到一个新问题时，通常都是先用各种各样的小例子去不断尝试，在尝试的过程中，不断地与问题进行各种各样的碰撞，然后发现问题的关键性质。
- 理解算法的适应性：需要观察问题的结构和性质，每一个实际问题都有它相应的性质和结构。每一种算法技术和思想，如分治算法、贪心算法、动态规划、线性规划、遗传算法、网络流等，都有它们适宜解决的问题。例如，动态规划适宜解决的问题需要有最优结构和重复性子问题。一旦看到有出现问题的结构和性质，就可以用现有的算法去解决它。而用数学的方式表述问题，更有利于我们观察出问题的结构和性质。
- 建立算法：这一步要求建立求解的算法，即确定问题的数学模型，并在此模型上定义一组运算，然后对这组运算进行调用和控制，根据已知数据导出所求的结果。在建立数学模型时，找出问题的已知条件、要求的目标以及在已知条件和目标之间的联系。算法的描述形式有数学模型、数据表格、结构图形、伪代码、程序流程图等。

1.6.3 认识程序设计语言

获得了问题的算法并不等于问题可解，问题是否可解还取决于算法的复杂性，即算法所需要的时间和空间在数量级上能否被接受。算法对问题求解过程的描述比程序粗略，用编程语言对算法经过细化编程后，可以得到计算机程序，而执行程序就是执行用编程语言描述的算法。

程序设计语言主要有机器语言、汇编语言、高级语言三类。汇编语言和高级语言的语言处理程序有汇编程序、解释程序、编译程序等。

1. 机器语言

机器语言是指用计算机能识别的0、1指令代码表达的程序设计语言，它是由一系列机器指令所构成的，执行速度快。机器语言是用二进制代码来编写计算机程序，因此又称二进制语言。不同类型的计算机，其机器语言(指令系统)有所不同。

机器语言特点是：可移植性差，书写困难，记忆困难，一般很难掌握，机器语言是计算机唯一能直接识别和执行的计算机语言。

2. 汇编语言

汇编语言是指用一些能反映指令功能的助记符来表达机器指令的符号式语言。由于机器语言的缺陷，人们开始用助记符编写程序，用一些符号代替机器指令所产生的语言

汇编语言与机器语言基本上是一一对应的，可移植性差，但比后者更便于记忆；汇编语言和机器语言都是面向机器的程序设计语言，一般将它们称为"低级语言"。

把汇编语言编写的源程序翻译成机器代码的过程称为汇编，完成此项工作的语言处理程序称为汇编程序。汇编语言编写的源程序不能被计算机直接识别，需要用语言处理程序将源程序汇编和连接成能被计算机直接识别的二进制代码(机器语言程序)，计算机才能执行。

3. 高级语言

为了克服机器语言和汇编语言的缺陷，人们开始研究一种既接近自然语言又简单易懂的语言，产生了高级语言。高级语言是用类似于人们熟悉的自然语言和数学语言形式来描述解决实际问题的计算机语言，也是独立于机器的一种程序设计语言，可移植性好，编程效率较高。

高级语言中，常用的解释语言有 Basic、PHP 等，常用的编译型语言有 C、FORTRAN、Pascal 等。高级语言中，Basic、FORTRAN、Pascal、C、COBOL 等语言是面向过程的；Java、C++、Lisp 等语言是面向对象的；VC++、VC#、VJ++、VFP、VB、Delphi 等是可视化程序设计语言。

用高级语言编写的源程序不能被计算机直接识别，需要"翻译"。高级语言的翻译程序有两种工作方式：解释方式和编译方式，相应的翻译工具也分别称为解释程序和编译程序。

1.7 课后习题

1. 简述计算机的应用领域和发展趋势。
2. 计算机的硬件系统和软件系统主要包含哪几个方面？

3. 简述信息、信息技术及信息化社会。
4. 了解计算机常用的几个进制及其相互转换。
5. 了解计算思维和算法。
6. 将$(1101.1)_2$转换为十进制数。

第 2 章

信息素养和信息安全

信息素养与职业文化是指在信息技术领域，通过对行业内相关知识的认知，内化形成的素养和行业行为自律能力。伴随着信息技术和产业的不断发展，信息和网络安全问题也日显突出。本章主要介绍信息素养、信息伦理以及信息安全、信息检索等相关内容。

2.1 计算机文化和信息素养

计算机文化是人类社会中产生的新型文化，由此人类生活、学习方式都产生了明显变化。如今应对如此复杂多变的社会环境，需要提高自身的信息素养水平来适应社会。

2.1.1 认识计算机文化

文化是人类社会的特有现象。文化即人类行为的社会化，是人类创造功能和创造成果的最高和最普遍的社会形式。文化的核心是观念和价值。文化发展的四个里程碑就是：语言的产生、文字的使用、印刷术的发明、计算机文化。

1. 计算机文化的概念

计算机文化是以计算机为核心，集计算思维、网络文化、信息文化、多媒体文化于一体，并对社会生活和人类行为产生广泛、深远影响的新型文化。在计算机文化的形成过程中，计算机高级语言的使用、微型计算机的普及、信息公路的提出，这三件大事起到了重大的促进作用。

计算机文化是人类社会的生存方式因使用计算机而发生根本性变化，从而产生的一种崭新文化形态，这种文化形态可以体现如下。

- 计算机理论及其技术对自然科学、社会科学的广泛渗透表现的丰富文化内涵。
- 计算机的软硬件设备，作为人类所创造的物质设备丰富了人类文化的物质设备品种。
- 计算机应用介入人类社会的方方面面，从而创造和形成的科学思想、科学方法、科学精神、价值标准等成为一种崭新的文化观念。

2. 职业文化的概念

所谓职业文化，是指"人们在职业活动中逐步形成的价值理念、行为规范、思维方式的总称，以及相应的礼仪、习惯、气质与风气，其核心内容是对职业有使命感，有职业荣誉感和良好的职业心理，遵循一定的职业规范以及对职业礼仪的认同和遵从"。

中国高校的职业文化构建应当以社会主义精神文明为导向，以社会主义核心价值观为指导，以职业的参与者为主体，以社会职业道德为基本内涵，以追求职业主体正确的职业理念、职业态度、职业道德、职业责任、职业价值为出发点和落脚点而构建的文化体系。职业素养主要指职业人才从业须遵守的必要行为规范，旨在充分发挥劳动者的职业品质。职业素养即职场人技术与道德的总和，主要包括职业道德、职业技能、职业习惯与职业行为。好的职业素养能够指引职场人才成熟应对各项工作，指引劳动者创造更多的价值。教育部在《关于全面提高高等职业教育教学质量的若干意见》中指出："要高度重视学生的职业道德教育和法制教育，重视培养学生的诚信品质、敬业精神和责任意识、遵纪守法意识，培养一批高素质的技能型人才。"其中，诚信品质、敬业精神和责任意识等都属于职业文化的范畴。

2.1.2 认识信息素养

1. 信息素养的概念

信息素养(information literacy)与社会责任是指在信息技术领域，通过对信息行业相关知识的了解，内化形成的职业素养和行为自律能力。信息素养与社会责任对个人在各自行业内的发展起着重要作用。

信息素养更确切的名称应该是信息文化，也称为信息素质。信息素养是基于信息意识、信息知识、信息伦理，通过确定、检索、获取、评价、管理、应用信息解决所遇到的问题，并以此重构自身知识体系的综合能力和基本素质。

信息素养是一种对信息社会的适应能力。21世纪的能力素质，包括基本学习技能(指读、写、算)、信息素养、创新思维能力、人际交往与合作精神、实践能力。信息素养是其中一个方面。

2. 信息素养的内涵

信息素养主要包括信息意识、信息知识、信息能力、信息道德四个方面的内容。其中信息意识是前提，信息知识是基础，信息能力是保证，信息道德是准则。

信息素养是一种综合能力，信息技术是它的一种工具。信息技术是信息素养的支撑。通晓信息技术，加强对技术的理解、认识和使用，是信息能力的重要组成部分。信息技术是一把双刃剑，它一方面给掌握信息技术的人带来极大便利或效益，另一方面也可能给人们带来信息泄密等问题。

3. 信息素养的目标与层次

信息素养教育的目标是培养终身学习能力。获得终身学习能力是信息素养教育的核心目标。

信息素养教育的第一个层次是拓宽视野，使人们知道这个世界上原来还有这么多信息资源；信息素养教育的第二个层次是训练信息获取能力；信息素养教育的第三个层次是培养信息利用能力。

2.2 计算机职业道德和信息伦理

道德是人与人、人与人群关系的行为法则，它是一定社会背景下人们的行为规范，赋予人们在动机或行为上的是非善恶判断标准。在使用计算机时，我们一定要遵守相应的道德伦理规范，与各种不道德行为和犯罪行为做斗争。

2.2.1 了解计算机职业道德

任何一个职业都要求从业人员遵守一定的职业和道德规范，同时承担起维护这些规范的责任。虽然这些职业和道德规范没有法律法规所具有的强制性，但遵守这些规范对行业的发展至关重要。计算机相关的职业也不例外。

1. 计算机专业人员的道德准则

作为计算机科学技术专业人员，在本专业领域的处世行事中都会遇到由于计算机的使用而带来的一些特殊的道德问题。这些问题大到涉及国家机密，小到影响"网上信誉"。因此，计算机从业人员需要遵守基本的道德规范、道德准则和职业道德。

美国计算机学会(american for computing machinery，ACM)制定了 24 条规范的《ACM 道德和职业行为规范》，其中最基本的几条准则也是从业人员需要遵守的基本道德规范、道德准则和职业道德。

- 为社会进步和人类生活的幸福做贡献。
- 不伤害他人、尊重别人的隐私权。
- 做一个讲真话并值得别人信任的人。
- 公平公正地对待别人。
- 尊重别人的知识产权。
- 使用别人的知识产权应征得别人同意并注明。
- 尊重国家、公司、企业特有的机密。

计算机专业人员除了遵循基本道德准则以外，还应有以下 3 个方面的职业责任。

- 尽可能做好本职工作，要确保每一个程序尽可能正确，即使没有人能在近期内发现它存在的错误，也要尽一切可能排除错误的隐患。即使有丰富经验的程序员，写出的程序也有可能存在错误。大多数复杂的程序有许多条件的组合，要测试程序的每一种条件组合是不可能的。程序无论大小都可能存在错误。一个尽职的程序员应配合大家对工作进行多层次的复查,以确保尽最大努力排除程序出错的可能性。
- 保证计算机系统安全。俗话说"最难防范的人是内部有知识的雇员",这句话说出了关于计算机安全系统的弱点所在。计算机专业人员有机会接触公司的数据及操作这些数据的设备,要保持数据的安全和正确,在一定程度上依赖于计算机专业人员的道德。
- 离开工作岗位应保守公司的私密。当离开公司时,专业人员不应该带走本人为公司开发的程序,也不应该把公司正在开发的项目告诉其他公司。

2. 软件工程师的道德规范

现在,计算机越来越成为商业、工业、政府、医疗、教育、娱乐、社会事务以及人们日常生活的中心角色,那些直接或间接从事设计和开发软件系统的人员有着极大的机会,既可以从事善举也可以从事恶行,同时还能影响或使得他人做同样的事情。为尽可能使软件工程师致力于软件开发,必须要求他们自己所进行的软件设计和开发是有益的,所从事的是受人尊敬的职业。为此,从1993年开始,IEEE成立专门的指导委员会,1994年1月,IEEE和ACM成立联合指导委员会,负责为软件工程职业实践制定一组适当标准,以此作为工业决策、职业认证和教学课程的基础。软件工程师应遵守的道德规范如下。
- 准则1(产品):软件工程师应尽可能确保他们开发的软件对于公众、雇主、客户以及用户是有用的,在质量上是可接受的,在时间上要按期完成并且费用合理,同时无错。
- 准则2(公众):从职业角度来讲,软件工程师应当始终关注公众利益,按照与公众的安全、健康和幸福相一致的方式发挥作用。
- 准则3(客户与雇主):软件工程师应当有一个认知,什么是其客户和雇主的最大利益,他们应该以职业的方式担当客户或雇主的忠实代理人和委托人。
- 准则4(判断):在与准则1保持一致的情况下,软件工程师应尽可能维护他们职业判断的独立性,并保护判断的声誉。
- 准则5(管理):具有管理和领导职能的软件工程师应该公平行事,使得并鼓励他们所领导的人履行自己的和集体的义务,包括本规范中要求的义务。
- 准则6(职业):软件工程师应该在职业的各个方面提高职业的正直性和声誉,并与公众的健康、安全和福利要求保持一致。
- 准则7(同事):软件工程师应该公平地对待所有与他们一起工作的人,并采取积极的行动支持团队的活动。
- 准则8(本人):软件工程师应该在他们的整个职业生涯中努力增加他们从事职业所需具有的能力。

3. 企业道德准则

一个企业或机构必须保护它的数据不丢失、不被破坏、不被滥用或不被未经允许的访问;否则,这个机构就不能有效地为它的客户服务。

要保护数据不丢失，企业或机构应当适当做备份。一个企业或机构有责任尽量保护数据的完整性和正确。要使所有数据绝对正确是不可能的，但发现了错误，就应当尽快更正。

雇员在数据库中查阅某个人的数据，不允许在具体工作以外使用这个信息。公司应该制定针对雇员的明确行为规范，并且严格执行。如果发现雇员在工作之外使用数据，就应对其警告甚至解雇。

4. 计算机用户的道德

用户或许没有想到坐在一台计算机前会产生道德问题，但是事实确实如此，比如几乎每个计算机用户都会碰到关于软件盗版的道德困惑。其他的道德问题有对计算机系统的未经授权的访问、暴露他人的隐私等。

- 软件盗版：对于计算机用户来说，最迫切的道德问题之一就是程序的复制。软件分为自由软件、共享软件和有版权的软件。自由软件是免费的，用户可以合法地复制或下载。共享软件具有版权，所有人均可复制和使用。如果希望继续使用，版权所有者有权要求用户登记和付费。大部分软件是有版权的软件，软件盗版就是非法复制有版权的软件。软件盗版增加了软件开发及销售的成本，并且抑制了新软件的开发，于人于己都是不利的。虽然多数软件允许备份和在大学实验室中使用，但不能备份送给他人或出售。
- 不做"黑客"："黑客"(hacker)最初用来称呼那些通过程序测试计算机能力极限的用户。现在"黑客"是指那些试图对计算机系统进行未经授权访问的人，访问未经授权的计算机系统是一种违法行为。
- 公用及专用网络自律：随着计算机和网络的普及，各种各样的信息通过网络及其他存储介质来传播，包括杂志上的文章、文件作品、书的摘录、Internet 上的作品等。每个人应该负责而有道德地使用这些信息，无论自己的作品是对这些信息的直接引用还是只引用了大意，都应该在引用或参考文献中标注出处，指出作者的姓名、文章的标题、出版地点和日期等。

随着在线信息服务、公用网络和 BBS 的增长，资料的在线公布已成为现实。最具爆炸性的问题就是暴力和色情内容。目前存在最大问题的领域是 Internet，因为它没有统一的管理机构，也没有能力强化某些规则或标准。Internet 是一个开放的论坛，它不可能受到检查。只要还没有限制从网上获取资料的方法，上述问题就不可能获得彻底解决，只能靠成年人来保护未成年人，使他们不受计算机色情危害，避开没有暴力和色情内容的 Internet 地址。目前，有些软件专营店还出售可以对网址进行选择及屏蔽的过滤软件，但用户的自律还是十分重要的，不要在网上制造和传播这些信息。

2.2.2 了解信息伦理

信息伦理是指涉及信息开发、信息传播、信息管理和利用等方面的伦理要求、伦理准则、伦理规约，以及在此基础上形成的新型的伦理关系。信息伦理又称信息道德，它是调整人们之间以及个人和社会之间信息关系的行为规范的总和。

信息伦理不是由国家强行制定和强行执行的,是在信息活动中以善恶为标准,依靠人们的内心信念和特殊社会手段维系的。信息伦理道德的内容可概括为以下两个方面和三个层次。

1. 信息伦理道德的两个方面

所谓信息伦理道德的两个方面,是指主观方面和客观方面。前者指人类个体在信息活动中以心理活动形式表现出来的道德观念、情感、行为和品质,如对信息劳动的价值认同,对非法窃取他人信息成果的鄙视等,即个人信息道德;后者指社会信息活动中人与人之间的关系以及反映这种关系的行为准则与规范,如扬善抑恶、权利义务、契约精神等,即社会信息道德。

2. 信息伦理道德的三个层次

所谓三个层次,即信息道德意识、信息道德关系、信息道德活动。

- 信息道德意识是信息伦理的第一个层次,包括与信息相关的道德观念、道德情感、道德意志、道德信念、道德理想等。它是信息道德行为的深层心理动因。信息道德意识集中地体现在信息道德原则、规范和范畴之中。
- 信息道德关系是信息伦理的第二个层次,包括个人与个人的关系、个人与组织的关系、组织与组织的关系。这种关系是建立在一定的权利和义务的基础上,并以一定信息道德规范形式表现出来的。如联机网络条件下的资源共享,网络成员既有共享网上资源的权利(尽管有级次之分),也要承担相应的义务,遵循网络的管理规则。成员之间的关系是通过大家共同认同的信息道德规范和准则维系的。信息道德关系是一种特殊的社会关系,是被经济关系和其他社会关系所决定、所派生出的人与人之间的信息关系。
- 信息道德活动是信息伦理的第三层次,包括信息道德行为、信息道德评价、信息道德教育和信息道德修养等。这是信息道德的一个十分活跃的层次。信息道德行为即人们在信息交流中所采取的有意识的、经过选择的行动。根据一定的信息道德规范对人们的信息行为进行善恶判断,即为信息道德评价。按一定的信息道德规范对人的品质和性格进行陶冶,就是信息道德教育。信息道德修养则是人们对自己的信息意识和信息行为的自我解剖、自我改造。信息道德活动主要体现在信息道德实践中。

综上所述,作为意识现象的信息伦理,它是主观的东西;作为关系现象的信息伦理,它是客观的东西;作为活动现象的信息伦理,它则是主观见之于客观的东西。换言之,信息伦理是主观方面(即个人信息伦理)与客观方面(即社会信息伦理)的有机统一。

2.2.3 了解社会责任

随着全球信息化过程的不断推进,越来越多的信息将依靠计算机来处理、存储和转发,信息资源的保护又成为一个新的问题。信息安全不仅涉及传输过程,还包括网上复杂的人群可能产生的各种信息安全问题。要实现信息安全,不是仅仅依靠某个技术就能够解决的,它实际上与个体的信息伦理与责任担当等品质紧密关联。在"互联网+"时代,职业岗位与信息技术的关联进一步增强,也更强调人们的信息素养培养,使其具备信息安全意识并坚守使用信息的道德底线。

信息素养与社会责任是个人成功适应信息化社会和实现自我发展的关键成分,所以各国均将信息素养遴选为核心素养框架中的重要指标和关键成分。通过系统梳理信息素养概念的历史演变和核心素养框架中信息素养的构成,可以归纳出信息素养的概念与内涵,并重点与信息素养培养关联的职业文化的信息安全等社会责任展开分析,强调信息素养的培养必须与真实情境相结合,以解决现实问题为目标来引导和激励人们的信息素养与社会责任的形成。有意识地培养数字化思维与提炼信息的批判精神,让人们具备信息安全意识并坚守使用信息的道德底线,体现信息素养育人目标体系的时代需求与发展趋势。

2.3 信息安全及其相关技术

在社会信息化的进程中,信息已经成为社会发展的重要资源,而信息安全在信息社会中将扮演极为重要的角色,它直接关系到国家安全、企业经营和人们的日常生活,信息安全已经成为一个时代性和全球性的研究课题。

2.3.1 信息安全概述

信息安全可以理解为在给定安全密级的条件下,信息系统抵御意外事件或恶意行为的能力。这些事件和行为将危及所存储、处理、传输的数据以及经由这些系统所提供服务的非否认性、完整性、机密性、可用性和可控性,具体含义如下。

- 非否认性是指能够保证信息行为人不能否认其信息行为。这点可以防止参与某次通信交换的一方事后否认本次交换曾经发生过。
- 完整性是指能够保障被传输接收或存储的数据是完整的和未被篡改的。这点对于保证一些重要数据的精确性尤为重要。
- 机密性是指保护数据不受非法截获和未经允许授权浏览。这点对于敏感数据的传输尤为重要,同时也是通信网络中处理用户的私人信息所必需的。
- 可用性是指尽管存在突发事件(如自然灾害、电源中断事故或攻击等),但用户依然可以得到或使用数据,并且服务业处于正常运转状态。
- 可控性是指保证信息系统的授权认证和监控管理。这点可以确保某个实体(人或系统)的身份的真实性,也可以确保执法者对社会的执法管理行为。

发展到现在,信息安全已经成为我们国家目前特别重视的问题,全国计算机网络应急技术团队协调中心(CNCERT)已于2018年发布了对中国互联网安全形势的回顾。数据显示,来自美国的网络攻击数量最大,并且仍在不断增长。当前,网络空间的大国博弈呈现更加丰富的内涵,国家间的冲突与合作日益复杂,国际权力结构正在发生深刻变化,网络空间不仅对传统国际关系带来新的挑战，也给经济社会发展不同领域带来更多更新的问题。这些来自国际方面的因素，都给我国网络空间治理带来了新的考验。

十八大以来，习近平总书记就网络安全问题发表了许多重要讲话，强调没有网络安全就没有国家安全，提出建设网络强国的战略目标。中央成立网络安全和信息化领导小组并改组为网络安全和信息化委员会，设立网络安全和信息化委员会办公室这样的常设机构，开展国家网络安全宣传周活动。中国社会在实践当中对网络空间安全的认识不断加深，网络安全被提高到前所未有的位置。在致首届世界互联网大会的贺词中，习近平总书记指出："互联网真正让世界变成了地球村，让国际社会越来越成为你中有我、我中有你的命运共同体。""互联网发展对国家主权、安全、发展利益提出了新的挑战，迫切需要国际社会认真应对、谋求共治、实现共赢。"

2.3.2 信息安全的隐患

信息的安全隐患(不安全因素)主要应考虑物理因素、网络因素、系统因素和管理因素等，掌握这部分内容有助于进行系统物理层次上的安全保护。

1. 物理因素

物理安全是信息安全最基本的保障，是物理层次上的安全保护。一方面，研制生产计算机和通信系统的厂商，应该在各种软件和硬件系统中充分考虑到系统所受的安全威胁和相应的防护措施，提高系统的可靠性；另一方面，也应该通过安全意识的提高、安全制度的完善、安全操作的提倡等方式，使用户和管理维护人员在系统和物理层次上实现信息的保护。物理不安全因素主要有以下几个。

- 自然灾害(如雷电、火灾、地震、水灾等)，物理损坏(如硬盘物理损坏、设备意外损坏等)，设备故障(如意外断点、电磁干扰等)和意外事故。
- 电磁泄漏(如侦听计算机操作过程)，造成信息泄露、干扰他人、受他人干扰、乘虚而入和痕迹泄露等。
- 操作失误(如删除文件、格式化硬盘等)或意外疏漏(如系统崩溃等)。
- 计算机系统机房的环境安全。

2. 网络因素

计算机网络具有网络分布的广域性、体系结构的开放性、信息资源的共享性和通信信道的共同性等特点。由于这些特点，计算机网络存在严重的脆弱性，使信息安全具有一定的隐患，问题严重，原因复杂，为攻击和入侵提供了可乘之机，因此，找到和确认这些脆弱性是至关重要的。影响计算机网络的因素很多，归结起来主要有：人为疏忽、人为的恶意攻击、网络软件的漏洞、非授权访问、信息泄露或丢失和破坏数据完整性。网络安全与网络规模、网络物理环境也有很大的关系。

- 网络规模：网络安全的脆弱性和网络的规模有密切关系。网络规模越大，其安全的脆弱性越大。资源共享与网络安全是相对矛盾的。资源共享越是加强，安全问题就越是严重。
- 网络物理环境：网络物理环境的脆弱性属于计算机设备防止自然灾害的领域(如火灾和洪水)，也包括一般的物理环境的保护，如机房的安全门、人员出入机房的规定等。物理环境安全保护的范围不仅包括计算机设备和传输线路，也包括一切可以移动的物品，如打印数据的打印纸与装有数据和程序的磁盘。

3. 系统因素

现在人们应用的大部分系统软件都有一定的漏洞，操作系统就是一个例子。操作系统是网络和应用程序之间接口的程序模块，是整个网络信息系统的核心，系统的安全性重点体现在整个操作系统中。对于一个设计不够安全的操作系统来说，事后应采用增加安全性或打补丁的办法进行安全维护。

4. 管理因素

目前，针对网络安全的管理主要存在以下问题。
- 管理不能做到多人负责：每一项与安全有关的活动，都必须有两人或多人在场。这些人是系统主管领导指派的，他们忠诚可靠，能胜任此项工作；他们应该签署工作情况记录以证明安全工作已得到保障。但现在普遍是一人负责制，给安全保障带来了威胁。
- 管理者任期太长：任何人最好不要长期担任与安全有关的职务，以免使他认为这个职务是专有的或永久性的。为了保证安全，工作人员应不定期地循环任职，强制实行休假制度，并规定对工作人员进行轮流培训，以使任期有限。
- 不能做到职责分离：在信息处理系统工作的人员普遍存在打听、了解或参与职责以外、与安全有关事情的现象。对不同信息处理工作，应当保持分离。

2.3.3 信息安全的常见威胁

当前，信息安全面临的威胁呈现多样性特征，一般常见的安全威胁有以下几种情况。

1. 计算机病毒

《中华人民共和国计算机信息系统安全保护条例》中明确定义计算机病毒，指"编制者在计算机程序中插入的破坏计算机功能或者破坏数据，影响计算机使用并且能够自我复制的一组计算机指令或者程序代码"。

计算机一旦被感染，病毒会进入计算机的存储系统(如内存)，感染其中运行的程序，无论是大型机还是微型机，都难以幸免。随着计算机网络的发展和普及，计算机病毒已经成为各国信息战的首选武器，给国家的信息安全造成了极大威胁。

随着移动互联网的不断发展，手机病毒逐渐成为互联网病毒的主要传播途径。日常生活中，手机承担了大多数人的隐私及财产管理责任，数字化时代的技术发展也使得手机病毒逐渐盛起。

手机病毒是一种具有传染性、破坏性的手机程序，可用杀毒软件进行清除与查杀，也可以手动卸载。其可利用发送短信、彩信、电子邮件、浏览网站、下载铃声、蓝牙等方式进行传播，会导致用户手机死机、关机、个人资料被删、向外发送垃圾邮件泄露个人信息、自动拨打电话、发短(彩)信等进行恶意扣费，甚至会损毁SIM卡、芯片等硬件，导致使用者无法正常使用手机。

现如今，由于杀毒软件免费开放以及全民杀毒意识的提高，大型计算机以及手机病毒并没有得到广泛传播，但是针对不同行业的恶意软件表现得非常活跃，恶意软件通过传播用户设备数据信息来获取不正当利益。因此，了解最新的恶意软件，了解它们的攻击方式以及这些攻击可能带来的影响，并定期更新防病毒软件、浏览器和操作系统，变得更加重要，以便用户和组织最好地防御自己。

2. 网络黑客

"网络黑客"是指专门利用计算机网络进行破坏或入侵他人计算机系统的人。"黑客"的动机很复杂，有的是为了获得心理上的满足，在黑客攻击中显示自己的能力；有的是为了追求一定的经济利益和政治利益；有的则是为恐怖主义势力服务，甚至就是恐怖组织的成员。

3. 网络犯罪

网络犯罪多表现为诈取钱财和信息破坏，犯罪内容主要包括金融欺诈、网络赌博、网络贩黄、非法资本操作和电子商务领域的侵权欺诈等。随着信息化社会的发展，目前的网络犯罪主体更多地由松散的个人转化为信息化、网络化的高智商集团和组织，其跨国性也不断增强。日趋猖獗的网络犯罪已对国家的信息安全以及基于信息安全的经济安全、文化安全、政治安全等构成了严重威胁。

4. 预置陷阱

预置陷阱就是在信息系统中人为地预设一些"陷阱"，以干扰和破坏计算机系统的正常运行。在对信息安全的各种威胁中，预置陷阱是危害性最大，也是最难以防范的一种。

预置陷阱一般分为硬件陷阱和软件陷阱两种。硬件陷阱主要是指蓄意更改集成电路芯片的内部设计和使用规程，以达到破坏计算机系统的目的。软件陷阱则是指信息产品中被人为地预置嵌入式病毒，这给信息安全保密带来极大的威胁。

5. 垃圾信息

垃圾信息是指利用网络传播违反国家法律及社会公德的信息，垃圾邮件则是垃圾信息的重要载体和表现形式之一。通过发送垃圾邮件进行阻塞式攻击，成为垃圾信息侵入的主要途径。其对信息安全的危害主要表现在，攻击者通过发送大量邮件污染信息社会，消耗受害者的宽带和存储器资源，使之难以接收正常的电子邮件，从而大大降低工作效率；或者某些垃圾邮件之中包含有病毒、恶意代码或某些自动安装的插件等，只要打开邮件，它们就会自动运行，破坏系统或文件。

6. 泄露隐私

在大数据时代，大量包含个人敏感信息的数据(隐私数据)存在于网络空间中，如电子病历涉及患者疾病等信息，支付宝记录着人们的消费情况，GPS掌握着人们的行踪，微信中的朋友圈信息等。这些带有"个人特征"的信息碎片可以汇聚成细致全面的大数据信息集，一旦泄露则可能被不法分子利用，从而轻而易举地构建出网民的个体画像。

2.3.4 信息安全的防御技术

安全防御技术主要用于防止系统漏洞、防止外部黑客入侵、防御病毒破坏和对可疑访问进行有效控制等，同时还应该包含数据灾难与数据恢复技术，即在计算机发生意外或灾难时，还可以使用备份还原及数据恢复技术将丢失的数据找回。典型的安全防御技术有以下几大类。

1. 加密技术

信息加密的目的是保护网内的数据、文件、口令和控制信息，保护网上传输的数据。加密技术主要分为数据传输加密和数据存储加密。

数据加密系统包括加密算法、明文、密文以及密钥。数据加密的算法有很多种，按照发展进程来分，经历了古典密码、对称密钥密码和公开密钥密码阶段，其中古典密码算法有替代加密、置换加密；对称加密算法包括DES和AES；非对称加密算法包括RSA、背包密码、McEliece密码、椭圆曲线等。目前在数据通信中使用最普遍的加密算法有DES算法、RSA算法和PGP算法。

2. 防火墙技术

建筑中的防火墙是为了防止火灾蔓延而设置的防火障碍。计算机中的防火墙是用于隔离本地网络与外部网络之间的一道防御系统。客户端用户一般采用软件防火墙；服务器用户一般采用硬件防火墙，网络服务器一般放置在防火墙设备之后。

(1) 防火墙工作原理。防火墙是一种特殊路由器，它将数据包从一个物理端口路由到另外一个物理端口。防火墙主要通过检查接收数据包包头中的IP地址、端口号(如80端口)等信息，决定数据包是"通过"还是"丢弃"。这类似于单位的门卫，只检查汽车牌号，而对驾驶员和货物不进行检查。防火墙内部有一系列访问控制列表(access control list, ACL)，它定义了防火墙的检测规则。

例如，在防火墙内部建立一条记录，假设访问控制列表规则为："允许从192.168.1.0/24到192.168.20.0/24主机的80端口建立连接"。这样，在数据包通过防火墙时，所有符合以上IP地址和端口号的数据包都能够通过防火墙，其他地址和端口号的数据包就会被丢弃。

(2) 防火墙的功能。防护墙有以下几个功能。

- 所有内部网络和外部网络之间交换的数据，都可以设置必须经过防火墙。例如，学生宿舍的计算机既接入校园网，同时又接入电信外部网络时，就会造成一个网络后门，若不设置防火墙，攻击信息会绕过校园网中的防火墙，攻击校园内部网络。

- 只有防火墙安全策略允许的数据,才可以出入防火墙,其他数据一律禁止通过。例如,可以在防火墙中设置内部网络中某些重要主机(如财务部门)的 IP 地址,禁止这些 IP 地址的主机向外部网络发送数据包;阻止上班时间浏览某些网站(如游戏网站)或禁止某些网络服务;以及阻止接收已知的不可靠信息源(如黑客网站)。
- 防火墙本身受到攻击后,应当仍然能稳定有效地工作。例如,在防火墙中进行设置,对防火墙接收端口突然增加的巨量数据包进行随机丢包处理。
- 防火墙应当有效地过滤、筛选和屏蔽一切有害的信息和服务。例如,在防火墙中检测和区分正常邮件与垃圾邮件,屏蔽和阻止垃圾邮件的传输。
- 防火墙应当能隔离网络中的某些网段,防止一个网络的故障传播到整个网络。例如,在防火墙中对外部网络访问区(DMZ)崩溃,不会影响到内部网络的使用。
- 防火墙应当可以有效地记录和统计网络的使用情况。

(3) 防火墙的类型。硬件防火墙可以是一台独立的硬件设备;也可以在一台路由器上,经过软件配置成一台具有安全功能的防火墙。防火墙还可以是一个纯软件,如一些个人防火墙软件等。软件防火墙的功能强于硬件防火墙,硬件防火墙的性能高于软件防火墙。按技术类型可分为过滤型防火墙、代理型防火墙或混合型防火墙。

(4) 防火墙的局限性。防火墙技术存在以下局限性:一个防火墙不能防范网络内部攻击,例如,防火墙无法禁止内部人员将企业敏感数据复制到 U 盘上;二是防火墙不能防范那些已经获得超级用户权限的黑客,黑客会伪装成网络管理员,借口系统进行升级维护,询问用户个人财务系统的登录账户名称和密码;三是防火墙不能防止传送已感染病毒的软件或文件,不能期望防火墙对每一个文件进行扫描,查出潜在的计算机病毒。

3. 入侵检测

入侵检测系统是一种对网络活动进行实时监测的专用系统。该系统处于防火墙之后,可以和防火墙及路由器配合工作,用来检查一个 LAN 网段上的所有通信,记录和禁止网络活动,并可以通过重新配置来禁止从防火墙外部进入的恶意流量。入侵检测系统能够对网络上的信息进行快速分析,或在主机上对用户进行审计分析,通过集中控制台来管理与检测。

入侵检测系统能够帮助网络系统快速发现攻击的发生,它扩展了系统管理员的安全管理能力,提高了信息安全基础结构的完整性。本质上,入侵检测系统是一种典型的"窥探设备"。它不跨接多个物理网段,无须转发任何流量,只需要在网络上被动地、无声息地收集它所关心的报文即可。

4. 系统容灾

系统容灾主要包括基于数据备份和基于系统容错的系统容灾技术。数据备份是数据保护的最后屏障,不允许有任何闪失,但离线介质不能保证安全。数据容灾通过 IP 容灾技术来保证数据的安全,它使用两个存储器,在两者之间建立复制关系,一个放在本地,另一个放在异地,本地存储器供本地备份系统使用,异地容灾备份存储器实时复制本地备份存储器的关键数据。

存储、备份和容灾技术的充分结合，构成了一体化的数据容灾备份存储系统。随着存储网络化时代的发展，传统的功能单一的存储器将越来越让位于一体化的多功能网络存储器。

为了保证信息系统的安全性，除了运用安全防御的技术手段，还需必要的管理手段和政策法规支持。管理手段是指确定安全管理等级和安全管理范围，制定网络系统的维护制度和应急措施等进行有效管理。政策法规支持是指借助法律手段强化保护信息系统安全，防范计算机犯罪，维护合法用户的安全，有效打击和惩罚违法行为。

2.4 信息检索及其相关技术

信息检索是进行信息查询和获取的主要方式，是查找信息的方法和手段，也是信息化时代应当具备的基本信息素养之一。掌握网络信息的高效检索方法，是现代信息社会对高素质技术技能人才的基本要求。

2.4.1 了解信息检索

信息检索是指信息按一定的方式组织起来，并根据用户的需求找出相关信息的过程和技术。本小节主要介绍信息检索的定义、分类和技术。

1. 信息检索的定义

信息检索(information retrieval)是用户进行信息查询和获取的主要方式，是查找信息的方法和手段。信息检索有广义和狭义之分。

广义的信息检索是信息按一定的方式进行加工、整理、组织并存储起来，再根据用户特定的需要将相关信息准确地查找出来的过程。因此，信息检索也称为信息的存储与检索。

狭义的信息检索仅指信息查询，即用户根据需要，采用某种方法或借助检索工具，从信息集合中找出所需要的信息。

2. 信息检索的分类

根据检索手段的不同，信息检索可分为手工检索和机械检索。手工检索即以手工翻检的方式，利用图书、期刊、目录卡片等工具来检索信息的一种手段，其优点是回溯性好，没有时间限制，不收费；缺点是费时，效率低。机械检索是利用计算机检索数据库的过程，其优点是速度快；缺点是回溯性不好，且有时间限制。在机械检索中，网络文献检索最为迅速，目前已成为信息检索的主流。

根据检索对象的不同，信息检索又可分为文献检索、数据检索和事实检索。这3种检索的主要区别在于数据检索和事实检索是需要检索出包含在文献中的信息本身，而文献检索则检索出包含所需要信息的文献即可。

3. 基本信息检索技术

计算机信息检索的基本检索技术主要有如下几种。

(1) 布尔逻辑检索。布尔逻辑检索是一种比较成熟、较为流行的检索技术，其基础是逻辑运算。常用的逻辑运算有逻辑与(AND)、逻辑或(OR)和逻辑非(NOT)3 种。

(2) 位置检索。文献记录中词语的相对次序或位置不同，所表达的意思可能不同。同样，一个检索表达式中词语的相对次序不同，其表达的检索意图也不一样。

位置检索有时也称为临近检索，是指用一些特定的位置算符来表达检索词与检索词之间的顺序和词间距的检索。位置算符主要有(W)算符、(nW)算符、(N)算符、(nN)算符、(F)算符以及(S)算符。

- (W)算符：此算符表示其两侧的检索词必须紧密相连，除空格和标点符号外，不得插入其他词或字母，两词的词序不可以颠倒。
- (nW)算符：此算符表示其两侧的检索词必须按此前后邻接的顺序排列，顺序不可颠倒，而且检索词之间最多有 n 个其他词。
- (N)算符：此算符表示其两侧的检索词必须紧密相连，除空格和标点符号外，不得插入其他词或字母，两词的词序可以颠倒。
- (nN)算符：此算符表示允许两词间插入最多 n 个其他词，包括实词和系统禁用词。
- (F)算符：此算符表示其两侧的检索词必须在同一字段中出现，词序不限，中间可插入任意检索词项。
- (S)算符：此算符表示在其两侧的检索词只要出现在记录的同一个子字段内，此信息即被命中。要求被连接的检索词必须同时出现在记录的同一子字段中，不限制它们在此子字段中的相对次序，中间插入词的数量也不限。

(3) 截词检索。截词检索是预防漏检、提高查全率的一种常用检索技术，其含义是用截断的词的一个局部进行检索，并认为凡是满足这个词局部中的所有字符的文献，都为命中的文献。

截词分为有限截词和无限截词。按截断的位置来分，截词可有后截断、前截断、中截断 3 种类型。不同的系统所用的截词符也不同，常用的有"?""S"和"*"等。在此将"?"表示截断一个字符，"*"表示截断多个字符。

- 前截断表示后方一致。例如，输入"*ware"，可以检索出 software、hardware 等所有以 ware 结尾的单词及其构成的短语。
- 后截断表示前方一致。例如，输入"recon*"，可以检索出 reconnoiter、reconvene 等所有以 recon 开头的单词及其构成的短语。
- 中截词表示词两边一致，截去中间部分。例如，输入"wom?n"，则可检索出 women 以及 woman 等词语。

(4) 字段限制检索。字段限制检索是计算机检索时，将检索范围限定在数据库特定的字段中。常用的检索字段主要有标题、摘要、关键词、作者、作者单位以及参考文献等。

字段限定检索的操作形式有两种：一种是在字段下拉菜单中选择字段后输入检索词，另一种是直接输入字段名称和检索词。

2.4.2 了解搜索引擎

随着目前互联网成为人们不可缺少的工具，几乎所有人上网都会使用搜索引擎，下面将了解搜索引擎的概念和分类，并掌握国内常用的搜索引擎。

1. 搜索引擎的概念

搜索引擎是指根据一定的策略，运用特定的计算机程序从互联网上搜集信息，在对信息进行组织和处理后，为用户提供检索服务，将用户检索相关的信息展示给用户的系统。它包括信息搜索、信息整理和用户查询 3 部分。

搜索引擎为人们提供了一个前所未有的查找信息资料的便利方法，搜索引擎最基本的功能就是搜索信息的及时性、有效性和针对性。

2. 搜索引擎的分类

搜索引擎可以分为以下几类。

- 全文搜索引擎：全文搜索引擎是目前应用最广泛的搜索引擎，典型代表有百度搜索、360 搜索等。它们从互联网提取各个网站的信息，建立起数据库，并能检索与用户查询条件相匹配的记录，按一定的排列顺序返回结果。根据搜索结果来源的不同，全文搜索引擎可分为两类，一类拥有自己的检索程序，能自建网页数据库，搜索结果直接从自身的数据库中调用，百度就属于此类；另一类则是租用其他搜索引擎的数据库，并按自定的格式排列搜索结果。
- 目录式搜索引擎：目录索引的典型代表主要有新浪分类目录搜索。它是以人工方式或半自动方式搜集信息，由搜索引擎的编辑员查看信息之后，依据一定的标准对网络资源进行选择、评价，人工形成信息摘要，并将信息置于事先确定的分类框架中而形成的主题目录。目录索引虽然有搜索功能，但严格意义上不能称为真正的搜索引擎，而只是按目录分类的网站链接列表而已。用户完全可以按照分类目录找到所需要的信息，不依靠关键词进行查询。
- 元搜索引擎：元搜索引擎接受用户查询请求后，通过一个统一的界面，同时在多个搜索引擎上搜索，并将结果返回给用户。著名的元搜索引擎有 InfoSpace、Dogpile 和 Vivisimo 等。

3. 常用搜索引擎

国内常用的搜索引擎有以下几个。

- 百度搜索引擎：百度搜索是全球领先的中文搜索引擎，2000 年 1 月由李彦宏、徐勇两人创立于北京中关村，致力于向人们提供"简单，可依赖"的信息获取方式。"百度"

二字源于中国宋朝词人辛弃疾的《青玉案》诗句:"众里寻他千百度",象征着百度对中文信息检索技术的执着追求。如图 2-1 所示为百度的页面。

图 2-1　百度搜索引擎

- 360 搜索引擎:360 搜索是搜索引擎的一种,是通过一个统一的用户界面帮助用户在多个搜索引擎中选择和利用合适的(甚至是同时利用若干个)搜索引擎来实现检索操作,是对分布于网络的多种检索工具的全局控制机制。360 搜索引擎属于全文搜索引擎,是奇虎 360 公司开发的基于机器学习技术的第三代搜索引擎,具备"自学习、自进化"能力,能发现用户最需要的搜索结果。如图 2-2 所示为 360 搜索的页面。

图 2-2　360 搜索引擎

- 搜狗搜索引擎：搜狗搜索引擎是搜狐公司强力打造的第三代互动式搜索引擎，凭借搜狐公司强大的技术实力，搜狗搜索引擎将使网站用户可以体验到一流的全球互联网搜索结果，借助智能的"搜狗"搜索找到他们真正需要的信息。搜索该引擎既方便用户使用，提升用户体验，又提高网站的黏度。在抓取速度上，搜狗通过智能分析技术，对于不同网站、网页采取了差异化的抓取策略，充分地利用了带宽资源来抓取高时效性信息，确保互联网上的最新资讯能够在第一时间被用户检索到。如图2-3 所示为搜狗搜索的页面。

图 2-3　搜狗搜索引擎

4. 常用搜索方法

搜索引擎很实用，可以帮助人们方便地查询网上信息。但是当输入关键词后，出现了成百上千个查询结果，用户需要了解常用搜索方法来提高查准率。

- 简单查询：在搜索引擎中输入关键词，比如"台式计算机"，然后单击"搜索"按钮就可以了，系统很快会返回查询结果。这是最简单的查询方法，使用方便，但是查询的结果却不准确，可能包含着许多无用的信息。
- 使用双引号：给要查询的关键词加上双引号，可以实现精确的查询，这种方法要求查询结果要精确匹配，不包括演变形式。例如，在搜索引擎的文字框中输入"网络购物"，就会返回网页中有"网络购物"这个关键字的网址，而不会返回如商业购物推广之类的网页。
- 使用括号：当两个关键词用另外一种操作符连在一起，可以通过对这两个词加上圆括号将它们列为一组。
- 使用加号：在关键词的前面使用加号，也就等于告诉搜索引擎该单词必须出现在搜索结果中的网页上。例如，在搜索引擎中输入"娱乐＋我是歌手"，就表示要查找的内容必须要同时包含"娱乐""我是歌手"这两个关键词。
- 使用减号:在关键词的前面使用减号,也就意味着在查询结果中不能出现该关键词。例如,在搜索引擎中输入"娱乐-我是歌手",表示最后的查询结果中一定不包含"我是歌手"的关键词。
- 使用通配符:通配符包括星号(*)和问号(?),前者表示匹配的数量不受限制;后者匹配的字符数要受到限制,主要用在英文搜索引擎中。
- 使用布尔检索:所谓布尔检索是指通过标准的布尔逻辑关系来表达关键词与关键词之间逻辑关系的一种查询方法。这种查询方法允许用户输入多个关键词,各个关键词之间的关系可以用逻辑关系词来表示。and 称为逻辑"与",用 and 进行连接,表示它所连接的两个词必须同时出现在查询结果中。例如,输入"网络技术 and 网站开发",则要求查询结果中必须同时包含"网络技术"和"网站开发"。or 称为逻辑"或",表示所连接的两个关键词中任意一个出现在查询结果中就可以。例如,输入"网络技术 or 网站开发",就要求查询结果中可以只有"网络技术"或只有"网站开发",或同时包含"网络技术"和"网站开发"。not 称为逻辑"非",表示所连接的两个关键词中应从第一个关键词概念中排除第二个关键词,例如,输入"新零售 not 网店",就要求查询的结果中包含"新零售",但同时不能包含"网店"。

5. 搜索引擎的使用技巧

下面介绍一些搜索引擎的使用技巧。
- 使用具体的关键字:提供的关键字越具体,搜索引擎返回无关 Web 站点的可能性就越小。
- 使用多个关键字:用户可以通过使用多个关键字来缩小搜索范围。
- 使用布尔运算符:许多搜索引擎都允许在搜索中使用布尔运算符 and 和 or。
- 使用高级语法查询:以百度为例,有一些常用高级语法,以供用户参考。把搜索范围限定在 URL 链接中,inurl 表示链接;把搜索范围限定在特定站点中,site 表示站名;把搜索范围限定在网页标题中,intitle 表示标题;精确匹配,使用双引号""和书名号《》;将搜索范围限定在某种文档格式中,filetype 表示文档格式等。

2.4.3 检索数字信息资源

中国知网(简称"知网")是指中国国家知识基础设施资源系统,其英文名为 China National Knowledge Infrastructure,简称 CNKI。它是《中国学术期刊》(光盘版)电子杂志社和清华同方知网技术有限公司共同创办的网络知识平台,内容包括学术期刊、学位论文、工具书、会议论文、报纸、标准和专利等,是检索数字信息资源的公开平台。

1. 打开知网

在浏览器地址栏中输入"http://www.cnki.net/",可以打开中国知网首页,如图 2-4 所示。

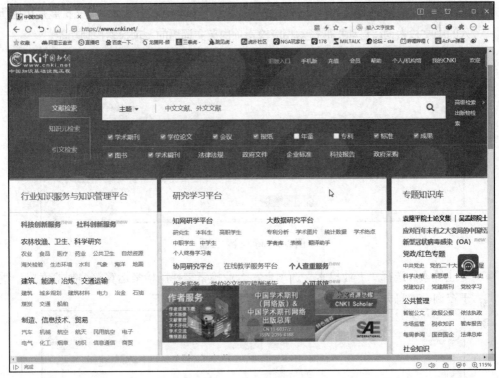

图 2-4　中国知网首页

首页的下半部分主要是行业知识服务与知识管理平台、研究学习平台和专题知识库，用户可以根据需要单击相关栏目进行浏览。

2. 开始检索

分别单击首页上部的"文献检索""知识元检索"和"引文检索"选项卡，便可进行相关类别的检索。

- 快速检索：单击搜索框中的下拉列表，选取"主题""关键字""篇名""作者"等检索字段，并在输入框内输入对应的内容，便可开始进行简单搜索。另外，在搜索框内还可根据需要选择单个数据库搜索，或选择多个复选框跨数据库进行快速搜索，如图 2-5 所示。

图 2-5　进行快速检索

- 高级检索：单击搜索框右侧的"高级检索"链接，打开高级检索的页面，如图 2-6 所示。其检索条件包括内容检索条件和检索控制条件，其中检索控制条件主要是发表时间、文献来源和支持基金。另外，还可对匹配方式、检索词的中英文扩展进行限定。模糊匹配指检索结果包含检索词，精确匹配指检索结果完全等同或包含检索词。中英文扩展是指由所输入的中文检索词，自动扩展检索相应检索项内英文词语的一项检索控制功能。

图 2-6　高级检索页面

- 专业检索：选择"专业检索"选项卡，专业检索需要用检索运算符编制检索式，适合于查询、信息分析人员使用。专业检索页面如图 2-7 所示。

图 2-7　专业检索页面

- 作者发文检索：作者发文检索是指以作者姓名、单位作为检索点，检索作者发表的全部文献及被引用、下载的情况，特别是对于同一作者发表文献属于不同单位的情况，可以一次检索完成。通过这种检索方式，不仅能找到某作者发表的全部文献，还可以通过对结果的分组筛选情况，全方位了解作者的研究领域、研究成果等情况。作者发文检索页面如图 2-8 所示。

图 2-8　作者发文检索页面

- 句子检索：通过输入的两个检索词，检索到同时包含这两个词的句子，找到有关事情的问题答案。句子检索页面如图2-9所示。

图2-9 句子检索页面

提示

无论使用哪种检索方式，如果得到的结果太多，都可以不断增加条件，在检索结果中进一步进行检索。

3. 处理检索结果

无论采用的是何种检索方式，实施检索后，系统将给出检索结果列表，比如搜索"人工智能"关键词后，检索结果如图2-10所示。检索出的结果可按照主题、发表时间、被引次数、下载次数进行排序。

图2-10 检索结果

4. 阅读和下载文献

对于检索结果中的文献，可以进行阅读或下载等操作，单击文献右侧的 按钮，即可打开文献页面进行阅读，如图 2-11 所示。如果是知网的注册用户，则可以下载文献，单击文献右侧的 按钮，即可下载文献(系统提供了 CAJ 和 PDF 文件格式)。

图 2-11 阅读和下载文献

2.5 课后习题

1. 简述信息素养的概念和内涵。
2. 简述信息安全的含义和隐患。
3. 简述信息检索的定义和基本技术。
4. 使用百度搜索引擎搜索人工智能应用技术的网页。

第 3 章

使用 Windows 10 操作系统

Windows 10 是一款跨平台与设备应用的操作系统，可以在平板、台式计算机和笔记本计算机等设备上安装使用。本章介绍 Windows 10 操作系统的基本操作和应用，其中包括认识桌面系统、操作窗口和对话框、管理文件和文件夹、设置个性化系统环境以及管理系统软硬件等内容。

3.1 认识 Windows 10 操作系统

Windows 10 操作系统是微软公司开发的一款多任务操作系统，采用了图形窗口界面。通过 Windows 10 操作系统，用户对计算机的各种操作只需要使用鼠标和键盘就可以实现。

3.1.1 安装 Windows 10

Windows 10 操作系统拥有全新的触控界面，可为用户呈现全新的使用体验。Windows 10 覆盖全平台，可以运行在计算机、手机、平板电脑等设备上，并且能够跨设备进行搜索、购买和升级。

Windows 10 操作系统对计算机硬件要求不高，一般能够安装 Windows 7 的计算机也都可以安装 Windows 10，安装时的最低硬件环境需求如下。

- 处理器：1 GHz 或更快的处理器。
- 内存：内存容量≥1 GB(32 位)或 2 GB(64 位)。
- 硬盘：硬盘空间≥16 GB(32 位)或 20 GB(64 位)。
- 显卡：支持 DirectX 9 或更高版本。
- 显示器：分辨率在 800×600 像素及以上的传统显示设备或支持触摸技术的新型显示设备。

用户可以使用全新安装和升级安装两种方法在计算机中安装 Windows 10 系统。

1. 全新安装

通过硬盘或 U 盘即可实现 Windows 10 的全新安装(若通过硬盘安装 Windows 10 需要计算

机中原先安装有一个 Windows 操作系统；若通过 U 盘安装则需要设置电脑通过 U 盘启动)，其操作方法如下。

(1) 通过微软官方网站下载 Windows 10 安装镜像，通过镜像软件打开 Windows 10 安装镜像文件，运行其中 sources 文件夹内的 Setup.exe 文件。

(2) 在打开的安装界面中选择"立即在线安装更新(推荐)"选项，如图 3-1 所示。

(3) 在打开的界面中输入系统安装密钥，并单击"下一步"按钮。

(4) 打开"选择要安装的操作系统"对话框，选择需要安装的 Windows 10 版本后单击"下一步"按钮。

(5) 打开系统安装协议对话框后，选中"我接受许可条款"复选框，单击"下一步"按钮。

(6) 在打开的界面中选择"自定义：仅安装 Windows(高级)"选项，在计算机中安装双操作系统，如图 3-2 所示。

(7) 打开"你想将 Windows 安装在哪里"对话框，选择一个用于安装操作系统的硬盘分区后，单击"下一步"按钮。

(8) 此时，Windows 安装程序将开始安装操作系统，稍等片刻，在打开的系统设置界面中使用快速或自定义设置，并根据安装程序的提示即可完成 Windows 10 系统的全新安装。

图 3-1 选择"立即在线安装更新(推荐)"选项

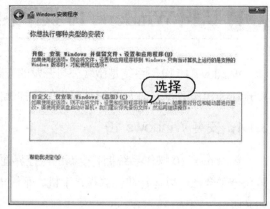

图 3-2 选择"自定义：仅安装 Windows(高级)"选项

提示：

若用户需要以传统的开机启动方式安装 Windows 10，在 BIOS 中将计算机设置为通过 U 盘启动后，使用 U 盘启动计算机，然后参考以上步骤操作即可。

2. 升级安装

升级安装指的是将当前 Windows 系统中的一些内容(可自选)迁移到 Windows 10 中，并替换当前操作系统，具体操作如下。

(1) 运行光盘镜像文件中的 Setup.exe 文件，在打开的界面中选中"不是现在"单选按钮，然后单击"下一步"按钮，如图 3-3 所示。

(2) 在打开的"许可条款"界面中单击"接受"按钮,此时,安装程序将会检测系统安装环境。

(3) 打开"准备就绪,可以安装"对话框,单击"安装"按钮,如图3-4所示。

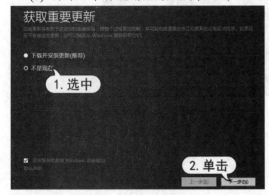

图3-3 选中"不是现在"单选按钮

图3-4 单击"安装"按钮

(4) 打开"选择需要保留的内容"对话框,选择当前系统需要保留的内容后,单击"下一步"按钮,开始安装Windows 10。

(5) 经过数次重启,完成操作系统主体的安装进入系统设置界面,在该界面中用户根据系统提示完成对操作系统的配置,单击"下一步"按钮,如图3-5所示,即可将当前系统升级为Windows 10。

(6) 升级安装后的Windows 10系统,将保留原系统的桌面及软件,如图3-6所示。

图3-5 完成设置

图3-6 返回系统桌面

3.1.2 启动和退出 Windows 10

在计算机中成功安装Windows 10后,用户可以参考以下方法启动与退出操作系统。

- 启动Windows 10:按下计算机机箱上的电源开关按钮启动计算机,稍等片刻后在打开的Windows 10登录界面中单击"登录"按钮,并输入相应的登录密码,按Enter键即可,如图3-7所示。
- 退出Windows 10:单击系统桌面左下角的"开始"按钮,在弹出的菜单中选择"电源"选项,在弹出的菜单中选择"关机"命令即可,如图3-8所示。

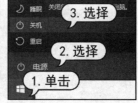

图 3-7 输入登录密码　　　　　　　图 3-8 选择"关机"命令

3.1.3 认识桌面、开始菜单和任务栏

启动并登录 Windows 10 后，出现在整个计算机屏幕上的区域称为"桌面"，如图 3-9 所示，Windows 10 中的大部分操作都是通过桌面来完成的。桌面主要由桌面图标、任务栏、"开始"菜单等组成。

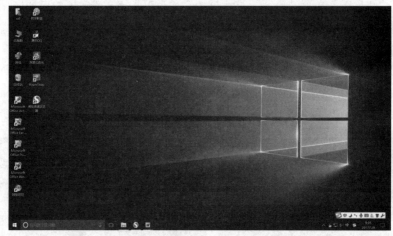

图 3-9 Windows 10 的桌面

- 桌面图标：桌面图标就是整齐排列在桌面上的一系列图片，这些图片由图标和图标名称两部分组成。有的图标在左下角还有一个箭头，这类图标被称为"快捷方式"。双击这些图标，可以快速地打开相应的窗口或者启动相应的程序。
- 任务栏：任务栏是位于桌面底部的一块条形区域，其中显示了系统正在运行的程序、打开的窗口和当前时间等内容。
- "开始"菜单："开始"按钮位于桌面的左下角，单击后将弹出"开始"菜单。"开始"菜单是 Windows 操作系统中的重要元素，其中不仅存放了操作系统或系统设置的绝大多数命令，而且包含了 Windows 10 特有的开始屏幕，用户可以自由添加程序图标。

1. 使用桌面图标

桌面图标主要分成系统图标和快捷方式图标两种。系统图标是系统桌面上的默认图标，特征就是图标的左下角没有🔗标志。

  Windows 系统在安装好之后，桌面上默认只有一个"回收站"图标，用户可以选择添加"此电脑""网络"等系统图标。为此，在桌面的空白处右击鼠标，从弹出的快捷菜单中选择"个性化"命令，打开"个性化"窗口，单击窗口左侧的"更改桌面图标"文字链接，如图 3-10 所示。打开"桌面图标设置"对话框，选中"计算机"和"网络"复选框，然后单击"确定"按钮，即可在桌面上添加这两个系统图标，如图 3-11 所示。

图 3-10　单击"更改桌面图标"文字链接

图 3-11　选中想要添加的桌面图标

  快捷方式图标是指应用程序的快捷启动方式，双击快捷方式图标可以快速启动相应的应用程序。一般情况下，每当安装了一个新的应用程序后，系统就会自动在桌面上建立相应的快捷方式图标。如果系统没有为安装的应用程序自动建立快捷方式图标，那么可以采用以下方法来添加。

  打开"开始"菜单，找到想要设置的应用程序，比如 Microsoft Office 2010，然后使用鼠标左键将其拖动到桌面上，此时将会显示链接提示。松开鼠标左键，即可在桌面上创建 Microsoft Office Word 2010 的快捷方式图标，如图 3-12 所示。

图 3-12　创建快捷方式图标

提示：

在应用程序的启动图标上右击鼠标，从弹出的快捷菜单中选择"发送到"|"桌面快捷方式"命令，也可创建应用程序的快捷方式图标并将其显示在桌面上。

2. 使用"开始"菜单

"开始"菜单指的是单击任务栏中的"开始"按钮后打开的菜单。用户可以通过"开始"菜单访问硬盘上的文件或者运行安装好的程序，如图3-13所示。"开始"菜单的主要构成元素及其作用如下。

- 常用程序列表：其中列出了最近添加或常用的程序快捷方式，它们默认已经按照程序名称的首字母排好序。如果要启动一个程序，可以在"开始"菜单中寻找这个程序，单击选择即可执行该程序。
- 电源等便捷按钮："开始"菜单的左侧默认有3组按钮，分别是"账户""设置"和"电源"按钮。用户可以通过单击这些按钮来进行相关方面的设置。
- 开始屏幕：Windows 10的开始屏幕可以动态呈现更多信息，支持尺寸可调。用户不但可以取消所有固定的应用磁贴，让Windows 10的"开始"菜单回归最简，而且可以将"开始"菜单设置为全屏(不同于平板模式)。

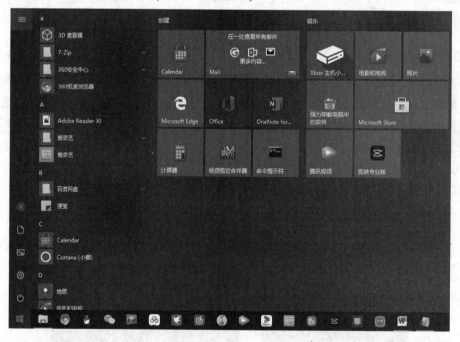

图3-13 "开始"菜单

3. 使用任务栏

任务栏是位于桌面下方的一个条形区域，它显示了系统正在运行的程序、打开的窗口和当前时间等内容。

任务栏最左边的立体按钮是"开始"菜单按钮,右边依次是 Cortana、快速启动栏、通知区域、语言栏、系统时间、显示桌面等按钮。其各自的功能如下。

- Cortana:Cortana(中文名称是"小娜")是微软专门打造的人工智能机器人。小娜可以提供本地文件、文件夹、系统功能的快速搜索。直接在搜索框中输入名称,小娜会将符合条件的应用自动放到顶端,选择程序即可启动,如图 3-14 所示。此外还可以使用麦克风和小娜对话,提供多项日常办公的服务。
- 快速启动栏:用户若单击该栏中的某个图标,可快速地启动相应的应用程序,例如单击 按钮,即可启动文件资源管理器,如图 3-15 所示。

图 3-14　Cortana

图 3-15　快速启动栏

- 正在启动的程序区:该区域显示当前正在运行的所有程序,其中的每个按钮都代表了一个已经打开的窗口,单击这些按钮即可在不同的窗口之间进行切换,如图 3-16 所示。
- 任务视图按钮:单击该按钮 可以将正在执行的程序全部小窗口平铺显示在桌面上,还可以通过最右侧的"新建桌面"按钮建立新桌面。
- 通知区域:该区域显示系统当前的时间和在后台运行的某些程序。单击"显示隐藏的图标"按钮 ,可查看当前正在运行的程序,如图 3-17 所示。

图 3-16　切换窗口

图 3-17　单击"显示隐藏的图标"按钮

- 语言栏：该栏用来显示系统中当前正在使用的输入法和语言，如图3-18所示。
- 时间区域、通知按钮、显示桌面按钮：该区域在任务栏的最右侧，用来显示和设置时间；单击显示桌面按钮，将快速最小化所有窗口程序，显示桌面；通知按钮处会显示系统通知等信息，如图3-19所示。

图3-18 语言栏

图3-19 时间区域等

3.2 操作窗口和对话框

窗口是Windows操作系统中的重要组成部分，很多操作都是通过窗口来完成的。对话框是用户在操作过程中由系统弹出的一种特殊窗口，在对话框中，用户可通过对选项进行选择和设置，对相应的对象执行某项特定操作。

3.2.1 窗口的组成

窗口相当于桌面上的一块工作区域。用户可以在窗口中对文件、文件夹或程序进行操作。

双击桌面上的"此电脑"图标，打开的就是Windows 10系统中的标准窗口。窗口主要由标题栏、地址栏、搜索栏、工具栏、窗口工作区等元素组成，如图3-20所示。

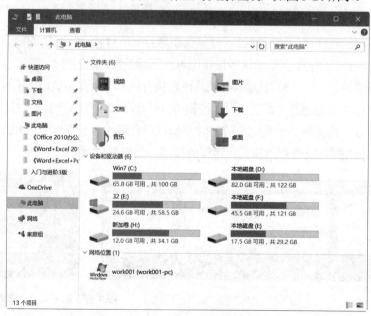

图3-20 Windows系统窗口

- 标题栏：标题栏位于窗口的最顶端，标题栏最右端显示"最小化""最大化/还原""关闭"3个按钮。左侧显示快速访问工具栏，可以添加更多按钮。通常情况下，用户可以通过标题栏来进行移动窗口、改变窗口的大小和关闭窗口操作。
- "文件"按钮：在标题栏下是"文件"按钮，单击后弹出下拉菜单，提供打开新窗口等命令，如图3-21所示。
- 选项卡栏：在"文件"按钮旁提供不同命令的选项卡，如图3-22所示。

图3-21 单击"文件"按钮

图3-22 选项卡栏

- 地址栏：用于显示和输入当前浏览位置的详细路径信息，Windows 10的地址栏提供按钮功能，单击地址栏文件夹后的">"按钮，弹出一个下拉菜单，里面列出了该文件夹下一级的其他文件夹，在菜单中选择相应的选项便可跳转到对应的文件夹，如图3-23所示。
- 搜索栏：Windows 10窗口右上角的搜索栏具有在计算机中搜索各种文件的功能。搜索时，地址栏中显示搜索进度情况，如图3-24所示。

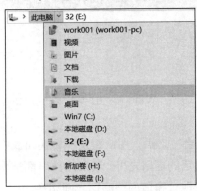

图3-23 使用地址栏

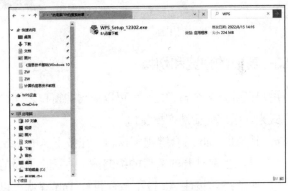

图3-24 使用搜索栏

- 导航窗格：导航窗格位于窗口左侧的位置，它给用户提供了树状结构文件夹列表，从而方便用户迅速地定位所需的目标。窗格从上到下分为不同的类别，通过单击每个类别前的箭头，可以展开或者合并。
- 窗口工作区：用于显示主要的内容，如多个不同的文件夹、磁盘驱动器等。它是窗口中最主要的部位。
- 状态栏：位于窗口的最底部，用于显示当前操作的状态及提示信息，或当前用户选定对象的详细信息。

3.2.2 打开和关闭窗口

打开窗口主要有两种方式，这里以"此电脑"窗口为例进行介绍。
- 双击桌面图标：在桌面上的"此电脑"图标上双击鼠标左键，即可打开该图标所对应的窗口。
- 通过快捷菜单：右击"此电脑"图标，在弹出的快捷菜单上选择"打开"命令。

关闭窗口有多种方式，同样以"此电脑"窗口为例进行介绍。
- 单击"关闭"按钮：直接单击窗口标题栏右上角的"关闭"按钮×，将"此电脑"窗口关闭。
- 使用标题栏：在窗口标题栏上右击鼠标，在弹出的快捷菜单中选择"关闭"命令来关闭"此电脑"窗口，如图 3-25 所示。
- 使用任务栏：在任务栏上的对应窗口图标上右击鼠标，在弹出的快捷菜单中选择"关闭窗口"命令来关闭"此电脑"窗口，如图 3-26 所示。

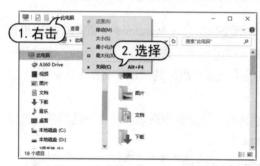

图 3-25　使用标题栏

图 3-26　使用任务栏

3.2.3 窗口的预览和切换

用户在打开多个窗口之后，可以在这些窗口之间进行切换，Windows 10 操作系统提供了多种方式来让用户便捷地切换窗口。
- 按 Alt+Tab 组合键预览窗口：在按下 Alt+Tab 组合键之后，用户将发现切换面板中会显示当前打开的窗口的缩略图，并且除了当前选定的窗口之外，其余的窗口都呈现透明状态。按住 Alt 键不放，再按 Tab 键就可以在现有窗口的缩略图之间切换。
- 通过任务栏图标预览窗口：当用户将鼠标指针移至任务栏中某个程序的按钮时，按钮的上方就会显示与该程序相关的所有已打开窗口的预览窗格，单击其中的某个预览窗格，即可切换至对应的窗口，如图 3-27 所示。
- 按 Win+Tab 组合键切换窗口：当用户按下 Win+Tab 组合键切换窗口时，切换效果与使用任务视图按钮 一样。按住 Win 键不放，再按 Tab 键即可在各个窗口之间切换，如图 3-28 所示。

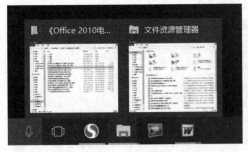
图 3-27 通过任务栏图标预览窗口

图 3-28 按 Win+Tab 组合键切换窗口

3.2.4 调整窗口大小

除了窗口标题栏的最大化、最小化、关闭按钮，用户还可以通过对窗口的拖曳来改变窗口的大小，只需将鼠标指针移至窗口四周的边框或 4 个角上，当光标变成双箭头形状时，按住鼠标左键不放进行拖曳即可拉伸或收缩窗口，具体如下。

(1) 双击系统桌面上的"此电脑"图标，打开"此电脑"窗口。

(2) 将鼠标光标放置在"此电脑"窗口标题栏至屏幕的最上方，当光标碰到屏幕的上方边沿时，按住鼠标左键拖动即可调整窗口的高度。同样，将鼠标指针放置在窗口左侧或右侧的边框上，按住鼠标左键拖动，可以调整窗口的宽度，如图 3-29 所示。

(3) 将鼠标指针放置在窗口标题栏上，然后按住鼠标左键拖动窗口的位置，当光标碰到屏幕的右边边沿时，松开鼠标左键，"此电脑"窗口将占据一半屏幕的区域，如图 3-30 所示。

图 3-29 按住鼠标左键拖动

图 3-30 占据一半屏幕的区域

(4) 同样，将窗口移动到屏幕左边沿也会将窗口大小变为屏幕靠左边的一半区域。

(5) 将窗口移动到窗口顶部，窗口将以全屏的方式显示。要恢复窗口的大小，双击窗口中的标题栏即可。

3.2.5 窗口的排列

在 Windows 10 操作系统中，提供了层叠窗口、堆叠显示窗口和并排显示窗口 3 种窗口排列方法，通过多窗口排列可以使窗口排列更加整齐。

打开多个窗口，然后在任务栏的空白处右击鼠标，在弹出的快捷菜单里选择"层叠窗口"命令，如图 3-31 所示。此时，打开的所有窗口(除了最小化的窗口)将会以层叠的方式在桌面上显示，如图 3-32 所示。

图 3-31　选择"层叠窗口"命令　　　　　图 3-32　层叠显示窗口

在弹出的快捷菜单中选择"堆叠显示窗口"命令,则打开的所有窗口(除了最小化的窗口)将会以堆叠的方式在桌面上显示,如图 3-33 所示。

选择"并排显示窗口"命令,则打开的所有窗口(除了最小化的窗口)将会以并排的方式在桌面上显示,如图 3-34 所示。

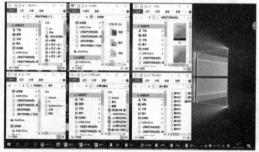

图 3-33　堆叠显示窗口　　　　　　　　图 3-34　并排显示窗口

3.2.6　对话框的组成

对话框是 Windows 操作系统中的次要窗口,里面包含了按钮和命令,通过它们可以完成特定的操作和任务。对话框和窗口的最大区别就是前者没有"最大化"和"最小化"按钮,并且一般不能改变形状和大小。

Windows 10 中的对话框多种多样,一般来说,对话框中的可操作元素主要包括命令按钮、选项卡、单选按钮、复选框、文本框、下拉列表框和数值框等,但并不是所有的对话框都包含以上元素,如图 3-35 所示。对话框的各组成元素的作用如下。

- 选项卡：对话框内一般有多个选项卡,通过选择选项卡可以切换到相应的设置界面。
- 列表框：列表框在对话框中以矩形框显示,里面列出了多个选项供用户选择。列表框有时也会以下拉列表框的形式显示。
- 单选按钮：单选按钮是一些互相排斥的选项,每次只能选择其中的一项,被选中的那一项的圆圈中将会有个黑点。

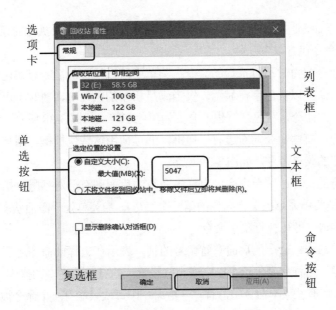

图 3-35 对话框

- 复选框：复选框则是一些不互相排斥的选项，用户可根据需要选择其中的一项或多项。当选中某个复选框时，这个复选框内会出现"√"标记，一个复选框代表一个可以打开或关闭的选项。在空白选择框上单击便可选中它，再次单击便可取消选中。
- 文本框：文本框主要用来接收用户输入的信息，以便正确完成对话框操作。
- 数值框：数值框用于输入或选中数值，由文本框和微调按钮组成。在数值框中，单击上三角的微调按钮可增加数值，单击下三角的微调按钮可减少数值。也可在数值框中直接输入需要的数值，如图 3-36 所示。
- 下拉列表框：下拉列表框是一个带有下拉按钮的文本框，用来在多个项目中选择一个，选中的项目将在下拉列表框内显示。当单击下拉列表框右边的下三角按钮时，将出现一个下拉列表供用户选择，如图 3-37 所示。

图 3-36 数值框

图 3-37 下拉列表框

3.2.7 使用菜单

菜单是应用程序中命令的集合，一般位于窗口的菜单栏中，菜单栏通常由多层菜单组成，每个菜单又包含若干命令。为了打开菜单，只需要使用鼠标单击需要执行的菜单选项即可。一般来说，菜单中的命令包含以下几种。

- 可执行的命令和暂时不可执行的命令：菜单中可以执行的命令以黑色字符显示，暂时不可执行的命令以灰色字符显示。仅当满足相应的条件时，暂时不可执行的命令才能变为可执行的命令，灰色字符也才会变为黑色字符，如图3-38所示。
- 快捷键命令：有些命令的右边有快捷键，通过使用这些快捷键，用户可以快速、直接地执行相应的菜单命令，如图3-39所示。
- 带大写字母的命令：菜单命令中有许多命令的后面都有一对括号，括号中有一个大写字母(通常是菜单命令的英文名称的第一个字母)。当菜单处于激活状态时，在键盘上键入相应的字母，即可执行菜单命令。
- 带省略号的命令：命令的后面有省略号的话，表示在选择此命令之后，将弹出对话框或设置向导，这种命令表示可以完成一些设置或执行其他更多的操作。
- 单选命令：在有些菜单命令中，有时一组命令中每次只能有一个命令被选中，当前选中命令的左边会出现单选标记"•"。选择该组命令中的其他命令，标记"•"将出现在新选中命令的左边，原先那个命令左边的标记"•"将消失。此类命令被称为单选命令。
- 复选命令：在有些菜单命令中，选择某个命令后，该命令的左边将出现复选标记"√"，表示此命令正在发挥作用；再次选择该命令，该命令左边的标记"√"消失，表示该命令不起作用，此类命令被称为复选命令。
- 子菜单命令：有些菜单命令的右边有一个向右的箭头，使用光标指向此类命令后，就会弹出一个下级子菜单，这个子菜单中通常会包含一类选项或命令，有时则是一组应用程序。

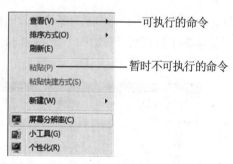

图3-38 可执行的命令和暂时不可执行的命令

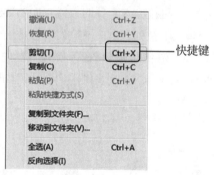

图3-39 快捷键命令

3.3 管理文件系统

信息资源的主要表现形式是程序和数据，在Windows 10系统中，所有的程序和数据都是以文件的形式存储在计算机中。要管理好计算机中的信息资源就要管理好文件与文件夹。本节将介绍文件与文件夹的基本概念和操作方法，便于用户管理好计算机中的资源。

3.3.1 了解文件和文件夹

文件是存储在计算机磁盘内的一系列数据的集合，而文件夹则是文件的集合，用来存放单个或多个文件。

1. 文件

文件是 Windows 中最基本的存储单位，其中包含了文本、图像及数值数据等信息，不同类型的信息需要保存在不同类型的文件中。通常，文件类型是用文件的扩展名来区分的，根据保存的信息和保存方式的不同，可将文件分为不同的类型，并在计算机中以不同的图标显示，如图 3-40 所示。

图 3-40　文件

文件的各组成部分作用如下。
- 文件名：标识当前文件的名称，用户可以根据需要来自定义文件的名称。
- 文件扩展名：标识当前文件的系统格式，如上图所示的文件扩展名为 doc，表示这个文件是 Word 文档文件。
- 分隔点：用来分隔文件名和文件扩展名。
- 文件图标：用图例表示当前文件的类型，是由系统中相应的应用程序关联建立的。
- 文件描述信息：用来显示当前文件的大小和类型等系统信息。

文件的命名规则如下。
- 在文件或文件夹名称中，用户最多可使用 255 个字符。
- 用户可使用多个间隔符(.)的扩展名，例如 report.lj.oct98。
- 名字可以有空格但不能有字符\　/:* ?" <>| 等。
- Windows 保留文件名的大小写格式，但不能利用大小写区分文件名。例如，README.TXT 和 readme.txt 被认为是同一文件名。
- 当搜索和显示文件时，用户可使用通配符(?和*)。其中，问号(?)代表一个任意字符，星号(*)代表一系列字符。

2. 文件夹

为了便于管理文件，Windows 系列操作系统引入了文件夹的概念。简单地说，文件夹就是文件的集合。计算机中的文件如果过多，则会显得杂乱无章，想要查找某个文件也不太方便。

这时,用户可将相似类型的文件整理起来,统一放置在一个文件夹中,这样不仅能方便用户查找文件,而且能有效管理好计算机中的资源。文件夹的外观由文件夹图标和文件夹名称组成,如图3-41所示。

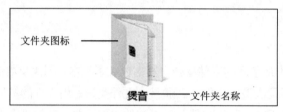

图3-41 文件夹

文件和文件夹都存放在计算机的磁盘上,文件夹可以包含文件和子文件夹,子文件夹又可以包含文件和子文件夹,如此便形成文件和文件夹的树状关系。

提示:

路径指的是文件或文件夹在计算机中存储的位置,当打开某个文件夹时,在地址栏中即可看到进入的文件夹的层次结构。由文件夹的层次结构可以得到文件夹的路径。路径的结构一般包括磁盘名称、文件夹名称和文件名称,它们之间用"\"隔开。

3.3.2 文件和文件夹的基本操作

文件和文件夹的基本操作主要包括新建文件和文件夹,以及文件和文件夹的选择、移动、复制、删除等。

1. 创建文件和文件夹

在Windows中,可以采取多种方法来方便地创建文件和文件夹,此外在文件夹中还可以创建子文件夹。

在创建文件或文件夹时,可在任何想要创建文件或文件夹的地方右击,从弹出的快捷菜单中选择"新建"|"文件夹"命令或其他类型文件的创建命令即可,如图3-42所示。用户也可以通过在快速访问工具栏中单击"新建文件夹"按钮来创建文件夹,如图3-43所示。

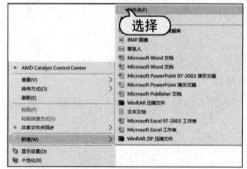

图3-42 选择命令

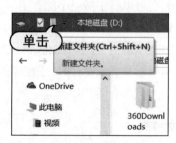

图3-43 单击"新建文件夹"按钮

2. 选择文件和文件夹

要对文件或文件夹进行操作，首先要选定文件或文件夹。为了便于用户快速选择文件和文件夹，Windows 系统提供了多种文件和文件夹的选择方法。

- 选择单个文件或文件夹：用鼠标左键单击文件或文件夹图标即可将其选择。
- 选择多个不相邻的文件或文件夹：选择第一个文件或文件夹后，按住 Ctrl 键，逐一单击要选择的文件或文件夹，如图 3-44 所示。
- 选择所有的文件或文件夹：按 Ctrl+A 组合键即可选中当前窗口中的所有文件或文件夹。
- 选择某一区域的文件或文件夹：在需选择的文件或文件夹起始位置处按住鼠标左键进行拖动，此时在窗口中出现一个蓝色的矩形框，当该矩形框包含了需要选择的文件或文件夹后松开鼠标，即可完成选择，如图 3-45 所示。

图 3-44　选择多个不相邻的文件或文件夹

图 3-45　选择矩形区域

3. 复制文件和文件夹

复制文件和文件夹是为了将一些比较重要的文件和文件夹加以备份，也就是将文件或文件夹复制一份到硬盘的其他位置上，使文件或文件夹更加安全，以免发生意外的丢失情况，而造成不必要的损失。

例如要将桌面上的"作文"文档复制到 D 盘下的"备份"文件夹下，可以右击桌面上的"作文"文档，在弹出的快捷菜单中选择"复制"命令，如图 3-46 所示。打开"此电脑"窗口，双击"本地磁盘(D:)"盘符，打开 D 盘，双击"备份"文件夹，如图 3-47 所示。

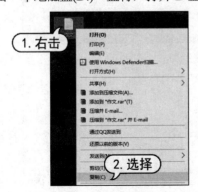
图 3-46　选择"复制"命令

图 3-47　双击"备份"文件夹

在打开的文件夹中右击鼠标,在弹出的快捷菜单中选择"粘贴"命令,如图3-48所示。此时"作文"文档被复制到"备份"文件夹下,如图3-49所示。

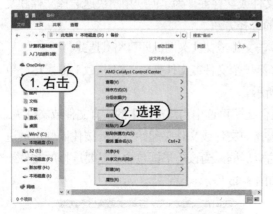

图3-48　选择"复制"命令　　　　　　　　图3-49　复制完毕

4. 移动文件和文件夹

移动文件和文件夹是指将文件和文件夹从原先的位置移动至其他的位置,移动的同时,会删除原先位置下的文件和文件夹。在 Windows 10 系统中,用户可以使用鼠标拖动的方法,或者右键快捷菜单中的"剪切"和"粘贴"命令,对文件或文件夹进行移动操作。

5. 删除文件和文件夹

为了保持计算机中文件系统的整洁、有条理,同时也为了节省磁盘空间,用户经常需要删除一些已经没有用的或损坏的文件和文件夹。要删除文件或文件夹,可以执行下列操作之一。

- 选中想要删除的文件或文件夹,然后按键盘上的 Delete 键。
- 右击要删除的文件或文件夹,然后在弹出的快捷菜单中选择"删除"命令,如图3-50所示。
- 用鼠标将要删除的文件或文件夹直接拖动到桌面的"回收站"图标上。
- 选中想要删除的文件或文件夹,单击快速访问工具栏中的"删除"按钮■,如图 3-51所示。

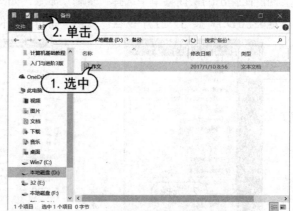

图3-50　选择"删除"命令　　　　　　　　图3-51　单击"删除"按钮

3.3.3 设置文件和文件夹

用户可以对文件和文件夹进行各种设置，以便于更好地管理文件和文件夹。

1. 更改只读属性

文件和文件夹的只读属性表示：用户只能对文件或文件夹的内容进行查看访问而无法进行修改。一旦文件和文件夹被赋予了只读属性，就可以防止用户误操作删除该文件或文件夹。

要更改只读属性，首先右击文件或文件夹，在弹出的快捷菜单中选择"属性"命令，打开其"属性"对话框，在"常规"选项卡的"属性"栏中选中"只读"复选框，单击"确定"按钮，如图3-52所示。如果文件夹内有文件或子文件夹，还会打开"确认属性更改"对话框，选中"将更改应用于此文件夹、子文件夹和文件"单选按钮，然后单击"确定"按钮，如图3-53所示。

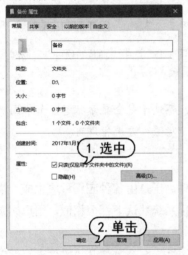
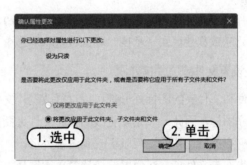

图3-52 选中"只读"复选框　　图3-53 选中更改应用区域的单选按钮

提示：

如果用户想取消文件和文件夹的只读属性，方法和设置只读属性一样，只是要取消选中"属性"对话框中的"只读"复选框即可。

2. 隐藏文件或文件夹

如果用户不想让计算机的某些文件或文件夹被其他人看到，用户可以隐藏这些文件或文件夹。当用户想查看时，再将其显示出来。

例如右击"备份"文件夹，在弹出的快捷菜单中选择"属性"命令，打开"属性"对话框，在"常规"选项卡的"属性"栏中选中"隐藏"复选框，单击"确定"按钮，即可隐藏该文件夹，如图3-54所示。

提示：

如果文件夹内有文件或子文件夹，还会打开"确认属性更改"对话框，选中"将更改应用于此文件夹、子文件夹和文件"单选按钮，然后单击"确定"按钮。

若用户想再显示该文件夹，则先打开该包含该文件夹的上级窗口，这里是 D 盘，单击工具栏上的"查看"选项卡标签，在弹出的选项卡中选中"隐藏的项目"复选框，此时即可显示隐藏的"备份"文件夹，如图 3-55 所示。

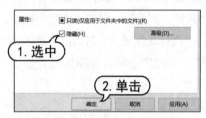
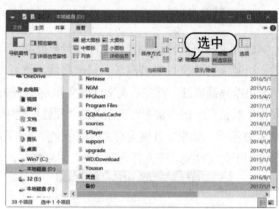

图 3-54　选中"隐藏"复选框　　　　　图 3-55　选中"隐藏的项目"复选框

提示：

重新显示的文件或文件夹，其图标是半透明的，不处于完全显示状态，如果用户想要取消文件夹的隐藏属性，在"属性"对话框内取消选中"隐藏"复选框即可。

3. 设置文件或文件夹外观

文件和文件夹的图标外形都可以进行改变，文件由于是由各种应用程序生成，都有相应固定的程序图标，因此一般无须更改图标。文件夹图标系统默认下都很相似，用户如果想要使某个文件夹更加醒目特殊，可以更改其图标外形。

首先右击文件夹，在弹出的快捷菜单中选择"属性"命令，打开"文件夹属性"对话框，选择"自定义"选项卡，在"文件夹图标"选项组中单击"更改图标"按钮，如图 3-56 所示。

在打开的对话框中选择一种文件夹外观样式，然后单击"确定"按钮，如图 3-57 所示。返回"文件夹属性"对话框，单击"应用"按钮即可。

图 3-56　单击"更改图标"按钮　　　　图 3-57　选择文件夹外观样式

4. 加密文件或文件夹

加密文件和文件夹即是将文件和文件夹加以保护，使得其他用户无法访问该文件或文件夹，保证文件和文件夹的安全性和保密性。

首先右击文件或文件夹，在弹出的快捷菜单中选择"属性"命令，打开"属性"对话框后在"常规"选项卡中单击"高级"按钮，打开"高级属性"对话框，选中"加密内容以便保护数据"复选框，然后单击"确定"按钮，如图 3-58 所示。

返回"属性"对话框，单击"应用"按钮，在打开的"确认属性修改"对话框中选择是否将"加密"操作应用于子文件夹和文件后，单击"确定"按钮即可。文件和文件夹被加密后，其图标外观将发生变化，效果如图 3-59 所示。

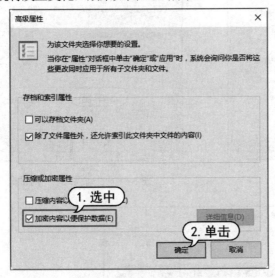

图 3-58　"高级属性"对话框　　　　　　图 3-59　文件和文件夹加密后的效果

5. 共享文件或文件夹

现在家庭或办公生活环境里经常使用多台计算机，而多台计算机里的文件和文件夹可以通过局域网多用户共同享用。用户只需将文件或文件夹设置为共享属性，以供其他用户查看、复制或者修改该文件或文件夹。

首先右击窗口中的文件夹，从弹出的快捷菜单中选择"属性"命令，打开"属性"对话框，选择"共享"选项卡，单击"高级共享"按钮，如图 3-60 所示。

打开"高级共享"对话框，选中"共享此文件夹"复选框，设置共享名、共享用户数量、注释等，然后单击"权限"按钮，如图 3-61 所示。

打开"权限"对话框，可以在"组或用户名"区域里看到组里成员，默认"Everyone"即所有的用户。在"Everyone"的权限里，"完全控制"是指其他用户可以删除、修改本机上共享文件夹里的文件；"更改"可以修改，不可以删除；"读取"只能浏览复制，不能修改。一般选中"读取"权限的"允许"复选框，单击"确定"按钮，如图 3-62 所示。返回"高级共享"对话框，单击"应用"按钮即可。

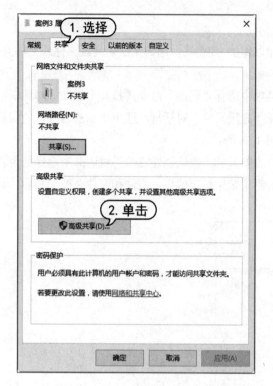

图 3-60 单击"高级共享"按钮

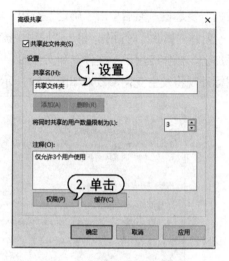

图 3-61 "高级共享"对话框

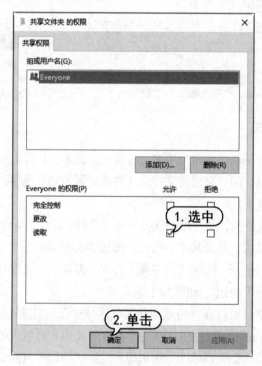

图 3-62 设置权限

3.3.4 使用回收站

回收站是 Windows 10 系统用来存储被删除文件的场所。用户可以根据需要，选择将回收站中的文件彻底删除或者恢复到原来的位置，这样可以保证数据的安全性和可恢复性。

1. 还原回收站文件

从回收站中还原文件或文件夹有以下两种方法。

- 在"回收站"窗口中右击要还原的文件或文件夹，在弹出的快捷菜单中选择"还原"命令，如图 3-63 所示，这样即可将该文件或文件夹还原到被删除之前的磁盘目录位置。
- 直接单击回收站窗口中工具栏上的"管理"|"还原所有项目"按钮如图 3-64 所示。

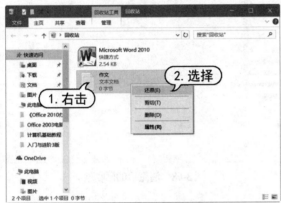

图 3-63 选择"还原"命令

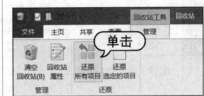

图 3-64 单击"还原所有项目"按钮

2. 删除回收站中的文件

在回收站中删除文件和文件夹是永久删除，方法是右击要删除的文件，在弹出的快捷菜单中选择"删除"命令，如图 3-65 所示。接着会打开提示对话框，单击"是"按钮，即可将该文件永久删除，如图 3-66 所示。

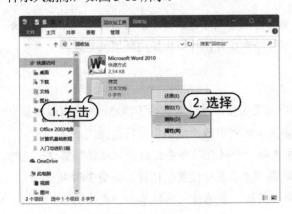

图 3-65 选择"删除"命令   图 3-66 单击"是"按钮

3. 清空回收站

清空回收站是指将回收站里的所有文件和文件夹全部永久删除，此时用户就不必去选择要删除文件，直接右击桌面"回收站"图标，在弹出的快捷菜单中选择"清空回收站"命令，如图 3-67 所示。

此时也和删除一样会打开提示对话框，单击"是"按钮即可清空回收站，清空后回收站里就没有文件了，如图 3-68 所示。

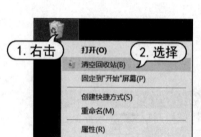

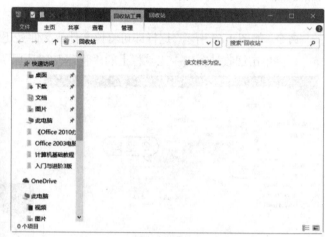

图 3-67　选择"清空回收站"命令　　　　　图 3-68　清空后的回收站

提示：

回收站的属性设置也很简单，用户只需右击桌面回收站图标，在弹出的快捷菜单中选择"属性"命令，打开"回收站 属性"对话框，用户可以在该对话框内设置相关属性。

3.4 设置个性化系统环境

在 Windows 10 系统中，可以通过改变桌面背景和图标、改变系统声音和用户账户等一系列操作，对系统进行个性化调整，从而实现方便操作和美化计算机使用环境的效果。

3.4.1 更改桌面图标

Windows 10 系统中的图标多种多样，用户如果对系统默认的图标不满意，那么可以根据自己的喜好更换图标的样式。接下来将演示在桌面上如何更改"网络"图标的样式。

(1) 在桌面上右击，从弹出的快捷菜单中选择"个性化"命令。打开"设置"窗口，选择"主题"选项卡，在"相关的设置"区域中单击"桌面图标设置"链接，如图 3-69 所示。

(2) 打开"桌面图标设置"对话框，选中"网络"复选框，然后单击"更改图标"按钮，如图 3-70 所示。

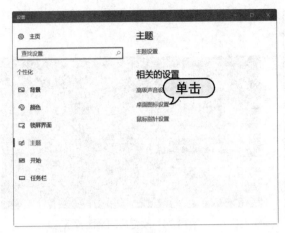

图 3-69 "设置"窗口 　　　　　图 3-70 "桌面图标设置"对话框

(3) 打开"更改图标"对话框,从中选择一个图标,然后单击"确定"按钮,如图 3-71 所示。

(4) 返回"桌面图标设置"对话框,单击"确定"按钮。

(5) 返回桌面,此时"网络"图标已经发生更改,如图 3-72 所示。

图 3-71 "更改图标"对话框 　　　　图 3-72 更改后的"网络"图标

3.4.2 更改桌面背景

桌面背景就是 Windows 10 系统中桌面的背景图案,又叫墙纸。启动 Windows 10 操作系统后,桌面背景采用的是系统安装时的默认设置,用户可以根据自己的喜好更换桌面背景。

(1) 右击桌面空白处,从弹出的快捷菜单中选择"个性化"命令。

(2) 打开"设置"窗口,在"选择图片"区域中选择一张图片,如图 3-73 所示。

(3) 此时桌面背景已经改变,效果如图 3-74 所示。

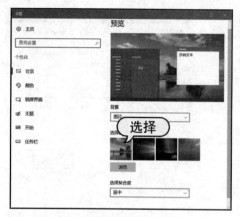

图 3-73 选择一张图片

图 3-74 改变后的桌面背景

提示：

在"选择图片"区域中单击"浏览"按钮，将会弹出"打开"对话框，用户可以选择一张本地图片并设置为桌面背景。

3.4.3 自定义鼠标指针的外形

默认情况下，在 Windows 10 操作系统中，鼠标指针的外形为 。Windows 10 系统自带了很多鼠标形状，用户可以根据自己的喜好，更改鼠标指针的外形。

(1) 右击桌面空白处，从弹出的快捷菜单中选择"个性化"命令。

(2) 打开"设置"窗口，选择"主题"选项卡，在"相关的设置"区域中单击"鼠标指针设置"链接，如图 3-75 所示。

(3) 打开"鼠标 属性"对话框，选择"指针"选项卡，从"方案"下拉列表框中选择"Windows 反转(特大)(系统方案)"，在"自定义"列表框中选择"正常选择"选项，然后单击"浏览"按钮，如图 3-76 所示。

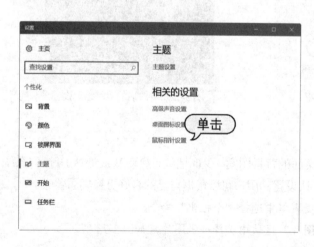

图 3-75 "设置"窗口

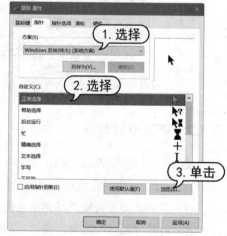

图 3-76 选择鼠标样式

(4) 打开"浏览"对话框，从中选择一种笔的样式，然后单击"打开"按钮，如图 3-77 所示。

(5) 返回到"鼠标 属性"对话框，单击"确定"按钮。此时的鼠标样式将变成一支笔，形状也变得更大，如图 3-78 所示。

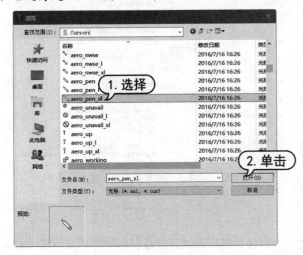

图 3-77　"浏览"对话框　　　　　　　　图 3-78　改变后的鼠标指针的外形

3.4.4　自定义任务栏

任务栏就是位于桌面底部的小长条，作为 Windows 10 系统的超级助手，用户可以通过对任务栏进行个性化设置，使其更加符合用户的使用习惯。下面将设置任务栏中的按钮不再自动合并，而是自动隐藏任务栏。

(1) 在任务栏的空白处右击，从弹出的快捷菜单中选择"设置"命令，如图 3-79 所示。

(2) 打开"设置"窗口的"任务栏"选项卡，从"合并任务栏按钮"下拉列表框中选择"从不"选项，如图 3-80 所示。

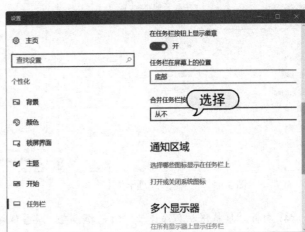

图 3-79　选择"设置"命令　　　　　　　图 3-80　选择"从不"选项

(3) 此时，任务栏中相似的按钮将不再自动合并，如图3-81所示。

(4) 单击"在桌面模式下自动隐藏任务栏"开关按钮，调整为"开"，如图3-82所示。

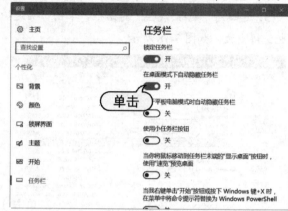

图3-81　任务栏中的按钮不再自动合并　　　图3-82　设置在桌面模式下自动隐藏任务栏

3.4.5　设置屏幕保护程序

屏幕保护程序是指在一定时间内，因为没有使用鼠标或键盘进行任何操作而在屏幕上显示的画面。屏幕保护程序对显示器有保护作用，能使显示器处于节能状态。下面在系统中设置使用"3D文字"作为屏幕保护程序。

(1) 在桌面上右击，从弹出的快捷菜单中选择"个性化"命令，打开"设置"窗口。

(2) 选择"主题"选项卡，单击"主题设置"链接，如图3-83所示。

(3) 打开"个性化"窗口，单击"屏幕保护程序"链接，如图3-84所示。

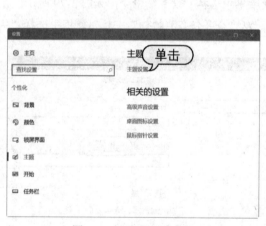

图3-83　"主题"选项卡　　　　　　　图3-84　"个性化"窗口

(4) 打开"屏幕保护程序设置"对话框，在"屏幕保护程序"下拉列表框中选择"3D文字"选项，在"等待"数值框中设置时间为1分钟，设置完成后，单击"确定"按钮，如图3-85所示。

(5) 在屏幕静止时间超过设定的等待时间后(鼠标和键盘均没有任何动作)，系统就会自动启动屏幕保护程序，如图 3-86 所示。

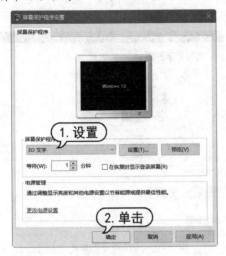

图 3-85 "屏幕保护程序设置"对话框

图 3-86 启动屏幕保护程序

3.4.6 设置显示器参数

显示器的参数设置主要包括更改显示器的显示分辨率和刷新频率。显示分辨率是指显示器所能显示的像素点的数量，显示器可显示的像素点数越多，画面就越清晰，屏幕区域内能够显示的信息也就越多。设置刷新频率主要是为了防止屏幕出现闪烁现象。刷新频率设置过低会对眼睛造成伤害。接下来，我们设置屏幕的显示分辨率为 1600×1200 像素、刷新频率为 60 赫兹。

(1) 在桌面上右击，从弹出的快捷菜单中选择"个性化"命令，打开"设置"窗口。
(2) 选择"主题"选项卡，单击"主题设置"链接，如图 3-87 所示。
(3) 打开"个性化"窗口，单击"显示"链接，如图 3-88 所示。

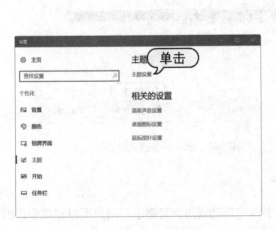

图 3-87 "主题"选项卡

图 3-88 "个性化"窗口

(4) 在打开的窗口中单击"高级显示设置"链接，如图3-89所示。

(5) 打开"高级显示设置"窗口，在"分辨率"下拉列表框中选择1600×1200选项，如图3-90所示。

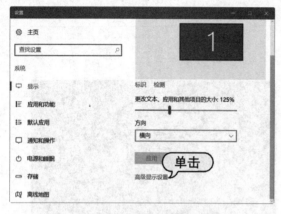

图3-89　单击"高级显示设置"链接　　　　图3-90　选择屏幕的显示分辨率

(6) 在"相关设置"区域中单击"显示适配器属性"链接，如图3-91所示。

(7) 打开显卡的属性对话框，选择"监视器"选项卡，在"屏幕刷新频率"下拉列表框中选择"60赫兹"选项，单击"确定"按钮，如图3-92所示。

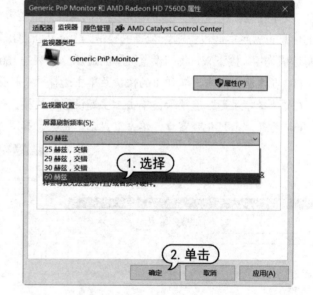

图3-91　单击"显示适配器属性"链接　　　　图3-92　选择屏幕的刷新频率

3.4.7　设置系统声音

在Windows 10中，当触发系统事件时，事件将自动发出声音提示，用户可以根据自己的喜好和习惯对事件提示音进行设置，具体方法如下。

(1) 在桌面上右击"开始"菜单按钮，从弹出的快捷菜单中选择"控制面板"命令，如图 3-93 所示。

(2) 打开"控制面板"窗口，单击其中的"硬件和声音"链接，如图 3-94 所示。

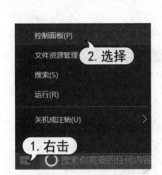

图 3-93　选择"控制面板"命令

图 3-94　单击"硬件和声音"链接

(3) 打开"硬件和声音"窗口，单击其中的"更改系统声音"链接，如图 3-95 所示。

(4) 打开"声音"对话框，在"程序事件"列表框中选中需要修改的系统事件"关闭程序"，然后单击"声音"下拉列表按钮，从弹出的下拉列表中选中想要的声音效果"ding"，单击"确定"按钮即可完成设置，如图 3-96 所示。

图 3-95　单击"更改系统声音"链接

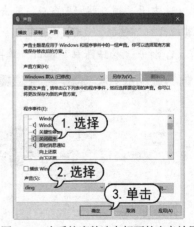

图 3-96　为系统事件选中想要的声音效果

3.4.8 创建用户账户

Windows 10 允许每个使用计算机的用户建立自己的专用工作环境。每个用户都可以为自己建立用户账户并设置密码,只有在正确输入用户名和密码之后,才可以进入系统。管理用户账户的最基本操作就是创建账户。用户在安装 Windows 10 的过程中,第一次启动时建立的用户账户就属于"管理员"类型的账户。在系统中,只有"管理员"类型的账户才能创建用户账户。下面将创建一个用户名为"浮云"的本地标准用户账户。

(1) 右击"开始"菜单按钮,从弹出的快捷菜单中选择"控制面板"命令,打开"控制面板"窗口,如图 3-97 所示。

(2) 在"控制面板"窗口中单击"用户账户"图标,如图 3-98 所示。

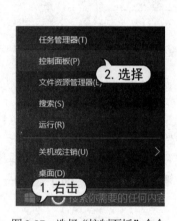

图 3-97 选择"控制面板"命令

图 3-98 单击"用户账户"图标

(3) 打开"用户账户"窗口,单击"用户账户"链接,打开"更改账户信息"窗口,单击"管理其他账户"链接,如图 3-99 所示。

(4) 打开"管理账户"窗口,单击"在电脑设置中添加新用户"链接,如图 3-100 所示。

图 3-99 单击"管理其他账户"链接

图 3-100 单击"在电脑设置中添加新用户"链接

(5) 打开"家庭和其他人员"窗口，单击"将其他人添加到这台电脑"前面的加号按钮，如图 3-101 所示。

(6) 在打开的界面中单击"我没有这个人的登录信息"链接，如图 3-102 所示。

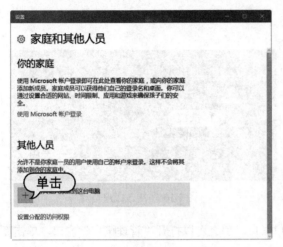 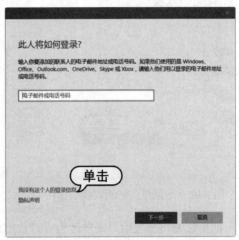

　　图 3-101　"家庭和其他人员"窗口　　　　图 3-102　单击"我没有这个人的登录信息"链接

(7) 在打开的界面中单击"添加一个没有 Microsoft 账户的用户"链接，如图 3-103 所示。

(8) 此时进入本地账户的创建界面，输入用户名、密码及密码提示，然后单击"下一步"按钮，如图 3-104 所示。

　　　　图 3-103　添加用户　　　　　　　　　　　图 3-104　输入账户信息

(9) 返回到"家庭和其他人员"窗口，此时"其他人员"区域中将显示新建的本地用户账户"浮云"，单击"浮云"账户，然后继续单击显示出来的"更改账户类型"按钮，如图 3-105 所示。

(10) 弹出"更改账户类型"界面,在"账户类型"下拉列表框中选择"标准用户"选项,然后单击"确定"按钮即可完成设置,如图3-106所示。

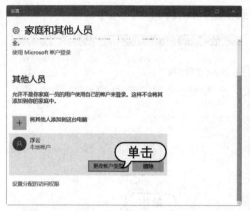

图3-105 返回到"家庭和其他人员"窗口

图3-106 更改账户类型

如果想要将标准用户账户改为管理员用户账户,那么可以打开"管理账户"窗口,单击新建的"浮云"标准用户账户,打开"更改账户"窗口。单击"更改账户类型"链接,如图3-107所示,打开"更改账户类型"窗口。选中"管理员"单选按钮,然后单击"更改账户类型"按钮,即可将标准用户账户改为管理员用户账户,如图3-108所示。

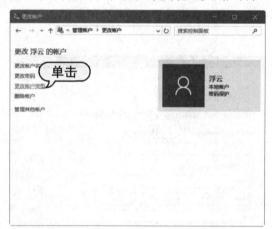

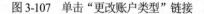

图3-107 单击"更改账户类型"链接

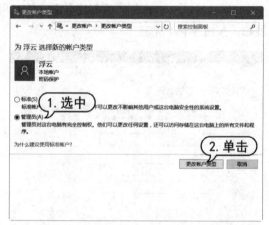

图3-108 将标准用户账户改为管理员用户账户

3.5 管理硬件和软件

Windows 10系统的正常运行离不开软件和硬件的支持,硬件设备是计算机系统中最基础的组成部分,而软件应用则是通过人机互动控制计算机运行的必要条件。用户只有管理好软件和硬件,计算机才能正常运行,发挥其应有的作用。

3.5.1 安装和卸载软件

在使用计算机时,如果想要使用某个软件,首先需要将该软件安装到计算机中。如果软件过时或者是不想用了,还可以将其卸载以节省硬盘空间。

1. 安装软件

要想安装某个软件,首先要获得该软件的安装文件。一般来说获得安装文件的方法有以下两种。

- 从相应的应用软件销售商那里购买安装光盘。
- 直接从网上下载,大多数软件直接从网上下载后就能够使用,而有些软件需要购买激活码或注册才能够使用。

安装程序一般都有特殊的名称,将应用软件的安装光盘放在光驱中,然后进入光盘驱动器所在的文件夹(或者直接在网络下载软件的安装文件夹),可发现其中有扩展名为.exe 的文件,其名称一般为 Setup、Install 或者是"软件名称".exe,这就是安装文件了,双击该文件,即可启动应用软件的安装程序,然后按照提示逐步进行操作就可以安装了。

2. 卸载软件

卸载软件时可采用两种方法:一种是使用"开始"菜单提供的卸载功能,另一种是使用"程序和功能"窗口。

- 打开"开始"菜单,右击需要卸载的软件的图标,从弹出的快捷菜单中选择"卸载"命令。在弹出的对话框中单击"卸载"按钮,此时,指定的软件将自动开始进行卸载。
- 打开"控制面板"窗口,单击其中的"卸载程序"链接,用户可在打开的"程序和功能"窗口中卸载系统中安装的软件。

下面通过"程序和功能"窗口卸载操作系统中安装的软件。

(1) 右击"开始"菜单按钮,从弹出的快捷菜单中选择"控制面板"命令,如图 3-109 所示。
(2) 打开"控制面板"窗口,单击其中的"卸载程序"链接,如图 3-110 所示。

图 3-109 选择"控制面板"命令

图 3-110 单击"卸载程序"链接

(3) 打开"程序和功能"窗口，右击列表框中需要卸载的程序，从弹出的菜单中选择"卸载/更改"命令，如图 3-111 所示。

(4) 此时弹出软件卸载对话框(不同软件的卸载界面是不一样的)，单击"继续卸载"按钮开始卸载软件，如图 3-112 所示。

图 3-111　"程序和功能"窗口　　　　图 3-112　单击"继续卸载"按钮

3.5.2 查看硬件设备信息

在 Windows 10 系统中，用户可以查看硬件设备的属性，从而直观地了解硬件设备的详细信息，例如设备的性能及运转状态等。

(1) 右击桌面上的"此电脑"图标，从弹出的快捷菜单中选择"属性"命令，如图 3-113 所示。

(2) 打开"系统"窗口，从中可以查看计算机的基本硬件信息，如处理器、内存、安装的操作系统等。然后单击左侧的"设备管理器"链接，如图 3-114 所示。

图 3-113　选择"属性"命令　　　　图 3-114　"系统"窗口

(3) 打开"设备管理器"窗口，右击想要查看的硬件设备，从弹出的快捷菜单中选择"属性"命令，如图 3-115 所示。

(4) 在打开的对话框中，用户可以查看硬件设备的属性参数，如图 3-116 所示。

图 3-115 "设备管理器"窗口　　　　图 3-116 查看硬件设备的属性参数

3.5.3 更新硬件驱动程序

驱动程序的全称为"设备驱动程序"，其作用是将硬件的功能传递给操作系统，这样操作系统才能控制硬件。

通常在安装新的硬件设备时，系统会提示用户需要为硬件设备安装驱动程序。驱动程序和其他应用程序一样，随着系统软硬件的更新，软件厂商也会对相应的驱动程序进行版本升级，从而通过更新驱动程序来提升计算机硬件的性能。用户可通过光盘或联网等方式安装最新的驱动程序版本。

(1) 打开"设备管理器"窗口，双击"显示适配器"选项，右击显卡的名称，在弹出的快捷菜单中选择"更新驱动程序软件"命令，如图 3-117 所示。

(2) 在打开的对话框中单击"浏览计算机以查找驱动程序软件"按钮，如图 3-118 所示。

(3) 打开"浏览计算机上的驱动程序文件"对话框，单击"浏览"按钮，设置驱动程序所在的位置，然后单击"下一步"按钮，如图 3-119 所示。

(4) 此时，系统开始自动安装驱动程序。安装完之后，可在"设备管理器"窗口中右击显卡的名称，从弹出的快捷菜单中选择"属性"命令，即可在打开的对话框中查看驱动程序的信息，如图 3-120 所示。

图3-117 "设备管理器"窗口

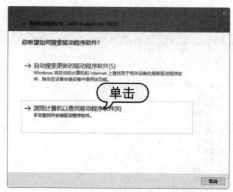
图3-118 单击该按钮

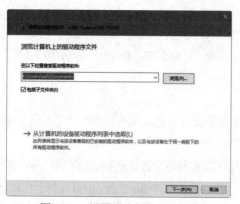
图3-119 设置驱动程序所在位置

图3-120 查看安装的驱动程序

3.5.4 设置虚拟内存

在使用计算机的过程中，当运行一个程序需要大量数据、占用大量内存时，物理内存就有可能会被"塞满"，此时系统会将那些暂时不用的数据放到硬盘中，而这些数据所占的空间就是虚拟内存。

简单地说，虚拟内存的作用就是当物理内存占用完时，计算机会自动调用硬盘来充当内存，以缓解物理内存的紧张。

(1) 右击系统桌面上的"此电脑"图标，在弹出的菜单中选择"属性"命令，打开"系统"窗口，单击"高级系统设置"链接，如图3-121所示。

(2) 打开"系统属性"对话框，选择"高级"选项卡，单击"性能"选项组中的"设置"按钮，如图3-122所示。

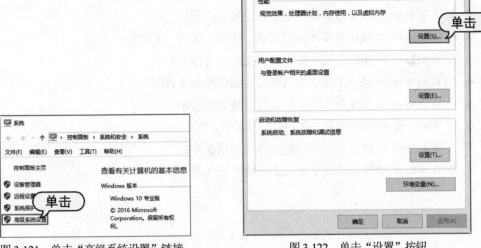

图 3-121　单击"高级系统设置"链接　　　　图 3-122　单击"设置"按钮

(3) 打开"性能选项"对话框，单击"更改"按钮，如图 3-123 所示。

(4) 打开"虚拟内存"对话框，取消选中"自动管理所有驱动器的分页文件大小"复选框，在"最大值"和"初始大小"文本框中设置合理的虚拟内存的值，单击"确定"按钮，如图 3-124 所示。返回"性能选项"对话框，单击"应用"按钮即可。

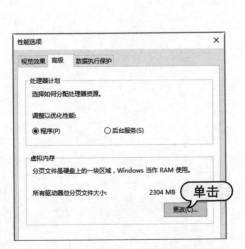
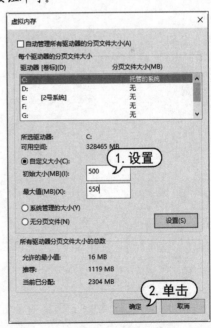

图 3-123　单击"更改"按钮　　　　图 3-124　设置虚拟内存

3.6 课后习题

1. 简述 Windows 10 操作系统桌面上各元素的作用。
2. 在 Windows 10 操作系统中如何预览、切换、排列、调整窗口?
3. 在 Windows 10 操作系统中如何管理文件和文件夹?
4. 在 Windows 10 操作系统中如何更改桌面图标和背景图片?
5. 在 Windows 10 操作系统中如何设置屏幕保护程序?
6. 在 Windows 10 操作系统中如何创建用户账户?
7. 在 Windows 10 操作系统中如何安装和卸载软件?
8. 在 Windows 10 操作系统中如何更新硬件驱动程序?

第 4 章

WPS Office 文字处理

WPS Office 由金山办公软股份有限公司自主研发，兼容 Word、Excel、PowerPoint 三大办公套件的不同格式，支持 PDF、思维导图等文档的编辑与格式转换。本章将主要介绍 WPS Office 中文字处理软件的使用方法，包括输入文本、设计版面、图文混排、模板样式等的相关操作和内容。

4.1 认识 WPS Office

文档处理软件很多，WPS Office 作为一款办公软件套装，可以实现办公软件最常用的文字处理、表格处理、文档演示、PDF 阅读等功能。该软件具有内存占用低、运行速度快、云功能多、强大插件平台支持等特点。

4.1.1 WPS Office 操作界面

WPS Office 与 Microsoft Office 中的 Word、Excel、PowerPoint 一一对应，应用 XML 数据交换技术，无障碍兼容 docx、xlsx、pptx、pdf 等文件格式，可以直接保存和打开 Microsoft 的 Word、Excel 和 PowerPoint 文件，也可以用 Microsoft Office 轻松编辑 WPS 系列文档。

2020 年 12 月，教育部考试中心宣布 WPS Office 作为全国计算机等级考试(NCRE)的二级考试之一。一般用户以及有意向参加全国计算机等级考试并选择一级计算机基础及 WPS Office 应用，或者二级 WPS Office 高级应用与设计的考生，可以在中国教育考试网下载 WPS Office 教育考试专用版。从 2021 年 3 月起，一、二级 WPS Office 科目开始使用新版的教育考试专用版软件。

双击桌面上的 WPS Office 快捷方式图标即可启动 WPS Office，首先打开的是其"首页"界面，如图 4-1 所示，单击左侧竖排的"新建"按钮，即可打开"新建"界面。

1. 新建界面

在"新建"界面中左侧栏显示诸如"新建文字""新建表格""新建演示"等创建各文档的选项卡，在不同选项界面中显示该文档的各种模板(有些需要会员交费使用)，单击其中一个模板即可创建文档，如图4-2即为"新建文字"的模板界面。

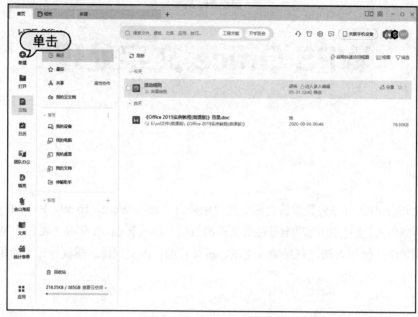

图4-1　WPS Office "首页"界面

图4-2　"新建文字"界面

2. 文字文稿工作界面

创建文档后，即可显示文档界面，这里用"新建空白文字"创建的"文字文稿1"为例，展示文档工作界面内容。"文字文稿1"文档工作界面主要由标题栏、功能区、文字编辑区、状态栏、任务窗格按钮等组成，如图4-3所示。

第 4 章 WPS Office 文字处理

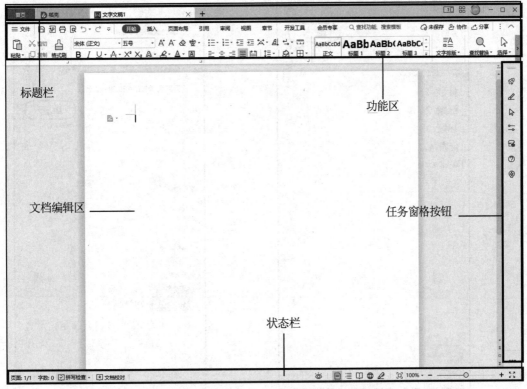

图 4-3 文字文稿工作界面

- 标题栏：标题栏位于窗口的顶端，用于显示当前正在运行的程序名及文件名等信息。标题栏最右端有 3 个按钮，分别用来控制窗口的最小化、最大化和关闭。此外还包含会员图标、"应用市场"按钮、"WPS 随行"按钮等，可以打开会员账号、应用市场及随行移动设备等菜单执行操作。
- 功能区：功能区是完成文本格式操作的主要区域。在默认状态下，功能区主要包含"文件"按钮、快速访问工具栏，以及"开始""插入""页面布局""引用""审阅""视图""章节""开发工具"等多个基本选项卡中的工具按钮。
- 文档编辑区：文档编辑区就是输入文本、添加图形和图像以及编辑文档的区域，用户对文本进行的操作结果都将显示在该区域。
- 状态栏：状态栏位于窗口的底部，显示了当前文档的信息，如当前显示的文档是第几页、第几节和当前文档的字数等。在状态栏中还可以显示一些特定命令的工作状态。状态栏中间有视图按钮，用于切换文档的视图方式。另外，通过拖动右侧的显示比例中的滑块，可以直观地改变文档编辑区的大小。
- 任务窗格按钮：在右侧的任务窗格按钮中，可以单击各个按钮快捷打开各任务窗格进行设置，如图 4-4 所示为单击"样式和格式"按钮后打开的"样式和格式"任务窗格，如图 4-5 所示为单击"帮助中心"按钮后打开的"帮助中心"任务窗格。

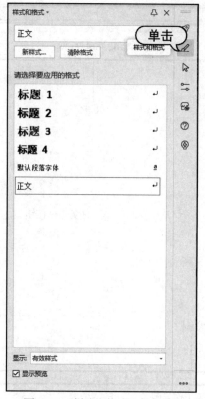 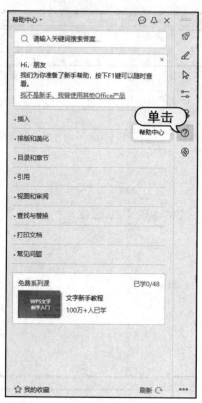

图4-4 "样式和格式"任务窗格　　　　图4-5 "帮助中心"任务窗格

3. 表格和演示的工作界面

除了文字文档的工作界面，经常使用的 WPS Office 文档还包括表格和演示的文档文件。

要新建这些文档很简单，只需在"新建"界面中选择"新建表格"选项卡，如图4-6所示；选择"新建演示"选项卡，如图4-7所示，即可打开相关创建模板的界面。

图4-6 单击"新建表格"选项卡　　　　图4-7 单击"新建演示"选项卡

分别单击界面中的"新建空白表格"选项和"新建空白演示"选项将自动创建空白表格和空白演示,其工作界面如图 4-8 和图 4-9 所示,具体的界面组成将在以后相关章节中详细介绍。

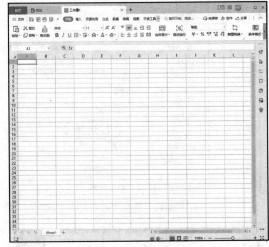
图 4-8　空白表格

图 4-9　空白演示

提示：

WPS Office 里面的稻壳儿(Docer)是金山办公旗下专注办公领域内容服务的平台品牌。其拥有海量优质的原创 Office 素材模板及办公文库、职场课程、H5、思维导图等资源。在 WPS Office 界面的标题栏中选择"稻壳"选项,即可打开"稻壳儿"的主界面。

4.1.2　WPS 文件基础操作

WPS Office 不同组件中生成的文件类型虽然不同,但是最基础的文件操作是通用的,包括新建和保存文件、打开和关闭文件等操作,下面以文字文档为例介绍文件的基础操作。

1. 新建和保存文件

前面已经介绍了新建空白文字文档的方法,用户还可以根据 WPS Office 提供的模板来快速创建文件。新建文件后,需要保存文件以便日后修改和编辑。

(1) 启动 WPS Office,单击"新建"按钮,如图 4-10 所示。

(2) 打开"新建"界面,选择"新建文字"选项卡,在"人资行政"选项区域中选择"行政公文"选项,如图 4-11 所示。

(3) 此时进入"行政公文"模板界面,选择一个"会议通知"模板,单击"立即使用"按钮,如图 4-12 所示。

(4) 进入模板下载界面,单击"立即下载"按钮开始下载模板,如图 4-13 所示。

(5) 此时 WPS Office 创建了一份会议通知文档,接下来用户可以根据自己的需要对这个文档进行修改和添加内容,如图 4-14 所示。

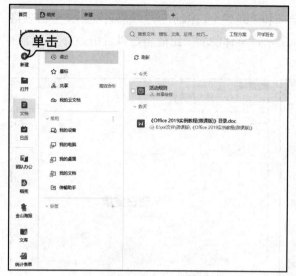
图4-10 单击"新建"按钮

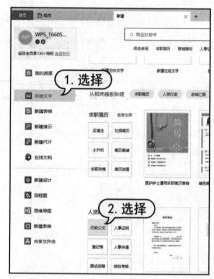
图4-11 选择"行政公文"选项

图4-12 单击"立即使用"按钮

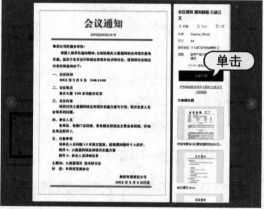
图4-13 单击"立即下载"按钮

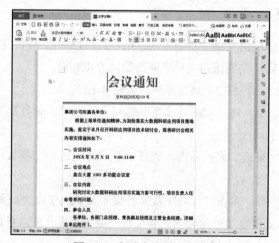
图4-14 创建会议通知文档

用户在 WPS Office 中创建完文档后可以将文档进行保存,以便日后修改和编辑,下面将介绍保存文档的具体方法。

(1) 单击"文件"按钮,在弹出的选项中选择"保存"选项,如图 4-15 所示。

(2) 在打开的"另存文件"对话框中选择文件保存位置,在"文件名"文本框中输入文件名称"8月会议通知",在"文件类型"下拉列表中选择文件类型为"WPS文字文件(*.wps)",然后单击"保存"按钮,如图 4-16 所示。

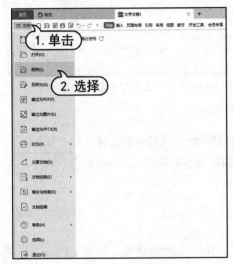
图 4-15 选择"保存"选项

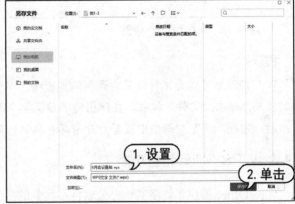
图 4-16 "另存文件"对话框

(3) 此时可以看到文档的名称已经改变,通过以上步骤即可完成保存文档的操作,如图 4-17 所示。

图 4-17 文档的名称已改变

提示:

用户还可以按 Ctrl+S 组合键,直接打开"另存文件"对话框。此外用户如果对已有文档编辑完成后,想要重新保存为另一个文档,可以选择"文件"|"另存为"命令。

2. 打开和关闭文件

用户可以将计算机中保存的文件打开进行查看和编辑,同样可以将编辑完成或不需要的文件关闭。

首先在 WPS Office 首页中单击"打开"按钮,如图 4-18 所示。在打开的"打开文件"对话框中选择文件所在位置,选中"8月会议通知.wps"文件,单击"打开"按钮,即可完成打开文档的操作,如图 4-19 所示。

如果要关闭文档,单击文档名称右侧的"关闭"按钮⊗即可将文档关闭。如果要关闭整个 WPS Office 界面,在标题栏中单击最右侧的"关闭"按钮 ✕ 即可。

图 4-18 单击"打开"按钮　　　　　图 4-19 "打开文件"对话框

提示：

WPS Office 可以为文件设置打开和编辑密码。以后想要打开或编辑该文件，就必须输入正确的密码。单击"文件"按钮，在弹出的下拉菜单中选择"文档加密"|"密码加密"命令，在弹出的"密码加密"对话框中设置打开密码和编辑密码。

4.1.3　WPS Office 特色功能

WPS Office 提供了许多其他办公软件不具备的特色功能，如数据恢复、修复文档、图片转文字等功能。这里挑选一些经常使用的特色功能，介绍其应用操作方法。

1. 数据恢复功能

WPS 的数据恢复功能不仅可以解决文件被误删和格式化等问题，还可以恢复手机数据和计算机数据，包括安卓手机、SD 卡、硬盘、U 盘等。

例如，要使用数据恢复功能快速恢复被误清空的回收站中的部分文件，可以首先在文字文档中选择"会员专享"选项卡，单击"便捷工具"下拉按钮，选择弹出菜单中的"数据恢复"选项，如图 4-20 所示。打开"金山数据恢复大师"窗口，根据需要选择数据恢复类型，此处单击"误清空回收站"按钮，即可扫描数据，如图 4-21 所示。

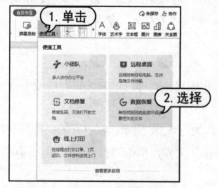

图 4-20 选择"数据恢复"选项　　　　　图 4-21 单击"误清空回收站"按钮

扫描完成后，勾选需要恢复的文件前面的复选框，然后单击"开始恢复"按钮，如图 4-22 所示。在"选择恢复路径"界面中可以单击"浏览"按钮打开对话框，设置文件恢复后的保存路径，或者直接保持默认路径，单击"开始恢复"按钮即可恢复选择的文件，如图 4-23 所示。

图 4-22　勾选复选框　　　　　　　　　　图 4-23　单击"开始恢复"按钮

2. 文档修复功能

在日常编辑文件过程中，由于意外断电、死机、程序运行错误等特殊情况，会导致文件显示乱码或无法打开。此时，可以利用 WPS 自带的文档修复功能进行修复。

例如要修复不能打开的文字文档，可以首先在文字文档中选择"会员专享"选项卡，单击"便捷工具"下拉按钮，选择弹出菜单中的"文档修复"选项，如图 4-24 所示。打开"文档修复"对话框，单击"添加"按钮 +，如图 4-25 所示。

图 4-24　选择"文档修复"选项　　　　　图 4-25　单击"添加"按钮

打开"打开"对话框，选择需要修复的文件，单击"打开"按钮，如图 4-26 所示。稍等片刻，在修复结果页面的左侧列出了扫描文档的版本，在右侧预览窗口中可以预览文本内容。逐一检查无误后，在对话框左下方设置好修复路径，单击"确认修复"按钮，即可快速修复文档，如图 4-27 所示。

图 4-26 "打开"对话框

图 4-27 单击"确认修复"按钮

3. 图片转文字功能

在办公中有些文字内容是纯图片形式，如果需要使用图片中的文字，可以使用 WPS 的"图片转文字"功能就可以快速提取图片中的文本内容，转为文字、文档或表格等格式。

例如在文字文档中插入一幅带文字的图片，在选中的状态下，打开"图片工具"选项卡，单击"图片转文字"按钮，如图 4-28 所示。打开"图片转文字"对话框，已经将图片中的文字内容提取到右侧的预览界面中，单击"开始转换"按钮即可进行转换，如图 4-29 所示。

图 4-28 单击"图片转文字"按钮

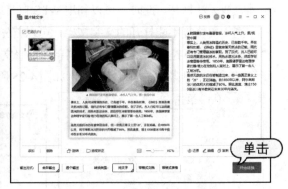
图 4-29 单击"开始转换"按钮

4.2 制作"问卷调查"

本节将以制作"问卷调查"文字文稿为例，介绍输入文本、查找与替换文本、设置文本和段落格式等操作，让读者了解整个文档编辑过程的基础知识。

4.2.1 输入文本

在 WPS Office 中创建文档后，就可以在文档中输入内容，包括输入基本字符、日期和时间、特殊字符等。此外，用户还可以删除、改写、移动、复制及替换已经输入的文本内容。

1. 输入基本字符

用户可以根据需要在文字文稿中输入任意内容,在英文状态下通过键盘可以直接输入英文、数字及标点符号,切换和使用中文输入法可以输入中文内容。

(1) 启动 WPS Office,新建一个空白文字文稿,并以"问卷调查"为名保存,如图 4-30 所示。

(2) 选择中文输入法,按空格键,将插入点移至页面中央位置。输入标题"大学生问卷调查",如图 4-31 所示。

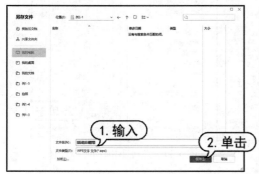
图 4-30 保存文字文稿

图 4-31 输入标题

(3) 按 Enter 键,将插入点跳转至下一行的行首,继续输入中文文本。使用同样的方法输入文本内容,如图 4-32 所示。单击快速访问工具栏中的"保存"按钮保存文件。

图 4-32 继续输入中文文本

2. 输入日期与时间

在文字文稿中输入文字时,可以使用插入日期和时间功能来输入当前日期和时间。

(1) 继续"问卷调查"文档中的输入,将插入点定位在文档末尾,按 Enter 键换行,在"插入"选项卡中单击"日期"按钮,如图 4-33 所示。

(2) 打开"日期和时间"对话框,在"可用格式"列表框中选择一种日期格式,单击"确定"按钮,如图4-34所示。

图4-33 单击"日期"按钮

图4-34 "日期和时间"对话框

(3) 此时在文档中插入该日期,单击"开始"选项卡中的"右对齐"按钮，将该文字移动至该行最右侧,如图4-35所示。

图4-35 单击"右对齐"按钮

3. 输入特殊符号

用户还可以在WPS Office文档中输入特殊符号,下面介绍输入特殊符号的方法。

(1) 继续"问卷调查"文档中的输入,将插入点定位在第 5 行文本"是"前面,打开"插入"选项卡,单击"符号"下拉按钮,从弹出的菜单中选择"其他符号"命令,如图 4-36 所示。

(2) 打开"符号"对话框,在"符号"选项卡中选择一种空心圆形符号,然后单击"插入"按钮,即可输入符号,如图 4-37 所示。

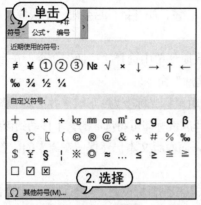

图 4-36 选择"其他符号"命令

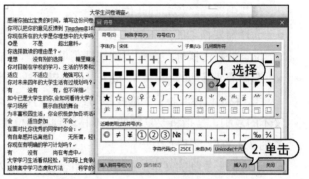

图 4-37 "符号"对话框

(3) 使用同样的方法,在文本中插入相同符号,如图 4-38 所示。

(4) 在"符号"对话框中还可以选择"特殊字符"选项卡,选择准备插入的字符,然后单击"插入"按钮即可,如图 4-39 所示。

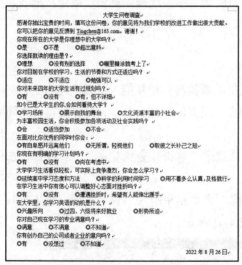

图 4-38 插入符号

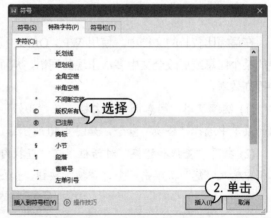

图 4-39 "特殊字符"选项卡

4. 移动和复制文本

在文字文档中需要重复输入文本时,可以使用移动或复制文本的方法进行操作,以节省时间,加快输入和编辑的速度。

移动文本是指将当前位置的文本移到另外的位置,在移动的同时,会删除原来位置上的原版文本。移动文本后,原位置的文本消失。

移动文本有以下几种方法。
- 选择需要移动的文本，按 Ctrl+X 组合键，在目标位置处按 Ctrl+V 组合键。
- 选择需要移动的文本，在"开始"选项卡中，单击"剪切"按钮，在目标位置处单击"粘贴"按钮。
- 选择需要移动的文本，按下鼠标右键拖动至目标位置，松开鼠标后弹出一个快捷菜单，在其中选择"移动到此位置"命令。
- 选择需要移动的文本后，右击鼠标，在弹出的快捷菜单中选择"剪切"命令，在目标位置处右击鼠标，在弹出的快捷菜单中选择"粘贴"命令。
- 选择需要移动的文本后，按下鼠标左键不放，此时鼠标光标变为形状，并出现一条虚线，移动鼠标光标，当虚线移动到目标位置时，释放鼠标即可将选取的文本移动到该处。

文本的复制，是指将要复制的文本移动到其他位置，而原版文本仍然保留在原来的位置。复制文本有以下几种方法。
- 选取需要复制的文本，按 Ctrl+C 组合键，把插入点移到目标位置，再按 Ctrl+V 组合键。
- 选取需要复制的文本，在"开始"选项卡中，单击"复制"按钮，将插入点移到目标位置处，单击"粘贴"按钮。
- 选取需要复制的文本，按下鼠标右键拖动到目标位置，松开鼠标会弹出一个快捷菜单，在其中选择"复制到此位置"命令。
- 选取需要复制的文本，右击鼠标，从弹出的快捷菜单中选择"复制"命令，把插入点移到目标位置，右击鼠标，从弹出的快捷菜单中选择"粘贴"命令。

5. 查找和替换文本

在篇幅比较长的文档中，使用 WPS Office 提供的查找与替换功能，可以快速地找到文档中的某个信息或更改全文中多次出现的词语，从而无须反复地查找文本，使操作变得较为简单并提高效率。

(1) 继续使用"问卷调查"文档，在"开始"选项卡中单击"查找替换"下拉按钮，在弹出的菜单中选择"替换"命令，如图 4-40 所示。

(2) 打开"查找和替换"对话框，在"查找内容"文本框中输入"你"，在"替换为"文本框中输入"您"，单击"全部替换"按钮，如图 4-41 所示。

图 4-40 选择"替换"命令

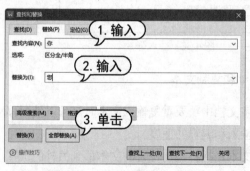

图 4-41 "查找和替换"对话框

(3) 弹出"WPS 文字"提示框，提示替换完成，单击"确定"按钮，如图 4-42 所示。
(4) 关闭"查找和替换"对话框，查看替换效果，如图 4-43 所示。

图 4-42　单击"确定"按钮

图 4-43　查看替换效果

4.2.2　设置文本格式

文本格式编排决定字符在计算机屏幕上和打印时的显示形式，用户在输入所有内容之后，可以设置文档中的字体格式，并给字体添加效果，从而使文档看起来层次分明、结构工整。

1. 设置字体和颜色

在文档中输入完文本内容后，用户可以对文本的字体和颜色进行设置。

(1) 继续使用"问卷调查"文档，选中标题文本，在"开始"选项卡中单击"字体"旁的下拉按钮，在弹出的列表中选择"华文行楷"字体，如图 4-44 所示。

(2) 单击"字号"下拉按钮，在弹出的列表中选择字号"二号"，如图 4-45 所示。

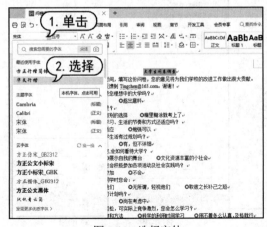

图 4-44　选择字体

图 4-45　选择字号

(3) 单击"字体颜色"下拉按钮,在弹出的颜色列表中选择"红色"选项,如图4-46所示。

(4) 此时字体颜色已经被更改,通过以上步骤即可完成设置字体和颜色的操作,效果如图4-47所示。

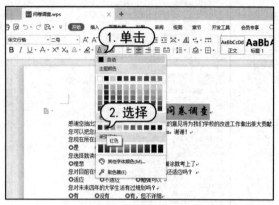

图4-46 选择"红色"

图4-47 设置完成后的效果

2. 设置字符间距

字符间距是指文本中两个字符间的距离,包括三种类型:"标准""加宽"和"紧缩"。下面介绍设置字符间距的方法。

(1) 继续使用"问卷调查"文档,选中标题文本并右击,在弹出的快捷菜单中选择"字体"命令,如图4-48所示。

(2) 在打开的"字体"对话框中选择"字符间距"选项卡,在"间距"区域右侧选择"加宽"选项,在"值"微调框中输入数值"0.1",单击"确定"按钮,即可完成设置字符间距的操作,如图4-49所示。

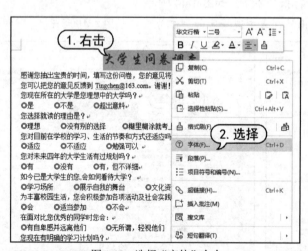

图4-48 选择"字体"命令

图4-49 "字体"对话框

3. 设置字符边框和底纹

设置字符边框是指为文字四周添加线型边框，设置字符底纹是指为文字添加背景颜色。下面介绍设置字符边框和底纹的方法。

(1) 继续使用"问卷调查"文档，选中标题文本，在"开始"选项卡中单击"字符底纹"按钮，如图4-50所示，即可为文本添加底纹效果，如图4-51所示。

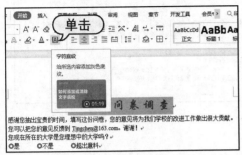

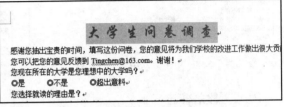

图4-50　单击"字符底纹"按钮　　　　　图4-51　底纹效果

(3) 选中下面一段文本，在"开始"选项卡中单击"边框"按钮，如图4-52所示。

(4) 此时选中的文本已经添加了边框效果，如图4-53所示，然后保存文档。

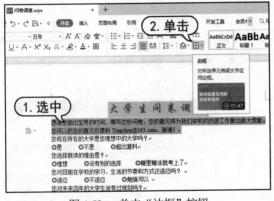

图4-52　单击"边框"按钮　　　　　图4-53　边框效果

4.2.3　设置段落格式

段落格式是指以段落为单位的格式设置，设置段落格式主要是指设置段落的对齐方式、段落缩进以及段落间距和行距等。

1. 设置段落的对齐方式

段落的对齐方式共有五种，分别为文本左对齐、居中、文本右对齐、两端对齐和分散对齐。下面介绍设置段落对齐方式的方法。

(1) 继续使用"问卷调查"文档，选中边框文本段落，在"开始"选项卡中单击"居中对齐"按钮，如图4-54所示。

(2)此时选中的文本段落已变为居中对齐显示效果,如图4-55所示。

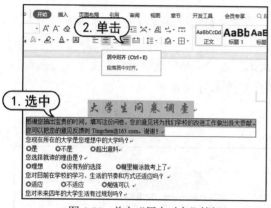
图4-54 单击"居中对齐"按钮

图4-55 对齐效果

2. 设置段落缩进

设置段落缩进可以使文本变得工整,从而清晰地表现文本层次。下面详细介绍设置段落缩进的方法。

(1)继续使用"问卷调查"文档,选中文本段落并右击,在弹出的快捷菜单中选择"段落"命令,如图4-56所示。

(2)在打开的"段落"对话框中选择"缩进和间距"选项卡,在"缩进"区域的"特殊格式"下方选择"首行缩进"选项,在右侧的"度量值"微调框中输入数值"2",单击"确定"按钮,如图4-57所示。

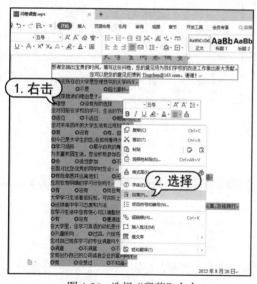
图4-56 选择"段落"命令

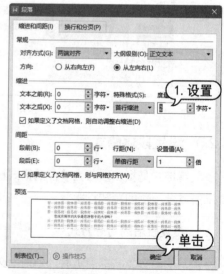
图4-57 设置缩进

(3)此时光标所在段落已经显示为首行缩进2个字符,通过以上步骤即可完成设置段落缩进的操作,效果如图4-58所示。

第4章 WPS Office 文字处理

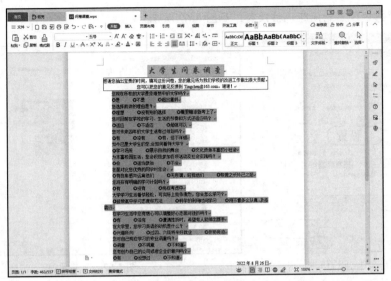

图 4-58　缩进效果

3. 设置段落间距

段落间距的设置包括对文档行间距与段间距的设置。其中行间距是指段落中行与行之间的距离；段间距是指前后相邻的段落之间的距离。下面详细介绍设置段落间距的方法。

(1) 继续使用"问卷调查"文档，选中文本段落，在"开始"选项卡中单击"行距"下拉按钮，在弹出的菜单中选择"1.5"选项，如图 4-59 所示。

(2) 此时选中段落的行距已被改变，如图 4-60 所示。

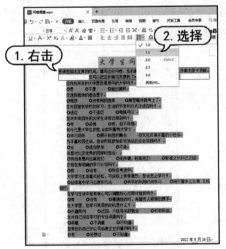

图 4-59　选择"1.5"选项

图 4-60　改变行距

(3) 右击文本段落，在弹出的快捷菜单中选择"段落"命令，在打开的"段落"对话框中选择"缩进和间距"选项卡，在"间距"区域中设置"段前"和"段后"微调框的数值都是"0.5"，单击"确定"按钮，如图 4-61 所示。

115

(4) 此时选中段落的间距已被改变,如图 4-62 所示。

图 4-61　设置间距　　　　　　　　　图 4-62　改变间距

4.2.4　设置项目符号和编号

使用项目符号和编号,可以对文字中并列的项目进行组织,或者将内容的顺序进行编号,以使这些项目的层次结构更加清晰、更有条理。

要添加项目符号和编号,首先选取要添加符号的段落,打开"开始"选项卡,单击"项目符号"按钮，将自动在每一段落前面添加项目符号;单击"编号"按钮，将以"1."、"2."、"3."的形式编号。

若用户要添加其他样式的项目符号和编号,可以打开"开始"选项卡,单击"项目符号"旁的下拉按钮,从弹出的如图 4-63 所示的下拉菜单中选择项目符号的样式;单击"编号"下拉按钮,从弹出的如图 4-64 所示的下拉菜单中选择编号的样式。

图 4-63　项目符号样式　　　　　　　图 4-64　编号样式

(1) 继续使用"问卷调查"文档,选中文档中需要设置编号的文本,如图 4-65 所示。

(2) 在"开始"选项卡中单击"编号"下拉按钮,从弹出的下拉菜单中选择编号的样式,即可为所选段落添加编号,如图 4-66 所示。

图 4-65　选中文本　　　　　　　　图 4-66　选择编号样式

(3) 选中文档中需要添加项目符号的文本段落,如图 4-67 所示。

(4) 在"开始"选项卡中单击"项目符号"下拉按钮,从弹出的列表框中选择一种项目样式(此处选择一款免费的稻壳项目符号),即可为段落添加项目符号,如图 4-68 所示。

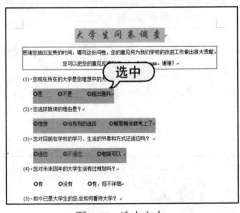 

图 4-67　选中文本　　　　　　　　图 4-68　选择项目符号

4.3　制作"公司简介"

本节将以制作"公司简介"文字文稿为例,介绍图片、艺术字、形状、文本框、表格等插入与编辑的操作技巧,让读者掌握使用 WPS Office 进行图文排版的知识。

4.3.1　插入图片

在制作文档的过程中,有时需要插入图片配合文字解说,图片能直观地表达需要表达的内容，既可以美化文档页面，又可以让读者轻松地领会作者想要表达的意图，给读者带来直观的视觉冲击。

1. 插入计算机中的图片

在 WPS Office 文字文稿中，可以插入计算机中的图片。

(1) 启动 WPS Office，新建一个以"公司简介"为名的空白文字文稿，如图4-69所示。
(2) 选择中文输入法，输入正文文本，如图4-70所示。

 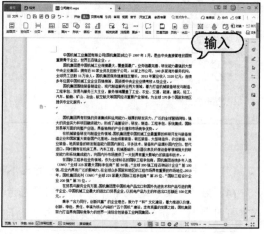

图4-69　新建空白文字文稿　　　　　　　图4-70　输入正文文本

(3) 将光标定位在需要插入图片的位置，选择"插入"选项卡，单击"图片"下拉按钮，在弹出的菜单中选择"本地图片"选项，如图4-71所示。
(4) 在打开的"插入图片"对话框中选择2张图片，单击"打开"按钮，如图4-72所示。

图4-71　选择"本地图片"选项　　　　　　图4-72　"插入图片"对话框

(5) 此时图片已经插入文档中，为了使插入的图片更加符合文档显示效果，用户还可以调整图片的大小。选中图片，拖动周边的控制点即可调整图片的大小，如图4-73所示。

(6) 或者在"图片工具"选项卡的"高度"和"宽度"文本框中输入数值也可以精确控制图片大小，如图 4-74 所示。

图 4-73　调整图片　　　　　　　　图 4-74　输入数值

2. 设置图片的环绕方式

在文档中直接插入图片后，如果要调整图片的位置，则应先设置图片的文字环绕方式，再进行图片的调整操作。

(1) 继续使用"公司简介"文档，选中左侧图片，在"图片工具"选项卡中单击"文字环绕"下拉按钮，选择"四周型环绕"命令，如图 4-75 所示。

(2) 按住图片往上移动，呈现文字环绕在图片四周。选择相同命令，将第 2 张图片也呈四周型环绕状态，如图 4-76 所示。

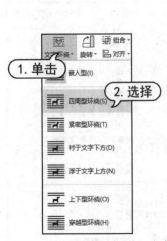

图 4-75　选择"四周型环绕"命令　　　图 4-76　设置环绕方式

4.3.2 插入艺术字

为了提升文档的整体显示效果,常常需要应用一些具有艺术效果的文字。WPS Office 提供了插入艺术字的功能,并预设了多种艺术字效果以供选择,用户还可以根据需要自定义艺术字效果。

(1) 继续使用"公司简介"文档,选择"插入"选项卡,单击"艺术字"下拉按钮,选择一种艺术字样式,如图 4-77 所示。

(2) 按 Enter 键换行,将艺术字文本框放置于正文上,如图 4-78 所示。

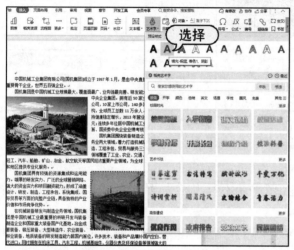

图 4-77 选择艺术字样式

图 4-78 艺术字文本框

(3) 在艺术字文本框中输入文字内容并调整位置,如图 4-79 所示。

(4) 选中艺术字文本框,在"文本工具"选项卡中单击"文本填充"下拉按钮,选择一种渐变填充色,如图 4-80 所示。

图 4-79 输入文字

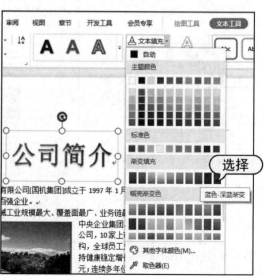

图 4-80 选择文本填充色

(5) 单击"形状填充"下拉按钮，选中浅绿色，如图4-81所示。

(6) 单击"艺术字样式"框旁的下拉按钮，可选择其他艺术字样式，完成编辑艺术字的操作，如图4-82所示。

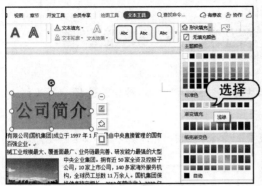

图4-81　选择形状填充色　　　　　　　　图4-82　选择艺术字样式

4.3.3　绘制形状

通过WPS Office提供的绘制图形功能，用户可以绘制出各种各样的形状，如线条、椭圆和旗帜等，以满足文档设计的需要，用户还可以对绘制的形状进行编辑。

(1) 继续使用"公司简介"文档，选择"插入"选项卡，单击"形状"下拉按钮，在弹出的形状库中选择一种形状，如图4-83所示。

(2) 在文档中按Enter键换行，当鼠标指针变为十字形状时，在文档中单击并拖动指针绘制形状，至适当位置后释放鼠标即可绘制形状，如图4-84所示。

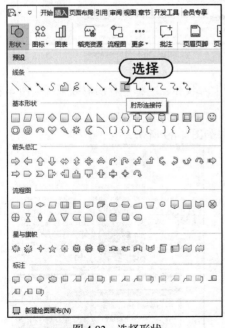
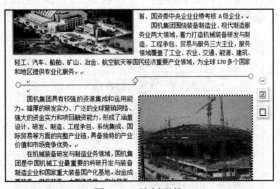

图4-83　选择形状　　　　　　　　图4-84　绘制形状

(3) 拖动形状上的锚点，可以调整形状的大小，如图 4-85 所示。

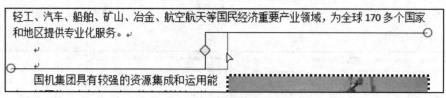

图 4-85　调整形状

(4) 选中形状图形，在"绘图工具"选项卡中单击"轮廓"下拉按钮，选择"箭头样式"命令，选择其中一款双箭头样式，如图 4-86 所示。

(5) 继续单击"轮廓"下拉按钮，选择"线型"命令，选择 4.5 磅线型，如图 4-87 所示。

图 4-86　选择箭头样式

图 4-87　选择线型

(6) 选择"效果设置"选项卡，单击"阴影效果"下拉按钮，选择一种阴影效果，如图 4-88 所示。

(7) 单击"阴影颜色"下拉按钮，选择绿色阴影，如图 4-89 所示。

图 4-88　选择阴影效果

图 4-89　选择阴影颜色

4.3.4 绘制文本框

若要在文档的任意位置插入文本，可以通过文本框实现。WPS Office 提供的文本框进一步增强了图文混排的功能。通常情况下，文本框用于插入注释、批注或说明性文字。在文档中可以插入横向、竖向和多行文字文本框。插入文本框后，还可以根据实际需要对文本框进行编辑。

(1) 继续使用"公司简介"文档，选择"插入"选项卡，单击"文本框"下拉按钮，选择"横向"命令，如图 4-90 所示。

(2) 当鼠标指针变为十字形状时，在文档中单击并拖动指针绘制文本框，至适当位置释放鼠标即可绘制横向文本框，切换至中文输入法，输入文字内容，如图 4-91 所示。

图 4-90 选择"横向"命令　　　　　图 4-91 输入文本

提示：

横向文本框中的文本是从左到右，从上到下输入的，而竖向文本框中的文本则是从上到下，从右到左输入的。单击"文本框"下拉按钮，在弹出的下拉列表中选择"竖向"选项，即可插入竖向文本框。

(3) 选中文本框，在"开始"选项卡中，设置字体为"方正毡笔黑简体"，字号为"小二"，并拖曳文本框四周锚点，调整文本框大小，如图 4-92 所示。

(4) 选择"绘图工具"选项卡，单击"填充"下拉按钮，在弹出的颜色库中选择一种填充颜色，如图 4-93 所示。

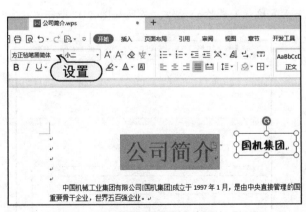 

图 4-92 设置文本　　　　　　　　　图 4-93 选择填充颜色

(5) 单击"轮廓"下拉按钮，在弹出的菜单中选择"无边框颜色"命令，如图 4-94 所示。

(6) 选择"效果设置"选项卡，单击"三维效果"下拉按钮，在弹出的菜单中选择一种三维样式，此时文本框效果如图 4-95 所示。

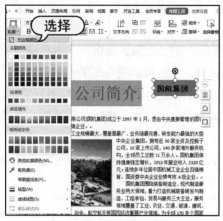
图 4-94　选择"无边框颜色"命令

图 4-95　选择三维效果

4.3.5　添加表格

为了更形象地说明问题,我们常常需要在文档中制作各种各样的表格。WPS Office 的文字文稿提供了表格功能,可以快速创建与编辑表格。

WPS Office 文字文稿提供了多种创建表格的方法,不仅可以通过示意表格完成表格的创建,还可以使用对话框插入表格。如果表格比较简单,也可以直接拖动鼠标来绘制表格。

1. 利用示意表格插入表格

在制作 WPS Office 文字文稿时,如果需要插入表格的行数未超过 8 或列数未超过 24,那么可以利用示意表格快速插入表格。

(1) 继续使用"公司简介"文档,在适合区域插入空行,然后选择"插入"选项卡,单击"表格"下拉按钮,在弹出的菜单中利用鼠标指针在示意表格中拖出一个 6 行 2 列的表格,如图 4-96 所示。

(2) 单击即可插入表格,完成使用示意表格插入表格的操作,效果如图 4-97 所示。

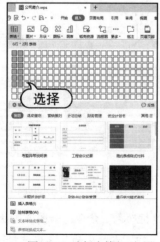
图 4-96　选择表格行列

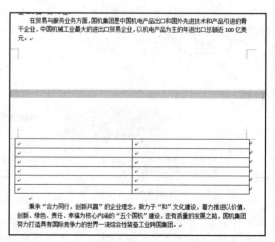
图 4-97　插入表格

2. 通过对话框插入表格

在 WPS Office 文档中除了利用示意表格快速插入表格外，还可以通过"插入表格"对话框，插入指定行和列的表格。

首先选择"插入"选项卡，单击"表格"下拉按钮，在弹出的菜单中选择"插入表格"命令，如图 4-98 所示，打开"插入表格"对话框，在"列数"和"行数"微调框中输入数值，单击"确定"按钮即可插入表格，如图 4-99 所示。

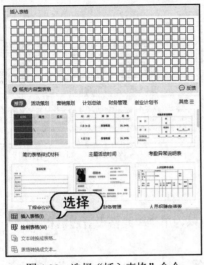

图 4-98 选择"插入表格"命令

图 4-99 "插入表格"对话框

3. 手动绘制表格

在 WPS Office 文档中可以手动绘制指定行和列的表格。选择"插入"选项卡，单击"表格"下拉按钮，在弹出的菜单中选择"绘制表格"命令，如图 4-100 所示。当光标变为铅笔样式时，按住鼠标左键不放，在文档中拖曳绘制 6 行 2 列的表格，如图 4-101 所示。

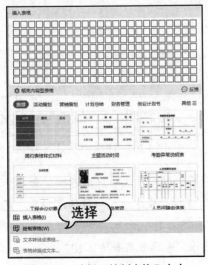

图 4-100 选择"绘制表格"命令

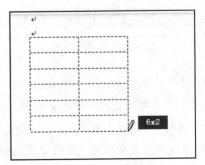

图 4-101 绘制表格

4. 输入表格文本

将插入点定位在表格的单元格中，然后直接利用键盘输入文本。在表格中输入文本时，WPS Office 会根据文本的多少自动调整单元格的大小。

(1) 继续使用"公司简介"文档，在表格中定位光标，输入文字内容，如图 4-102 所示。

(2) 下面调整表格中文字的对齐方式。选中整个表格，选择"表格工具"选项卡，单击"对齐方式"下拉按钮，在弹出的菜单中选择"水平居中"命令，此时表格文本已经水平居中显示，如图 4-103 所示。

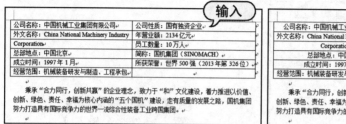

图 4-102　输入文字　　　　　　　　　图 4-103　对齐文本

5. 设置边框和底纹

用户不仅可以为表格设置边框和底纹，还可以为单个单元格设置边框和底纹。下面介绍设置边框和底纹的方法。

(1) 继续使用"公司简介"文档，选中表格第 1 行，选择"表格样式"选项卡，单击"底纹"下拉按钮，在弹出的菜单中选择一种颜色，如图 4-104 所示。

(2) 将光标定位在表格中，在"表格样式"选项卡中单击"边框"下拉按钮，在弹出的菜单中选择"边框和底纹"命令，如图 4-105 所示。

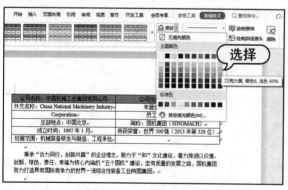 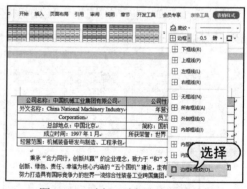

图 4-104　选择底纹颜色　　　　　　　图 4-105　选择"边框和底纹"命令

(3) 打开"边框和底纹"对话框，在"边框"选项卡的"设置"区域选择"全部"选项，在"线型"列表框中选择一种线条类型，在"颜色"下拉列表中选择一种颜色，在"宽度"下拉列表中选择"1.5 磅"选项，单击"确定"按钮，如图 4-106 所示。

(4) 通过以上步骤即可完成设置边框和底纹的操作，表格效果如图 4-107 所示。

第4章 WPS Office 文字处理

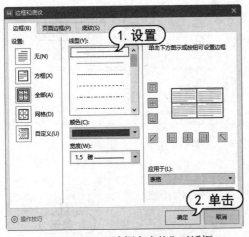

图 4-106 "边框和底纹"对话框　　　　图 4-107 表格效果

提示：

此外还可以应用 WPS Office 自带的一些表格样式，达到快速美化表格的目的。选择"表格样式"选项卡，在"表格样式"下拉菜单中选择一个样式，即可快速应用该表格样式。

4.4 制作"员工手册"

本节将以制作"员工手册"文字文稿为例，介绍页面设置、文档样式、添加目录、插入页眉和页脚，以及一些特殊格式的操作技巧，让读者掌握使用 WPS Office 编辑文档格式与排版的相关知识。

4.4.1 设置页面格式

在处理文字文档的过程中，为了使文档页面更加美观，用户可以根据需要规范文档的页面，如设置页边距、纸张大小、文档网格等，从而制作出一个要求较为严格的文档版面。

1. 设置页边距

页边距就是页面上打印区域之外的空白空间。设置页边距，包括调整上、下、左、右边距，调整装订线的距离等。

（1）启动 WPS Office，新建一个以"员工手册"为名的空白文字文稿，选择"页面布局"选项卡，单击"页边距"下拉按钮，在弹出的菜单中选择"自定义页边距"命令，如图 4-108 所示。

（2）打开"页面设置"对话框，在"页边距"选项卡下的"页边距"区域中将"上""下"选项的数值都设置为2，"左""右"选项的数值都设置为3，单击"确定"按钮，如图 4-109 所示。

127

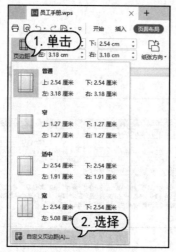
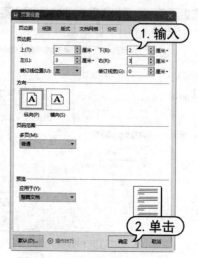

图 4-108　选择"自定义页边距"命令　　　图 4-109　"页面设置"对话框

2. 设置纸张方向和大小

在"页面布局"选项卡中单击"纸张方向"和"纸张大小"按钮,在弹出的菜单中选择设定的规格选项,即可快速设置纸张方向和大小。

(1) 继续使用"员工手册"文档,选择"页面布局"选项卡,单击"纸张方向"下拉按钮,在弹出的菜单中选择"纵向"选项,如图 4-110 所示。

(2) 单击"纸张大小"下拉按钮,在弹出的菜单中选择"A4"选项,如图 4-111 所示。

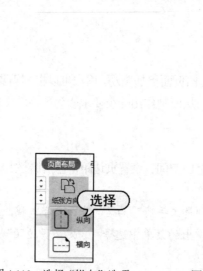
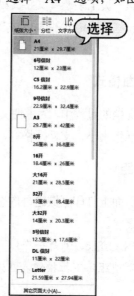

图 4-110　选择"纵向"选项　　　图 4-111　选择"A4"选项

提示:

在"纸张大小"下拉菜单中选择"其他页面大小"命令,在打开的"页面设置"对话框中选择"纸张"选项卡,用户可以在其中对纸张页面大小进行更详细的设置。

3. 添加水印

水印是指将文本或图片以水印的方式设置为页面背景。文字水印用于说明文件的属性，如一些重要文档中都带有"机密文件"字样的水印。图片水印大多用于修饰文档，如一些杂志的页面背景通常为一些淡化后的图片。

选择"插入"选项卡，单击"水印"下拉按钮，在弹出的菜单中选择"插入水印"命令，如图 4-112 所示，打开"水印"对话框进行设置。如果要插入文字水印，在"水印"对话框中勾选"文字水印"复选框，输入水印的内容，然后在该区域下方设置水印的格式，在右侧预览水印效果，单击"确定"按钮即可插入水印，如图 4-113 所示。

图 4-112　选择"插入水印"命令

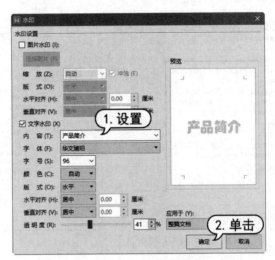

图 4-113　设置水印

4.4.2　添加目录

添加目录可以提示长文档的纲要，且可快速跳转至目录中各章节的位置。在此之前，需要为其中的标题设置大纲级别，使用大纲视图方式查看和组织文档。

1. 设置大纲级别

用户制作好长文档后，可以为其中的标题设置级别，这样便于查找和修改内容。

(1) 继续使用"员工手册"文档，输入正文内容，如图 4-114 所示。

(2) 将插入点放在文档中的一级标题处，然后右击，弹出快捷菜单，选择"段落"命令，如图 4-115 所示。

(3) 在打开的"段落"对话框中设置"大纲级别"为"1级"，单击"确定"按钮，此时便完成第一个标题的大纲级别设置，如图 4-116 所示。

(4) 将插入点放在设置完大纲级别的标题，然后单击"开始"选项卡中的"格式刷"按钮，此时鼠标变成了刷子形状，用鼠标单击同属于一级大纲的标题，即可将大纲级别格式进行复制和粘贴，如此完成文档中所有一级标题的设置，如图 4-117 所示。

图 4-114 输入正文

图 4-115 选择"段落"命令

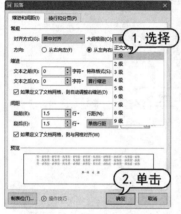

图 4-116 设置 1 级大纲级别

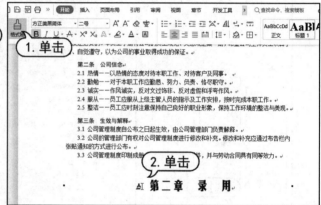

图 4-117 使用格式刷

(5) 将插入点放在二级标题中("第一条 目的"),然后右击,弹出快捷菜单,选择"段落"命令,在打开的"段落"对话框中设置"大纲级别"为"2 级",单击"确定"按钮,如图 4-118 所示。

(6) 使用前面格式刷的方法,完成文档中所有二级标题的设置,如图 4-119 所示。

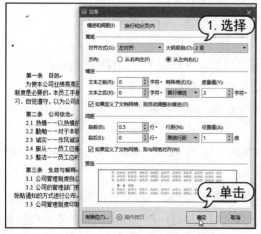

图 4-118 设置 2 级大纲级别

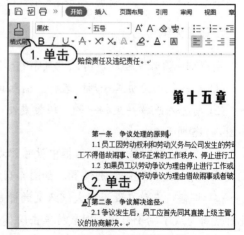

图 4-119 使用格式刷

2. 创建目录

目录与一篇文章的纲要类似，通过其可以了解全文的结构和整个文档所要讨论的内容。大纲级别设置完毕，接下来就可以生成目录了。

(1) 继续使用"员工手册"文档，将光标定位在需要生成目录的位置，切换到"引用"选项卡，选择"目录"下拉菜单中的"自定义目录"命令，如图 4-120 所示。

(2) 打开"目录"对话框，勾选"显示页码"复选框，设置"显示级别"为"2"，单击"确定"按钮，如图 4-121 所示。

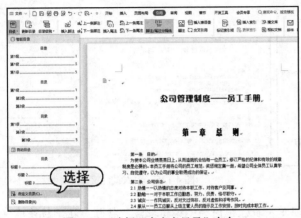

图 4-120　选择"自定义目录"命令

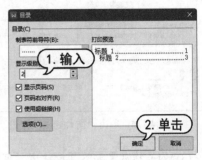

图 4-121　"目录"对话框

(3) 此时完成文档的目录生成，可以为目录页添加上"目录"二字，如图 4-122 所示。

(4) 选取整个目录，在"开始"选项卡中，设置"字体"为"华文中宋"，"字号"为"小四"，目录的显示效果如图 4-123 所示。

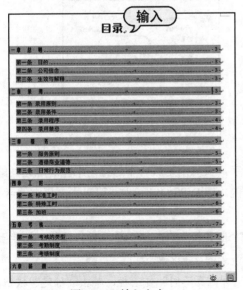

图 4-122　输入文本

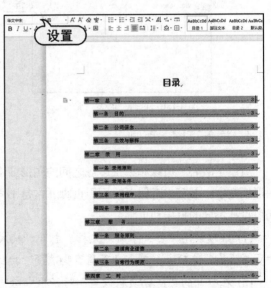

图 4-123　目录显示效果

4.4.3 添加批注

批注是指文章的编写者或审阅者为文档添加的注释或批语。在对文章进行审阅时，可以使用批注来对文档中内容做出说明意见和建议，方便文档审阅者和编写者之间进行交流。

(1) 继续使用"员工手册"文档，选取文本"《劳动法》"，打开"审阅"选项卡，单击"插入批注"按钮，如图 4-124 所示。

(2) 此时在文档中会自动添加批注框，输入批注文本即可，如图 4-125 所示。

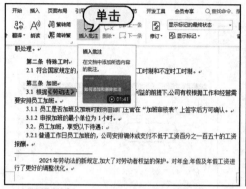

图 4-124 单击"插入批注"按钮

图 4-125 输入批注文本

(3) 如果作者需要答复批注者，可以单击批注框内的"编辑批注"按钮，在下拉菜单中选择"答复"命令，如图 4-126 所示。

(4) 此时可以由作者输入答复文字，如图 4-127 所示。

(5) 要删除批注框，在图 4-126 所示的下拉菜单中选择"删除"命令即可。

图 4-126 选择"答复"命令

图 4-127 输入答复文字

4.4.4 插入页眉、页脚

页眉是版心上边缘和纸张边缘之间的图形或文字，页脚则是版心下边缘与纸张边缘之间的图形或文字。书籍中奇偶页的页眉页脚通常是不同的。在 WPS Office 中，可以为文档中的奇、偶页设计不同的页眉和页脚。

(1) 继续使用"员工手册"文档，打开"插入"选项卡，单击"页眉页脚"按钮，切换至"页眉页脚"选项卡，单击"页眉页脚选项"按钮，如图 4-128 所示。

(2) 在打开的"页眉/页脚设置"对话框中勾选"奇偶页不同"复选框，单击"确定"按钮，如图 4-129 所示。

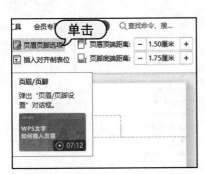
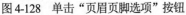
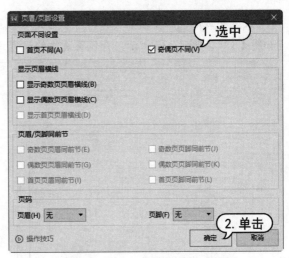

图 4-128　单击"页眉页脚选项"按钮　　　图 4-129　勾选"奇偶页不同"复选框

(3) 返回编辑区,将光标定位在奇数页页眉中,在"页眉页脚"选项卡中单击"图片"按钮,如图 4-130 所示。

(4) 打开"插入图片"对话框,选择一张图片,单击"打开"按钮,如图 4-131 所示。

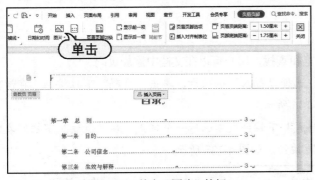
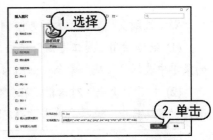

图 4-130　单击"图片"按钮　　　　　　图 4-131　"插入图片"对话框

(5) 返回编辑区,可以看到奇数页页眉中已经插入了图片,适当调整图片的大小,如图 4-132 所示。

(6) 将光标定位在偶数页页眉中,输入文本"羽欧科技公司",并设置页眉文字的字体、字号、颜色,如图 4-133 所示。

图 4-132　调整图片　　　　　　　　　　图 4-133　输入页眉文字

(7) 设置完成后关闭页眉和页脚，可以看到奇数页页眉添加了图片，偶数页页眉添加了文字，如图 4-134 和图 4-135 所示。奇偶页页脚的设置方法与页眉相同，这里不再赘述。

图 4-134　奇数页页眉　　　　　　　　　图 4-135　偶数页页眉

4.4.5　插入页码

对于长篇文档来说，为了方便浏览和查找，用户可以在文档中添加页码。

(1) 继续使用"员工手册"文档，选择"插入"选项卡，单击"页码"下拉按钮，在弹出的菜单中选择"页码"命令，如图 4-136 所示。

(2) 打开"页码"对话框，在"样式"下拉列表中选择一个样式，在"位置"下拉列表中选择"底端居中"选项，单击"确定"按钮，如图 4-137 所示。

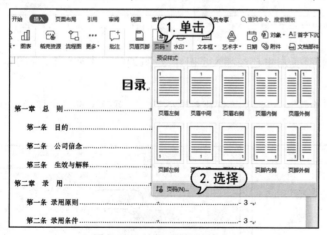
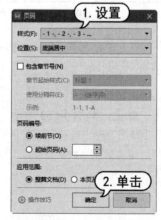

图 4-136　选择"页码"命令　　　　　　　图 4-137　"页码"对话框

(3) 返回编辑区，可以看到已经从指定页面开始插入了页码，如图 4-138 所示。

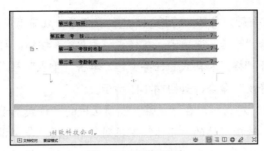

图 4-138　插入页码

4.4.6　设置样式

样式就是字体格式和段落格式等特性的组合,在 WPS Office 中使用样式可以快速改变和美化文档的外观。

1. 选择样式

样式是应用于文档中的文本、表格和列表的一套格式特征。它是 WPS Office 针对文档中一组格式进行的定义,这些格式包括字体、字号、字形、段落间距、行间距以及缩进量等内容,其作用是方便用户对重复的格式进行设置。

在 WPS Office 文档中,将插入点放置在要使用样式的段落中,选择"开始"选项卡,在样式框旁单击 按钮,打开下拉菜单,可以选择样式选项,如图 4-139 所示。在下拉菜单中选择"显示更多样式"命令,将打开"样式和格式"任务窗格,在其中同样可以选择样式,如图 4-140 所示。

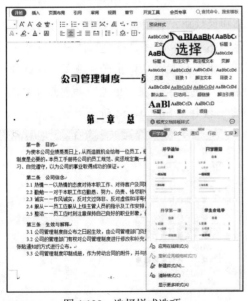

图 4-139　选择样式选项

图 4-140　"样式和格式"任务窗格

2. 修改样式

如果某些内置样式无法完全满足某组格式设置的要求,则可以在内置样式的基础上进行修改。

(1) 继续使用"员工手册"文档,将插入点定位在任意一处带有"重点"样式的文本中(如"第一条 目的"),选择"开始"选项卡,在样式框旁单击▼按钮,打开下拉菜单,选择"显示更多样式"命令,打开"样式和格式"任务窗格,单击"重点"样式右侧的箭头按钮,从弹出的快捷菜单中选择"修改"命令,如图 4-141 所示。

(2) 打开"修改样式"对话框,在"属性"选项区域的"样式基于"下拉列表中选择"无样式"选项;在"格式"选项区域的"字体"下拉列表中选择"华文楷体"选项,在"字号"下拉列表中选择"小三"选项,单击"格式"按钮,从弹出的快捷菜单中选择"段落"选项,如图 4-142 所示。

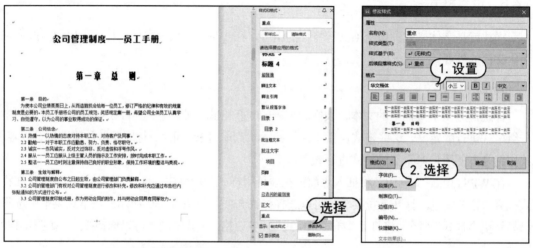

图 4-141 选择"修改"命令　　　　图 4-142 "修改样式"对话框

(3) 打开"段落"对话框,在"间距"选项区域中,将段前、段后的距离均设置为"0.5"行,将行距设置为"最小值","设置值"为"16 磅",单击"确定"按钮,如图 4-143 所示。

(4) 返回至"修改样式"对话框,单击"格式"按钮,从弹出的快捷菜单中选择"边框"命令,打开"边框和底纹"对话框,选择"底纹"选项卡,在"填充"颜色面板中选择"矢车菊蓝,着色 5,淡色 60%"色块,单击"确定"按钮,如图 4-144 所示。

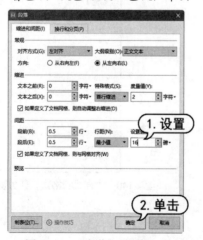
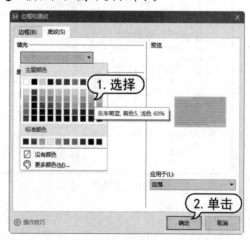

图 4-143 "段落"对话框　　　　图 4-144 "边框和底纹"对话框

(5) 返回"修改样式"对话框,单击"确定"按钮,如图4-145所示。

(6) 此时所有的"重点"样式修改成功,并自动应用到文档中,如图4-146所示。

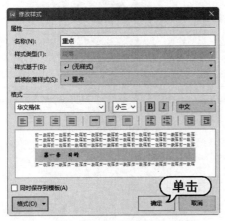

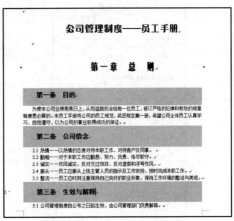

图4-145 单击"确定"按钮　　　　　　图4-146 修改并应用样式

3. 新建样式

如果现有文档的内置样式与所需格式设置相去甚远时,创建一个新样式将会更为便捷。

在"样式和格式"任务窗格中单击"新样式"按钮,如图4-147所示。打开"新建样式"对话框,如图4-148所示,在"名称"文本框中输入要新建的样式的名称;在"样式类型"下拉列表中选择"字符"或"段落"选项;在"样式基于"下拉列表中选择该样式的基准样式(所谓基于样式就是最基本或原始的样式,文档中的其他样式都以此为基础);单击"格式"按钮,可以为字符或段落设置格式。

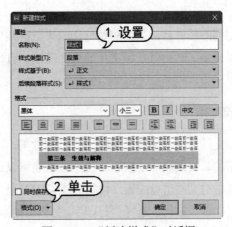

图4-147 单击"新样式"按钮　　　　　图4-148 "新建样式"对话框

4. 删除样式

在 WPS Office 中,可以在"样式和格式"任务窗格中删除样式,但无法删除模板的内置样式。删除样式时,在"样式和格式"任务窗格中,单击需要删除的样式旁的箭头按钮,在弹出的菜单中选择"删除"命令，如图 4-149 所示。将打开确认删除对话框，单击"确定"按钮，即可删除该样式，如图 4-150 所示。

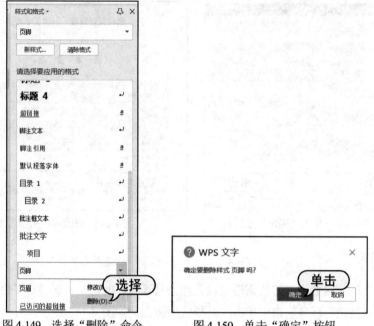

图 4-149　选择"删除"命令　　　图 4-150　单击"确定"按钮

提示

在"样式和格式"任务窗格中单击"清除格式"按钮，即可将插入点所在的段落样式清除，但不会删除文档中其他相同样式的段落。

4.4.7　打印文档

完成文档的制作后，如果需要打印出来，必须先对其进行打印预览，按照用户的不同需求进行修改和调整，然后对打印文档的页面范围、打印份数和纸张大小等参数进行设置，最后将文档打印出来。

1. 预览文档

在打印文档之前，如果想预览文档打印效果，可以使用打印预览功能。打印预览的效果与实际上打印的真实效果非常接近，使用该功能可以避免打印失误或不必要的损失。另外还可以在预览窗格中对文档进行编辑，以得到满意的效果。

单击"文件"按钮，选择"打印"|"打印预览"命令，如图 4-151 所示。打开预览界面，选择"显示比例"中的比例选项，可以查看文档多页效果，如果看不清楚预览的文档，还可以拖动窗格下方的滑块对文档的显示比例进行调整，如图 4-152 所示。

2. 预览文档

如果一台打印机与计算机已正常连接，并且安装了所需的驱动程序，就可以直接输出所需

第 4 章 WPS Office 文字处理

的文档。

在文档中单击"文件"按钮,选择"打印"|"打印"命令,如图 4-153 所示。可以在打开的"打印"对话框中设置打印份数、打印机属性、打印页数和双页打印等。设置完成后,直接单击"确定"按钮,即可开始打印文档,如图 4-154 所示。

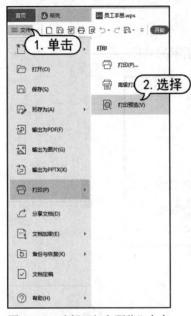

图 4-151　选择"打印预览"命令　　　　　　图 4-152　预览界面

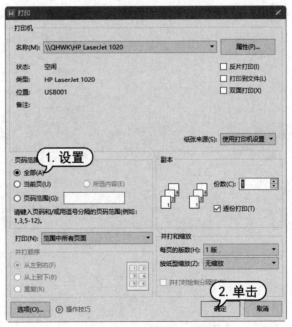

图 4-153　选择"打印"命令　　　　　　图 4-154　"打印"对话框

4.5 课后习题

1. 简述 WPS Office 文字文稿的工作界面中各元素的作用。
2. 如何在文字文稿中绘制不规则表格？
3. 如何在文字文稿中插入页眉和页脚？
4. 使用自选图形、艺术字、文本框等，制作如图 4-155 所示的名片。

图 4-155　名片

第 5 章

WPS Office 表格应用

WPS 表格是一款功能强大的电子表格处理软件，可以管理档案、制作报表、分析数据，或者将数据转换为直观的图表等。本章将通过制作"员工档案表"和"公司年度考核表"等几个表格文档，介绍 WPS 表格的基础操作、编辑数据和表格格式、公式与函数的应用、整理分析数据等内容。

5.1 使用工作簿、工作表和单元格

使用 WPS Office 表格创建的工作簿是主要用于存储和处理数据的工作文档，也称为电子表格。一个完整的 WPS Office 表格文档主要由 3 部分组成，分别是工作簿、工作表和单元格。

5.1.1 创建和保存工作簿

工作簿是 WPS Office 表格用来处理和存储数据的文件。新建的表格文件就是一个工作簿，它可以由一个或多个工作表组成。创建空白表格后，系统会打开一个名为"工作簿 1"的工作簿，如图 5-1 所示。工作表是在表格中用于存储和处理数据的主要文档，也是工作簿中的重要组成部分。在 WPS Office 中，用户可以在工作簿中通过单击 + 按钮新建工作表，如图 5-2 所示。

图 5-1　工作簿

图 5-2　新建工作表

单元格是工作表中的小方格,是 WPS Office 表格独立操作的最小单位。单元格的定位是通过它所在的行号和列标来确定的。图 5-3 表示选中了 A4 单元格。

单元格区域是一组被选中的相邻或分离的单元格。单元格区域被选中后,所选范围内的单元格都会高亮度显示,取消选中状态后又恢复原样。图 5-4 所示为选中了 B2:D6 单元格区域。

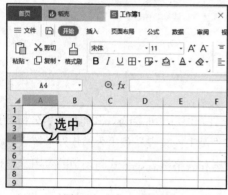
图 5-3 选中 A4 单元格

图 5-4 选中单元格区域

要使用 WPS Office 制作电子表格,首先应创建工作簿,然后以相应的名称保存工作簿。

1. 创建空白工作簿

启动 WPS Office 后,单击"新建"按钮,选择"新建表格"选项卡,然后单击"新建"界面中的"新建空白表格"选项,即可创建一个空白工作簿,如图 5-5 所示。

2. 使用模板新建工作簿

用户还可以通过软件自带的模板创建有"内容"的工作簿,从而大幅度地提高工作效率。例如单击"新建"界面模板选项中的"员工考勤表"选项,浮现"立即使用"按钮后单击,如图 5-6 所示。

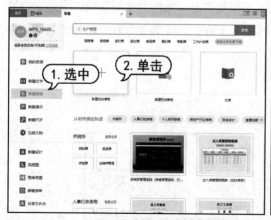
图 5-5 单击"新建空白表格"选项

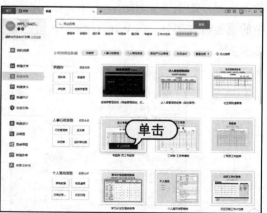
图 5-6 单击"立即使用"按钮

此时将开始联网下载该模板，下载模板完毕后，将创建相应的工作簿，如图5-7所示。

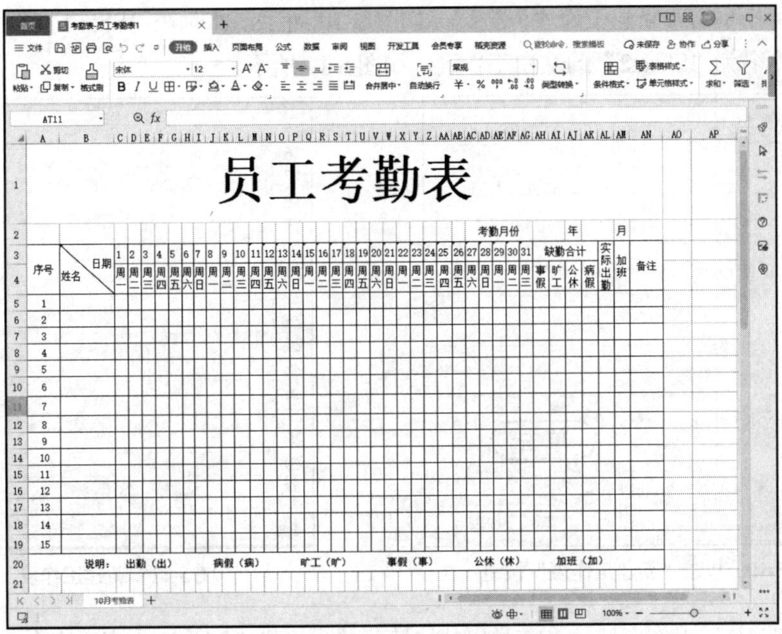

图5-7 由模板创建相应的工作簿

3. 保存工作簿

当用户需要将工作簿保存在计算机中时，可以单击"文件"按钮，在打开的菜单中选择"保存"或"另存为"选项，或者直接单击快速访问工具栏中的"保存"按钮，如图5-8所示。如果是未保存的工作簿，将打开"另存文件"对话框，设置工作簿的存放路径、文件名等选项后，单击"保存"按钮即可保存，如图5-9所示。

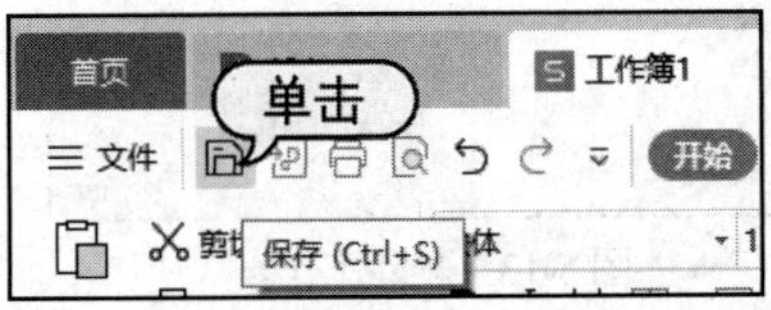

图5-8 单击"保存"按钮　　图5-9 "另存文件"对话框

5.1.2 添加与删除工作表

在实际工作中可能会用到更多的工作表，需要用户在工作簿中添加新的工作表，而多余的工作表则可以直接删除。

在工作簿中单击"新建工作表"按钮，如图 5-10 所示。此时在"Sheet1"工作表的右侧自动新建了一个名为"Sheet2"的空白工作表，如图 5-11 所示。

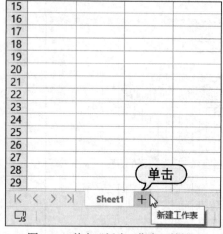

图 5-10 单击"新建工作表"按钮

图 5-11 新建工作表

右击"Sheet1"工作表标签，在弹出的快捷菜单中选择"删除工作表"命令，如图 5-12 所示。此时"Sheet1"工作表已被删除，如图 5-13 所示。

图 5-12 选择"删除工作表"命令

图 5-13 删除工作表

5.1.3 重命名工作表

在默认情况下，工作表以 Sheet1、Sheet2、Sheet3 依次命名。在实际应用中，为了区分工作表，可以根据表格名称、创建日期、表格编号等对工作表进行重命名。

右击"Sheet1"工作表标签，在弹出的快捷菜单中选择"重命名"命令，如图 5-14 所示。此时名称呈选中状态，使用输入法输入名称，如图 5-15 所示。

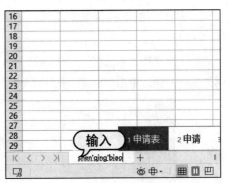

图 5-14　选择"重命名"命令　　　　　　　图 5-15　输入名称

输入完成后按 Enter 键即可完成重命名工作表的操作，如图 5-16 所示。

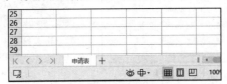

图 5-16　重命名工作表

5.1.4　设置工作表标签的颜色

当一个工作簿中存在很多工作表，不方便用户查找时，可以通过更改工作表标签颜色的方式来标记常用的工作表，使用户能够快速查找到需要的工作表。

右击"Sheet1"工作表标签，在弹出的快捷菜单中选择"工作表标签颜色"命令，在打开的颜色库选项中选择一种颜色，如图 5-17 所示。此时工作表的标签颜色已经被更改，如图 5-18 所示。

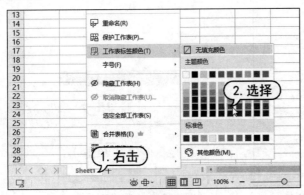
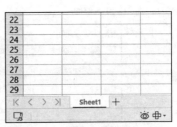

图 5-17　选择颜色　　　　　　　　　图 5-18　改变工作表标签颜色

5.1.5 插入与删除单元格

在编辑工作表的过程中,经常需要进行单元格、行和列的插入或删除等编辑操作。

1. 插入行、列和单元格

在工作表中选定要插入行、列或单元格的位置,在"开始"选项卡中单击"行和列"下拉按钮,从弹出的下拉菜单中选择"插入单元格"下的相应命令即可插入行、列和单元格,如图 5-19 所示。

如果选择"插入单元格"|"插入单元格"命令,打开"插入"对话框,比如选中"活动单元格下移"单选按钮,单击"确定"按钮,如图 5-20 所示,即可在此单元格之上插入一个空白单元格。

图 5-19 选择插入命令

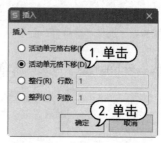

图 5-20 "插入"对话框

2. 删除行、列和单元格

选中准备删除的单元格,在"开始"选项卡中单击"行和列"下拉按钮,在弹出的菜单中选择"删除单元格"命令下的相应命令即可删除行、列和单元格,如图 5-21 所示。

如果选择"删除单元格"|"删除单元格"命令,打开"删除"对话框,比如选中"下方单元格上移"单选按钮,单击"确定"按钮,如图 5-22 所示,即可删除单元格。

图 5-21 选择删除命令

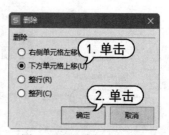

图 5-22 "删除"对话框

5.1.6 合并与拆分单元格

如果用户希望将两个或两个以上的单元格合并为一个单元格，这时可以通过合并单元格操作来完成。对于已经合并的单元格，需要时可以将其拆分为多个单元格。

例如在表格中选中 A1:G1 单元格区域，在"开始"选项卡中单击"合并居中"下拉按钮，在弹出的菜单中选择"合并居中"命令，如图 5-23 所示。合并后的 A1 单元格将居中显示，如图 5-24 所示。

图 5-23 选择"合并居中"命令

图 5-24 合并居中效果

选中准备进行拆分的单元格，单击"合并居中"下拉按钮，在弹出的菜单中选择"拆分并填充内容"命令，如图 5-25 所示。单元格被拆分并且每个单元格中都会填充拆分前的内容，如图 5-26 所示。

图 5-25 选择"拆分并填充内容"命令　　　　图 5-26 拆分单元格

5.1.7 设置行高和列宽

要设置行高和列宽，有以下几种方式可以进行操作。

1. 拖动鼠标更改

要改变行高和列宽可以直接在工作表中拖动鼠标进行操作，比如要设置行高，用户在工作表中选中单行，将鼠标指针放置在行与行标签之间，出现黑色双向箭头时，按住鼠标左键不放，向上或向下拖动，此时会出现提示框，里面显示当前的行高，调整至所需的行高后松开左键即可完成行高的设置，如图5-27所示。设置列宽的方法与此操作类似。

2. 精确设置行高和列宽

要精确设置行高和列宽，用户可以选定单行或单列，然后选择"开始"选项卡，单击"行和列"下拉按钮，在弹出的菜单中选择"行高"或"列宽"命令。将会打开"行高"或"列宽"对话框，输入精确的数字，最后单击"确定"按钮完成操作，如图5-28所示。

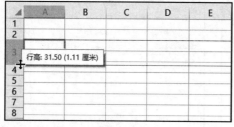
图5-27 鼠标调整行高

图5-28 "行高"对话框

3. 设置最适合的行高和列宽

有时表格中多种数据内容长短不一，看上去较为凌乱，用户可以设置最适合的行高和列宽，来适合表格的匹配和美观度。

用户在"开始"选项卡中单击"行和列"下拉按钮，在弹出的菜单中选择"最适合的行高"命令，如图5-29所示，此时，将自动调整表格各列的行高。用同样的方法，选择"最适合的列宽"命令，如图5-30所示，即可调整所选内容最适合的列宽。

图5-29 选择"最适合的行高"命令

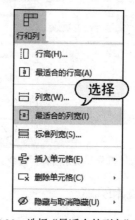
图5-30 选择"最适合的列宽"命令

5.2 制作"员工档案表"

本节将以制作"员工档案表"表格为例，介绍输入表格数据、指定数据的有效范围、设置边框和底纹等操作,让读者了解表格输入和编辑过程的相关知识。

5.2.1 输入表格数据

数据是表格中不可或缺的元素,在 WPS Office 中常见的数据类型有文本型、数字型、日期和时间型、公式等,输入不同类型的数据,其显示方式也不相同。下面将介绍输入不同类型数据的操作方法。

1. 输入文本内容

普通文本信息是表格中最常见的一种信息,不需要设置数据类型就可以输入。

(1) 新建一个名为"员工档案表"的工作簿,选中 A1:H1 单元格区域,在"开始"选项卡中单击"合并居中"下拉按钮,在弹出的菜单中选择"合并居中"命令,如图 5-31 所示。

(2) 此时合并为 A1 单元格,切换至中文输入法,输入标题文本,如图 5-32 所示。

图 5-31 选择"合并居中"命令　　　　图 5-32 输入文本

(3) 按照同样的方法,继续录入其他文本内容,如图 5-33 所示。

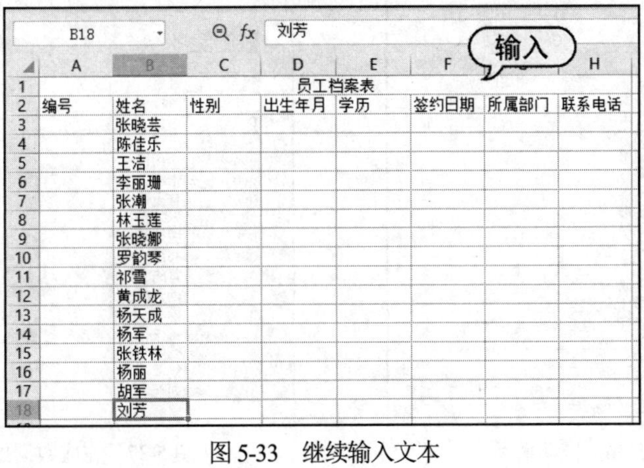

图 5-33 继续输入文本

2. 输入文本型数据

文本型数据通常指的是一些非数值型文字、符号等,如企业的部门名称、员工的考核科目、产品的名称等。除此之外,许多不代表数量的、不需要进行数值计算的数字,也可以保存为文本形式,如电话号码、身份证号码、股票代码等。如果在数值的左侧输入 0,将被自动省略,如输入 001，会自动将该值转换为常规的数值格式 1，若要使数字保持输入时的格式，需要将数值转换为文本，即文本型数据，可在输入数值时先输入单引号(')。

(1) 继续使用"员工档案表"工作簿，在需要输入文本型数据的单元格中将输入法切换到英文状态，输入单引号" "，如图 5-34 所示。

(2) 然后输入"001"，自动识别为文本型数据，如图 5-35 所示。

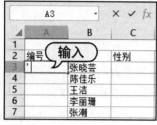 

图 5-34　输入单引号　　　　　　图 5-35　输入"001"

3. 填充数据

当需要在连续的单元格中输入相同或者有规律的数据(等差或等比)时，可以使用 WPS 提供的填充数据功能来实现。

(1) 继续使用"员工档案表"工作簿，由于员工编号是顺序递增的，因此可以利用"填充序列"功能完成其他编号内容的填充。将鼠标放到第一个员工编号单元格右下方，当鼠标变成黑色十字形时，按住鼠标左键不放，往下拖动，直到拖动的区域覆盖完所有需要填充编号序列的单元格，如图 5-36 所示。

(2) 释放鼠标，此时编号完成数据填充，效果如图 5-37 所示。

图 5-36　拖动鼠标　　　　　　图 5-37　完成数据填充

提示：

在"开始"选项卡中单击"填充"下拉按钮，在弹出的菜单中选择"序列"命令，打开"序列"对话框，可以设置更详细的填充选项，比如序列产生在行或者列中，选择等差、等比、日期等序列类型，以及序列的步长值和终止值等。

4. 输入日期型数据

在电子表格中，日期和时间是以一种特殊的数值形式存储的。日期系统的序列值是一个整数数值，一天的数值单位就是 1，那么 1 小时就可以表示为 1/24 天，1 分钟就可以表示为 1/(24×60)天，一天中的每一个时刻都可以由小数形式的序列值来表示。

（1）继续使用"员工档案表"工作簿，选中 D3:D18 单元格区域，在"开始"选项卡中单击"数字格式"下拉按钮，选择"其他数字格式"命令，如图 5-38 所示。

（2）打开"单元格格式"对话框，选择"分类"为"日期"，在"类型"列表框中选择一种日期格式，然后单击"确定"按钮，如图 5-39 所示。

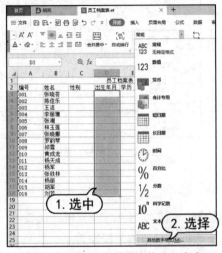
图 5-38　选择"其他数字格式"命令

图 5-39　选择日期格式

（3）此时在单元格中输入日期型数据即可，如图 5-40 所示。

（4）使用相同的方法，在 F3:F18 单元格区域内输入日期型数据，如图 5-41 所示。

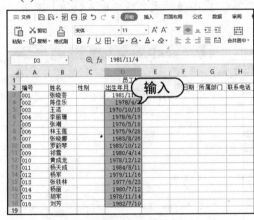
图 5-40　输入日期型数据

图 5-41　继续输入日期型数据

5. 输入特殊符号

实际应用中可能需要输入特殊符号，如℃、§等，在 WPS Office 中可以轻松输入这类符号。

选中单元格,选择"插入"选项卡,单击"符号"下拉按钮,在弹出的菜单中选择"其他符号"命令,如图5-42所示,在打开的"符号"对话框中选择"符号"选项卡,选择要插入的符号如"π",单击"插入"按钮,即可在单元格中插入该特殊符号,如图5-43所示。

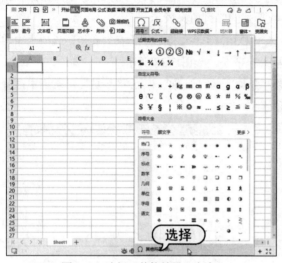

图5-42 选择"其他符号"命令

图5-43 "符号"对话框

5.2.2 指定数据的有效范围

在默认情况下,用户可以在单元格中输入任何数据,但在实际工作中,经常需要给一些单元格或单元格区域定义有效数据范围。下面介绍指定数据有效范围的操作方法。

(1) 继续使用"员工档案表"工作簿,选中A19单元格,选择"数据"选项卡,单击"有效性"按钮,如图5-44所示。

(2) 此时打开"数据有效性"对话框,在"允许"下拉列表中选择"整数"选项,在"数据"下拉列表中选择"介于"选项,在"最大值"和"最小值"文本框中输入数值,单击"确定"按钮,如图5-45所示。

图5-44 单击"有效性"按钮

图5-45 "数据有效性"对话框

(3) 返回表格中,选中一个已经设置了有效范围的单元格,输入有效范围以外的数字,按

Enter 键完成输入,此时弹出错误提示框,提示输入内容不符合条件,如图 5-46 所示。

图 5-46 输入有效范围外数字后显示错误提示

5.2.3 设置边框和底纹

默认状态下,单元格的边框在屏幕上显示为浅灰色,但工作表中的框线在打印时并不显示出来。一般情况下,用户在打印工作表或突出显示某些单元格时,需要添加一些边框和底纹以使工作表更美观。

(1) 继续使用"员工档案表"工作簿,选中 A2:H18 单元格区域,在"开始"选项卡中单击"单元格"下拉按钮,在弹出的菜单中选择"设置单元格格式"命令,如图 5-47 所示。

(2) 打开"单元格格式"对话框,选择"边框"选项卡,在"样式"区域选择一种边框样式,在"颜色"下拉列表中选择一种颜色,在"预置"区域单击"外边框"和"内部"按钮,单击"确定"按钮,如图 5-48 所示。

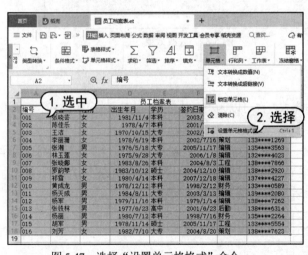

图 5-47 选择"设置单元格格式"命令   图 5-48 设置边框

(3) 返回表格中,此时表格已经添加了边框,如图 5-49 所示。

(4) 选中 A2:H2 单元格区域,在"开始"选项卡中单击"单元格"下拉按钮,在弹出的菜单中选择"设置单元格格式"命令,如图 5-50 所示。

(5) 打开"单元格格式"对话框,选择"图案"选项卡,选择一种底纹颜色,单击"确定"按钮,如图 5-51 所示。

(6) 返回表格中,此时选中的单元格区域已经添加了底纹颜色,如图 5-52 所示。

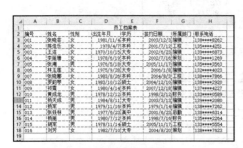
图 5-49 添加边框

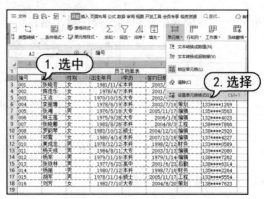
图 5-50 选择"设置单元格格式"命令

图 5-51 选择底纹颜色

图 5-52 底纹效果

5.2.4 应用单元格样式

WPS Office 不仅能为表格设置整体样式,也可以为单元格或单元格区域应用样式。下面介绍应用单元格样式的操作方法。

(1) 继续使用"员工档案表"工作簿,选中 A3:H18 单元格区域,在"开始"选项卡中单击"单元格样式"下拉按钮,在弹出的菜单中选择一种样式,如图 5-53 所示。

(2) 返回表格中,即可查看应用的单元格样式效果,如图 5-54 所示。

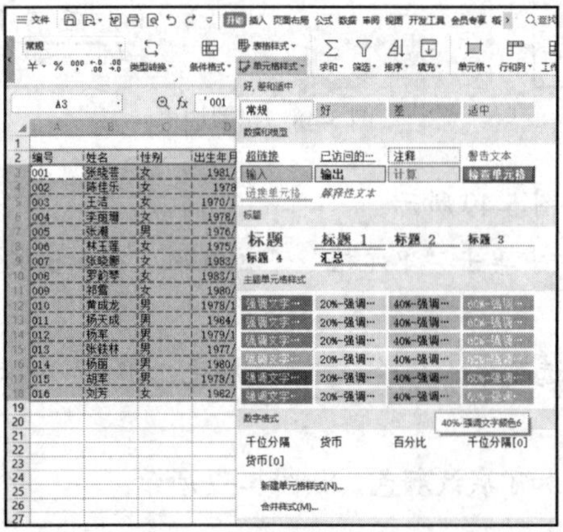

图 5-53 选择单元格样式 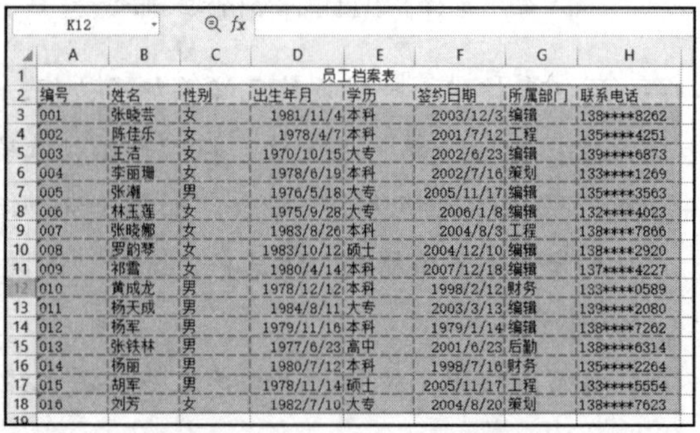　　　　图 5-54 样式效果

(3) 选中 A1 单元格，单击"单元格样式"下拉按钮，在弹出的菜单中选择一种样式，如图 5-55 所示。

(4) 返回表格中显示样式效果，设置 A1 中标题的字体和字号，效果如图 5-56 所示。

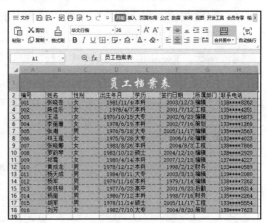

图 5-55 选择单元格样式　　　　　　　　　图 5-56 设置标题

提示：

在"开始"选项卡中单击"表格样式"下拉按钮，在弹出的菜单中选择表格样式或者新建自定义样式，为用户格式化表格提供了丰富的方案。

5.3 制作"考核表"

本节将以制作"考核表"表格为例，介绍插入公式、插入函数、嵌套函数、定义名称等操作，让读者了解应用表格公式和函数的相关知识。

5.3.1 插入公式

插入公式是使用函数的第一步，WPS Office 中的公式是一种对工作表的数值进行计算的等式，它可以帮助用户快速完成各种复杂的数据运算。

在输入公式之前，用户应了解公式的组成和含义。公式的特定语法或次序如下：最前面是等号"="，然后是公式的表达式，公式中包含运算符、数值或任意字符串、函数及其参数和单元格引用等元素，如图 5-57 所示。

图 5-57 公式的表达式

公式主要由以下几个元素构成。
- 运算符：运算符用于对公式中的元素进行特定的运算，或者用来连接需要运算的数据对象，并说明进行了哪种公式运算，如加"+"、减"-"、乘"*"、除"/"等。
- 常量数值：常量数值用于输入公式中的值、文本。
- 单元格引用：利用公式引用功能对所需的单元格中的数据进行引用。
- 函数：Excel提供的函数或参数，可返回相应的函数值。

运算符是用来对公式中的元素进行运算而规定的特殊字符。WPS Office中包含3种类型的运算符：算术运算符、字符连接运算符和关系运算符。

1. 算术运算符

算术运算符用来完成基本的数学运算，如加、减、乘、除等运算，算术运算符的基本含义如表5-1所示。

表5-1　算术运算符

算术运算符	含义	示例
+(加号)	加法	5+8
-(减号)	减法或负号	8-5
*(星号)	乘法	5*8
/(正斜号)	除法	8/2
%(百分号)	百分比	85%
^(脱字号)	乘方	8^2

2. 字符连接运算符

字符连接运算符是可以将一个或多个文本连接为一个组合文本的一种运算符。字符连接运算符使用"&"连接一个或多个文本字符串，从而产生新的文本字符串。字符连接运算符的基本含义如表5-2所示。

表5-2　字符连接运算符

字符连接运算符	含义	示例
&(和号)	两个文本连接起来产生一个连续的文本值	"你"&"好"得到"你好"

3. 关系运算符

关系运算符用于比较两个数值间的大小关系，并产生逻辑值TRUE(真)或FALSE(假)，关系运算符的基本含义如表5-3所示。

表5-3 关系运算符

关系运算符	含义	示例
=(等号)	等于	A=B
>(大于号)	大于	A>B
<(小于号)	小于	A<B
>=(大于或等于号)	大于或等于	A>=B
<=(小于或等于号)	小于或等于	A<=B
<>(不等号)	不等于	A<>B

4. 单元格引用

单元格引用是指单元格在工作表中坐标位置的标识。单元格的引用包括绝对引用、相对引用和混合引用3种。

单元格的相对引用是基于包含公式和引用的单元格的相对位置而言的。如果公式所在单元格的位置改变，引用也将随之改变。如果多行或多列地复制公式，引用会自动调整。默认情况下，新公式使用相对引用。

单元格中的绝对引用则总是在指定位置引用单元格(例如A1)。如果公式所在单元格的位置改变，绝对引用的单元格也始终保持不变。如果多行或多列地复制公式，绝对引用将不做调整。

混合引用包括绝对列和相对行(例如$A1)，或者绝对行和相对列(例如 A$1)两种形式。如果公式所在单元格的位置改变，则相对引用改变，而绝对引用不变。如果多行或多列地复制公式，相对引用自动调整，而绝对引用不做调整。

提示：

如果要引用同一工作簿其他工作表中的单元格，表达方式为"工作表名称!单元格地址"；如果要引用不同工作簿中的单元格或单元格区域，表达方式为"[工作簿名称]工作表名称!单元格地址"。

5. 输入公式

输入公式的方法与输入文本的方法类似，具体步骤为：选择要输入公式的单元格，然后在编辑栏中直接输入"="符号，然后输入公式内容，按Enter键，即可将公式运算的结果显示在所选单元格中。下面将介绍创建一个"考核表"工作簿，输入公式求和的步骤。

(1) 启动WPS Office，新建一个以"考核表"为名的工作簿，输入数据并设置表格格式，如图5-58所示。

(2) 选中G3单元格，然后在编辑栏中输入公式"=C3+D3+E3+F3"，按Enter键，即可在G3单元格中显示公式计算结果，如图5-59所示。

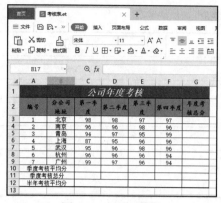

图 5-58　创建工作簿　　　　　　　　　图 5-59　输入公式并得到计算结果

(3) 通过复制公式操作，可以快速地在其他单元格中输入公式。选中 G3 单元格，在"开始"选项卡中单击"复制"按钮，如图 5-60 所示。复制 G3 单元格中的内容，选定 G4 单元格，在"开始"选项卡单击"粘贴"按钮，即可将公式复制到 G4 单元格中，如图 5-61 所示。

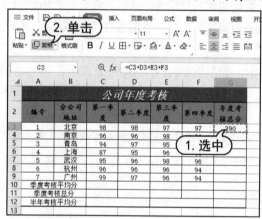
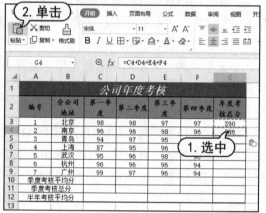

图 5-60　单击"复制"按钮　　　　　　　　图 5-61　单击"粘贴"按钮

(4) 将光标移动至 G4 单元格边框，当光标变为 ✚ 形状时，拖曳鼠标选择 G5:G9 单元格区域，如图 5-62 所示。

(5) 释放鼠标，即可将 G4 单元格中的公式相对引用至 G5:G9 单元格区域中，效果如图 5-63 所示。

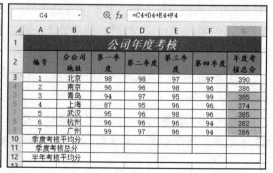

图 5-62　拖曳鼠标　　　　　　　　　图 5-63　引用公式

6. 检查公式

公式作为电子表格中数据处理的核心，在使用过程中出错的概率较大。为了有效地避免输入的公式出错，需要对公式进行检查或审核，使公式能够按照预想的方式计算出结果。

在 WPS Office 中，要查询公式错误的原因可以通过"错误检查"功能实现，该功能根据设定的规则对输入的公式自动进行检查。

选中公式所在的单元格，选择"公式"选项卡，单击"错误检查"按钮，如图 5-64 所示。此时打开"WPS 表格"对话框，提示完成了整个工作表的错误检查，此处没有检查出公式错误，单击"确定"按钮即可，如图 5-65 所示。

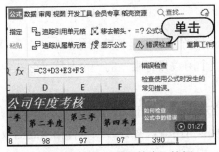
图 5-64 单击"错误检查"按钮

图 5-65 单击"确定"按钮

提示：

如果检测到公式错误，会打开"错误检查"对话框，显示公式错误位置及错误原因，单击"在编辑栏中编辑"按钮，返回到表格，在编辑栏中输入正确的公式，然后单击对话框中的"下一个"按钮，系统会自动检查表格中的下一个错误。

7. 审核公式

在公式中引用单元格进行计算时，为了降低使用公式时发生错误的概率，可以利用 WPS Office 提供的公式审核功能对公式的正确性进行审核。

选中公式所在的单元格，选择"公式"选项卡，单击"追踪引用单元格"按钮，如图 5-66 所示。此时表格会自动追踪公式单元格中所显示值的数据来源，并用蓝色箭头将相关单元格标注出来，如图 5-67 所示。

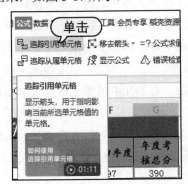
图 5-66 单击"追踪引用单元格"按钮

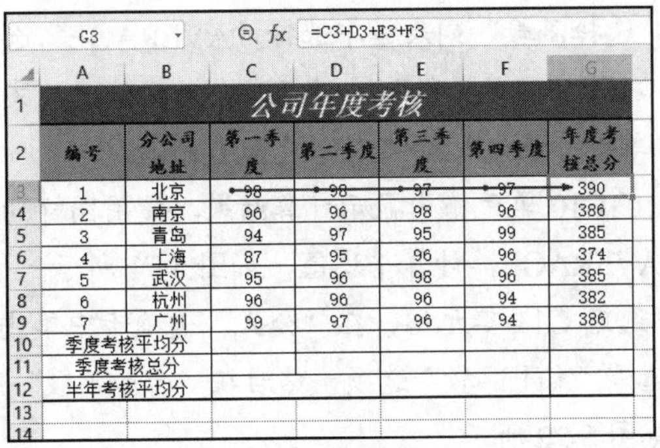

图 5-67 追踪数据来源

提示：

如果选中公式所引用的数据单元格，单击"追踪从属单元格"按钮，将会显示蓝色箭头指向公式单元格，表示该数据从属于公式。

5.3.2 插入函数

在 WPS Office 中，将一组特定功能的公式组合在一起，就形成了函数。利用公式可以计算一些简单的数据，而利用函数则可以很容易地完成各种复杂数据的处理工作，并简化公式的使用。

函数由函数名和参数两部分组成，由连接符相连，如"=SUM(A1:G10)"，表示对 A1:G10 单元格区域内所有数据求和。

函数主要由如下几个元素构成。

- 连接符：包括"="","""()"等，这些连接符都必须是英文符号。
- 函数名：需要执行运算的函数的名称，一个函数只有唯一的一个名称，它决定了函数的功能和用途。
- 函数参数：函数中最复杂的组成部分，它规定了函数的运算对象、顺序和结构等。参数可以是数字、文本、数组或单元格区域的引用等，参数必须符合相应的函数要求才能产生有效值。

提示：

函数与公式既有区别又有联系。函数是公式的一种，是已预先定义计算过程的公式，函数的计算方式和内容已完全固定，用户只能通过改变函数参数的取值来更改函数的计算结果。用户也可以自定义计算过程和计算方式，或更改公式的所有元素来更改计算结果。WPS Office 为用户提供了6种常用的函数类型，包括财务函数、逻辑函数、文本函数、日期和时间函数、查找与引用函数、数学和三角函数。

AVERAGE 函数用于计算参数的算术平均数，SUM 函数返回某一单元格区域中所有数字之和，这两个函数是最常用的函数，下面将介绍插入函数的方法。

(1) 继续使用"考核表"工作簿，选定 C10 单元格，在"公式"选项卡中单击"插入函数"按钮，如图 5-68 所示。

(2) 打开"插入函数"对话框，在"或选择类别"下拉列表框中选择"常用函数"选项，然后在"选择函数"列表框中选择"AVERAGE"选项，单击"确定"按钮，如图 5-69 所示。

(3) 打开"函数参数"对话框，在"数值 1"文本框中输入计算平均值的范围，这里输入 C3:C9，单击"确定"按钮，如图 5-70 所示。

(4) 在 C10 单元格中显示计算结果，使用同样的方法，在 D10:F10 单元格区域中插入平均值函数 AVERAGE，计算平均值，如图 5-71 所示。

(5) 选定 C11 单元格，在"公式"选项卡中单击"插入函数"按钮，打开"插入函数"对话框，选择"常用函数"选项，然后在"选择函数"列表框中选择"SUM"选项，单击"确定"按钮，如图 5-72 所示。

(6) 打开"函数参数"对话框，在 SUM 选项区域的"数值 1"文本框中输入计算求和的范围，这里输入 C3:C9，单击"确定"按钮，如图 5-73 所示。

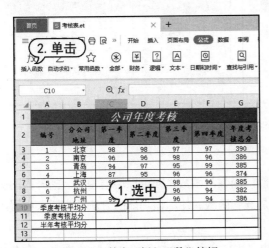

图 5-68 单击"插入函数"按钮

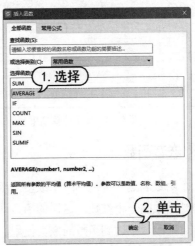

图 5-69 "插入函数"对话框

图 5-70 "函数参数"对话框

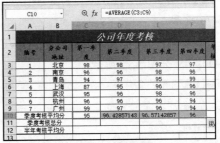

图 5-71 计算平均值

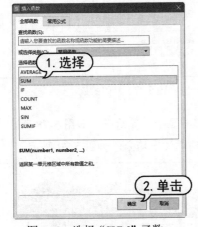

图 5-72 选择"SUM"函数

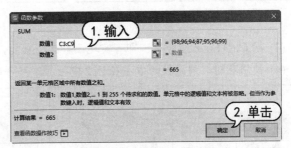

图 5-73 "函数参数"对话框

(7) 此时即可在 C11 单元格中显示计算结果，如图 5-74 所示。

(8) 使用相对引用的方式，在 D11:F11 单元格区域中相对引用 C11 的函数进行计算，如图 5-75 所示。

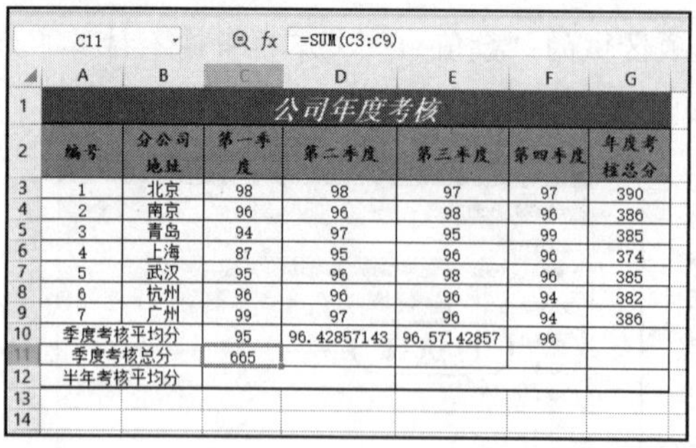

图 5-74 显示计算结果

图 5-75 引用函数计算

5.3.3 嵌套函数

一个函数表达式中包括一个或多个函数，函数与函数之间可以层层相套，括号内的函数作为括号外函数的一个参数，这样的函数即是嵌套函数。使用该功能的方法为先插入内置函数，然后通过修改函数达到函数的嵌套使用。

(1) 继续使用"考核表"工作簿，选中 C12 单元格，打开"公式"选项卡，单击"自动求和"下拉按钮，从弹出的下拉菜单中选择"平均值"命令，即可插入 AVERAGE 函数，如图 5-76 所示。

(2) 在编辑栏中，修改函数为"=AVERAGE(C3+D3,C4+D4,C5+D5,C6+D6,C7+D7,C8+D8,C9+D9)"，如图 5-77 所示。

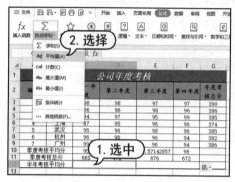

图 5-76 选择"平均值"命令

图 5-77 修改函数

(3) 按 Ctrl+Enter 组合键，即可实现函数嵌套功能，并显示计算结果，如图 5-78 所示。

(4) 使用相对引用函数的方法在 E12 中计算下半年的考核平均分，如图 5-79 所示。

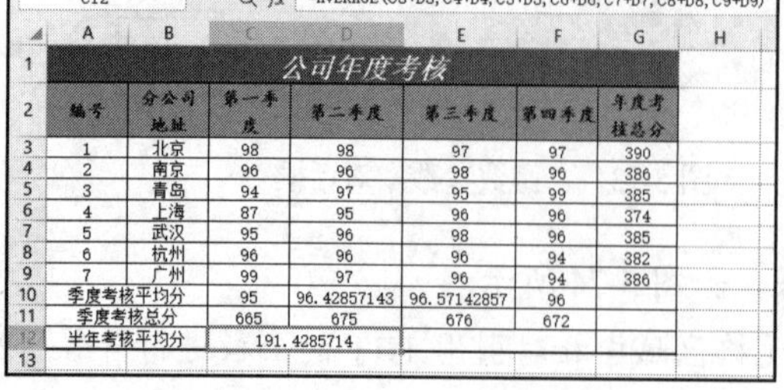

图 5-78 显示计算结果

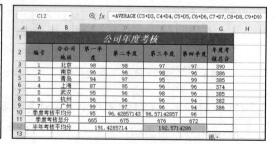

图 5-79 引用函数计算

5.3.4 使用名称

名称是工作簿中某些项目或数据的标识符。在公式或函数中使用名称代替数据区域进行计算，可以使公式更为简洁，从而避免输入出错。

1. 定义名称

名称作为一种特殊的公式，其也是以"="开始的，可以由常量数据、常量数组、单元格引用、函数与公式等元素组成，并且每个名称都具有唯一的标识，可以方便地在其他名称或公式中使用。与一般公式有所不同的是，普通公式存在于单元格中，名称保存在工作簿中，并在程序运行时通过其唯一标识(名称的命名)进行调用。

为了方便处理表格数据，可以将一些常用的单元格区域定义为特定的名称。

(1) 继续使用"考核表"工作簿，选中 C3:C9 单元格区域，打开"公式"选项卡，单击"名称管理器"按钮，如图 5-80 所示。

(2) 打开"名称管理器"对话框，单击"新建"按钮，如图 5-81 所示。

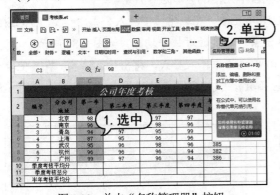
图 5-80　单击"名称管理器"按钮

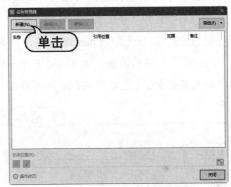
图 5-81　单击"新建"按钮

(3) 打开"新建名称"对话框，在"名称"文本框中输入单元格区域的名称，在"引用位置"文本框中可以修改单元格区域，单击"确定"按钮，如图 5-82 所示。

(4) 返回"名称管理器"对话框，单击"关闭"按钮，如图 5-83 所示。

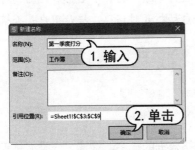
图 5-82　"新建名称"对话框

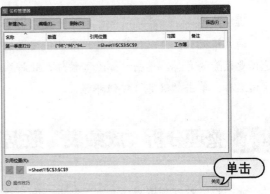
图 5-83　单击"关闭"按钮

(5) 此时在编辑栏中显示 C3:C9 单元格区域的名称"第一季度打分",如图 5-84 所示。

(6) 使用相同的方法,将 D3:D9、E3:E9、F3:F9 单元格区域分别定义名称为"第二季度打分""第三季度打分""第四季度打分",如图 5-85 所示。

图 5-84　显示名称　　　　　　　　　图 5-85　定义其他名称

2. 使用名称进行计算

定义了单元格名称后,可以使用名称来代替单元格的区域进行计算。

(1) 继续使用"考核表"工作簿,选中 C10 单元格,在编辑栏中输入公式"=AVERAGE(第一季度打分)",按 Ctrl+Enter 组合键,计算出第一季度的考核平均分,如图 5-86 所示。

(2) 使用同样的方法,在 D10、E10、F10 单元格中输入公式,得出计算结果。在其他单元格中输入其他公式(使用 SUM 和 AVERAGE 函数),代入定义名称,得出计算结果,如图 5-87 所示。

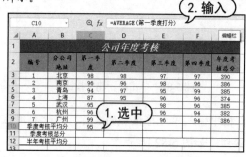

图 5-86　输入公式计算　　　　　　　图 5-87　输入公式计算

提示:

通常情况下,可以对多余的或未被使用过的名称进行删除。打开"名称管理器"对话框,选择要删除的名称,单击"删除"按钮,此时系统会自动打开对话框,提示用户是否确定要删除该名称,单击"确定"按钮即可。

5.4　整理分析"成绩表"数据

本节将以整理分析"成绩表"数据为例,介绍表格数据的排序、筛选、分类汇总等操作,让读者可以掌握使用 WPS Office 表格管理数据的相关知识。

5.4.1 数据排序

在实际工作中,用户经常需要将工作簿中的数据按照一定顺序排列,以便查阅。数据排序是指按一定规则对数据进行整理、排列,这样可以为数据的进一步分析处理做好准备。排序主要分为按单一条件排序及自定义条件排序等方式。

1. 单一条件排序

在数据量相对较少(或排序要求简单)的工作簿中,用户可以设置一个条件对数据进行排序处理。表格默认的排序是根据单元格中的数据进行升序或降序排序,这种排序方式就是单一条件排序。

下面将在"成绩表"工作簿中按成绩升序排序为例,介绍单一条件排序的步骤。

(1) 启动 WPS Office,打开"成绩表"工作簿,选中"成绩"列中的任意单元格,在"数据"选项卡中单击"排序"下拉按钮,选择"升序"命令,如图 5-88 所示。

(2) 此时表格将快速以"升序"方式重新对数据表"成绩"列中的数据进行排序,效果如图 5-89 所示。

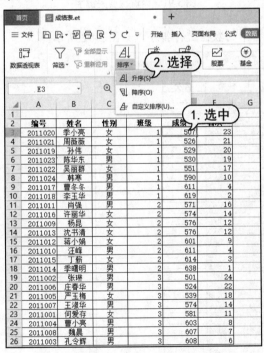

图 5-88 选择"升序"命令

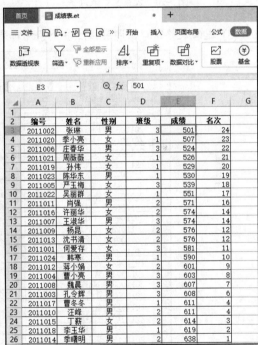

图 5-89 升序效果

2. 自定义排序

自定义排序是依据多列的数据规则,对工作表中的数据进行排序操作。如果使用快速排序,只能使用一个排序条件,因此当使用快速排序后,表格中的数据可能仍然没有达到用户的排序需求。这时,用户可以设置多个排序条件进行排序。

下面将在“成绩表”工作簿中设置按成绩分数从低到高排序表格数据，如果分数相同，则按班级从低到高排序。

(1) 打开“成绩表”工作簿，在“数据”选项卡中单击“排序”下拉按钮，选择“自定义排序”命令，打开“排序”对话框，在“主要关键字”下拉列表框中选择“成绩”选项，在“排序依据”下拉列表框中选择“数值”选项，在“次序”下拉列表框中选择“升序”选项，然后单击“添加条件”按钮，如图 5-90 所示。

(2) 在“次要关键字”下拉列表框中选择“班级”选项，在“排序依据”下拉列表框中选择“数值”选项，在“次序”下拉列表框中选择“升序”选项，单击“确定”按钮，如图 5-91 所示。

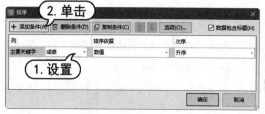

图 5-90　设置主要关键字

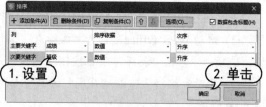

图 5-91　设置次要关键字

(3) 返回表格窗口，即可按照多个条件对表格中的数据进行排序，如图 5-92 所示。

	A	B	C	D	E	F	G	H
1								
2	编号	姓名	性别	班级	成绩	名次		
3	2011002	张琳	男	3	501	24		
4	2011020	季小亮	女	1	507	23		
5	2011006	庄春华	男	3	524	22		
6	2011021	周薇薇	女	1	526	21		
7	2011019	孙伟	女	1	529	20		
8	2011023	陈华东	男	1	530	19		
9	2011005	严玉梅	女	3	539	18		
10	2011022	吴丽群	女	1	551	17		
11	2011011	肖强	男	2	571	16		
12	2011016	许丽华	女	2	574	14		
13	2011007	王淑华	男	3	574	14		
14	2011009	杨昆	女	2	576	12		
15	2011013	沈书清	女	2	576	12		
16	2011001	何爱存	女	3	581	11		
17	2011024	韩寒	男	1	590	10		
18	2011012	蒋小娟	女	2	601	9		
19	2011004	曹小亮	男	3	603	8		
20	2011008	魏晨	男	3	607	7		
21	2011003	孔令辉	男	3	608	6		
22	2011017	曹冬冬	男	1	611	4		
23	2011010	汪峰	男	2	611	4		
24	2011015	丁薪	女	2	614	3		
25	2011018	李玉华	男	1	619	2		
26	2011014	季曙明	男	2	638	1		
27								

图 5-92　多条件排序

5.4.2　数据筛选

如果要在成百上千条数据记录中查询需要的数据，就要用到 WPS Office 的筛选功能，可轻松地筛选出符合条件的数据。

1. 自动筛选

自动筛选是一个易于操作且经常使用的功能。自动筛选通常是按简单的条件进行筛选，筛选时将不满足条件的数据暂时隐藏起来，只显示符合条件的数据。

下面将在"成绩表"工作簿中自动筛选出成绩最高的 3 条记录。

(1) 打开"成绩表"工作簿，选中数据区域的任意单元格，在"数据"选项卡中单击"筛选"按钮，如图 5-93 所示。

(2) 此时，电子表格进入筛选模式，列标题单元格中出现用于设置筛选条件的下拉菜单按钮，单击"成绩"单元格旁边的倒三角按钮，在弹出的菜单中选择"数字筛选"|"前十项"命令，如图 5-94 所示。

图 5-93　单击"筛选"按钮　　　　　　　图 5-94　选择"前十项"命令

(3) 打开"自动筛选前 10 个"对话框，在"最大"右侧的微调框中输入 3，然后单击"确定"按钮，如图 5-95 所示。

(4) 返回工作簿窗口，即可显示筛选出的成绩最高的 3 条记录，即分数最高的 3 个学生的信息，如图 5-96 所示。

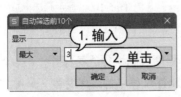 

图 5-95　输入 3　　　　　　　图 5-96　显示筛选记录

2. 自定义筛选

与数据排序类似，如果自动筛选方式不能满足需要，此时可自定义筛选条件。

下面将在"成绩表"工作簿中筛选出成绩大于 550 小于 600 的记录。

(1) 打开"成绩表"工作簿，选中数据区域的任意单元格，在"数据"选项卡中单击"筛选"按钮，如图 5-97 所示。

(2) 单击"成绩"单元格旁边的倒三角按钮，在弹出的菜单中选择"数字筛选"|"自定义筛选"命令，如图 5-98 所示。

图 5-97 单击"筛选"按钮

图 5-98 选择"自定义筛选"命令

(3) 打开"自定义自动筛选方式"对话框，将筛选条件设置为"成绩大于 550 与小于 600"，单击"确定"按钮，如图 5-99 所示。

(4) 此时成绩大于 550 小于 600 的记录就筛选出来了，如图 5-100 所示。

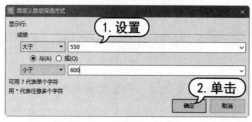
图 5-99 设置筛选条件

图 5-100 显示筛选记录

提示：

在"自定义自动筛选方式"对话框左侧的下拉列表框中只能执行选择操作，而右侧的下拉列表框可直接输入数据，在输入筛选条件时，可使用通配符代替字符或字符串，如用"?"代表任意单个字符，用"*"代表任意多个字符。

3. 高级筛选

对筛选条件较多的情况，可以使用高级筛选功能来处理。使用高级筛选功能，必须先建立一个条件区域，用来指定筛选的数据所需满足的条件。条件区域的第一行是所有作为筛选条件的字段名，这些字段名与数据清单中的字段名必须完全一致。条件区域的其他行则是筛选条件。需要注意的是，条件区域和数据清单不能连接，必须用一个空行将其隔开。

下面使用高级筛选功能筛选出成绩大于 600 分的 2 班学生的记录。

(1) 打开"成绩表"工作簿，在 A28:B29 单元格区域中输入筛选条件，要求"班级"等于 2，"成绩"大于 600，如图 5-101 所示。

(2) 在表格中选择 A2:F26 单元格区域，然后在"数据"选项卡中单击"筛选"下拉按钮，选择"高级筛选"命令，如图 5-102 所示。

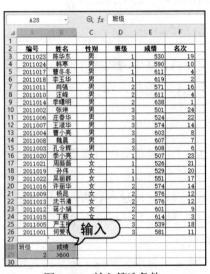
图 5-101　输入筛选条件

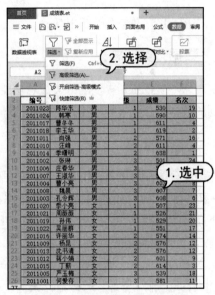
图 5-102　选择"高级筛选"命令

(3) 打开"高级筛选"对话框，单击"条件区域"文本框右侧的按钮，如图 5-103 所示。

(4) 返回工作簿窗口，选中所输入筛选条件的 A28:B29 单元格区域，然后单击按钮返回"高级筛选"对话框，如图 5-104 所示。

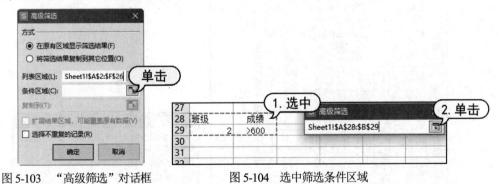
图 5-103　"高级筛选"对话框　　　　图 5-104　选中筛选条件区域

(5) 在对话框中可以查看和设置选定的列表区域与条件区域，单击"确定"按钮，如图 5-105 所示。

(6) 返回工作簿窗口，筛选出成绩大于 600 分的 2 班学生的记录，如图 5-106 所示。

图 5-105　单击"确定"按钮　　　　图 5-106　显示筛选记录

5.4.3　数据分类汇总

利用 WPS Office 提供的分类汇总功能，用户可以将表格中的数据进行分类，然后再把性质相同的数据汇总到一起，使其结构更清晰，便于查找数据信息。

1. 创建分类汇总

在创建分类汇总之前，用户必须先根据需要进行分类汇总的数据列对数据清单排序。WPS Office 表格可以在数据清单中创建分类汇总。

下面将"成绩表"工作簿中的数据按班级排序后分类，并汇总各班级的平均成绩。

（1）打开"成绩表"工作簿，选定"班级"列，在"数据"选项卡中单击"排序"下拉按钮，在弹出的菜单中选择"升序"命令，如图 5-107 所示。

（2）打开"排序警告"对话框，保持默认设置，单击"排序"按钮，对工作表按"班级"升序进行分类排序，如图 5-108 所示。

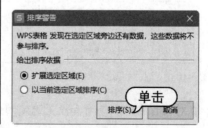

图 5-107　选择"升序"命令　　　　图 5-108　"排序警告"对话框

(3) 选定任意一个单元格,在"数据"选项卡中单击"分类汇总"按钮,打开"分类汇总"对话框,在"分类字段"下拉列表框中选择"班级"选项;在"汇总方式"下拉列表框中选择"平均值"选项;在"选定汇总项"列表框中勾选"成绩"复选框;分别勾选"替换当前分类汇总"与"汇总结果显示在数据下方"复选框,最后单击"确定"按钮,如图5-109所示。

(4) 返回工作簿窗口,表中的数据按班级分类,并汇总各班级的平均成绩和总平均值,如图5-110所示。

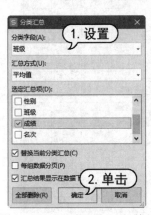

图5-109 "分类汇总"对话框

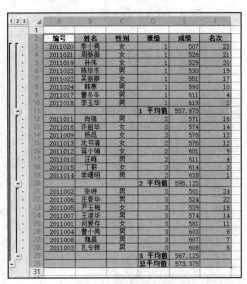

图5-110 显示汇总记录

2. 多重分类汇总

有时需要同时按照多个分类项来对表格数据进行汇总计算。此时的多重分类汇总需要遵循以下3个原则。

- 先按分类项的优先级顺序对表格中相关字段排序。
- 按分类项的优先级顺序多次执行"分类汇总"命令,并设置详细参数。
- 从第二次执行"分类汇总"命令开始,需要取消勾选"分类汇总"对话框中的"替换当前分类汇总"复选框。

下面将在"成绩表"工作簿中对每个班级的男女成绩进行汇总。

(1) 打开"成绩表"工作簿,选中任意一个单元格,在"数据"选项卡中单击"排序"按钮,选择"自定义排序"命令,在弹出的"排序"对话框中,选择"主要关键字"为"班级",然后单击"添加条件"按钮,如图5-111所示。

(2) 在"次要关键字"里选择"性别"选项,然后单击"确定"按钮,完成排序,如图5-112所示。

(3) 单击"数据"选项卡中的"分类汇总"按钮,打开"分类汇总"对话框,选择"分类字段"为"班级","汇总方式"为"求和",勾选"选定汇总项"的"成绩"复选框,然后单击"确定"按钮,如图5-113所示。

(4) 此时，完成第一次分类汇总，如图5-114所示。

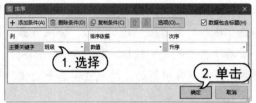

图5-111 设置主要关键字

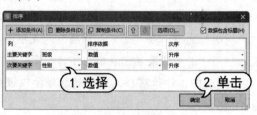

图5-112 设置次要关键字

图5-113 "分类汇总"对话框

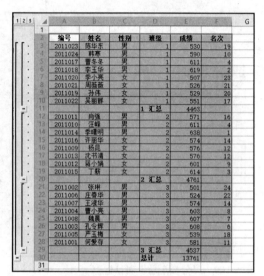

图5-114 第一次分类汇总

(5) 再次单击"数据"选项卡中的"分类汇总"按钮，打开"分类汇总"对话框，选择"分类字段"为"性别"，汇总方式为"求和"，勾选"选定汇总项"的"成绩"复选框，取消勾选"替换当前分类汇总"复选框，然后单击"确定"按钮，如图5-115所示。

(6) 此时表格同时根据"班级"和"性别"两个分类字段进行了汇总，单击"分级显示控制按钮"中的"3"，即可得到各个班级的男女成绩汇总，如图5-116所示。

图5-115 "分类汇总"对话框

图5-116 二次分类汇总

提示：
查看完分类汇总后，若用户需要将其删除，恢复原先的工作状态，可以在打开的"分类汇总"对话框中，单击"全部删除"按钮，删除表格中的分类汇总。

5.5 在"产品销售表"中使用图表

在 WPS Office 中，通过插入图表可以更直观地表现表格中数据的发展趋势或分布状况；通过插入数据透视表及数据透视图，可以对数据清单进行重新组织和统计。本节将以"产品销售表"工作簿为例，介绍插入图表、数据透视表及数据透视图等操作，让读者可以掌握应用图表和数据透视表分析表格数据的相关知识。

5.5.1 插入图表

在 WPS Office 中，图表不仅能够增强视觉效果、起到美化表格的作用，还能更直观、形象地显示出表格中各个数据之间的复杂关系，更易于理解和交流，图表在制作电子表格时具有极其重要的作用。

1. 创建图表

在 WPS Office 中创建图表的方法非常简单，系统自带了很多图表类型，如柱形图、条形图、折线图等，用户只需根据需要进行选择即可。

（1）启动 WPS Office，打开"产品销售表"工作簿，选中 A1:F18 单元格区域，选择"插入"选项卡，单击"全部图表"按钮，如图 5-117 所示。

（2）打开"图表"对话框，选择一个簇状柱形图选项，如图 5-118 所示。

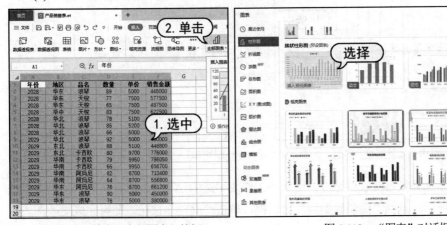

图 5-117　单击"全部图表"按钮　　　　图 5-118　"图表"对话框

（3）此时插入一个簇状柱形图图表，如图 5-119 所示。

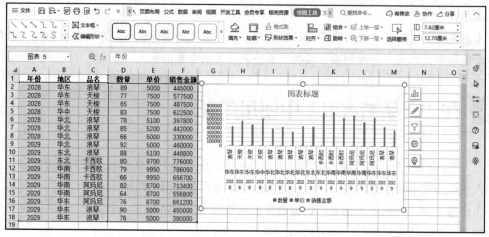

图 5-119 插入图表

2. 更改图表数据源

在对创建的图表进行修改时，会遇到更改某个数据系列数据源的问题。要更改图表数据源，首先选中图表，在"图表工具"选项卡中单击"选择数据"按钮，如图 5-120 所示，打开"编辑数据源"对话框，单击"图表数据区域"文本框右侧的 按钮，如图 5-121 所示。

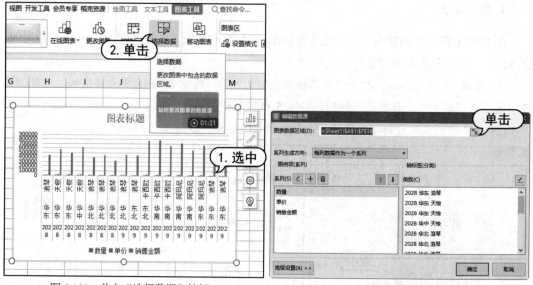

图 5-120 单击"选择数据"按钮   图 5-121 "编辑数据源"对话框

此时可以重新选择数据源表格范围，比如在工作表中选中 A1:F10 单元格区域，单击 按钮，如图 5-122 所示，返回"编辑数据源"对话框，单击"确定"按钮，即可完成更改图表数据源的操作，改变数据源后的图表如图 5-123 所示。

3. 更改图表类型

插入图表后，如果用户对当前图表类型不满意，可以更改图表类型。首先选中图表，在"图表工具"选项卡中单击"更改类型"按钮,打开"更改图表类型"对话框,在左侧选择"折线图"选项卡,然后选择需要的"折线图"图表,如图 5-124 所示。返回到表格中,柱形图已经变为折线图,如图 5-125 所示。

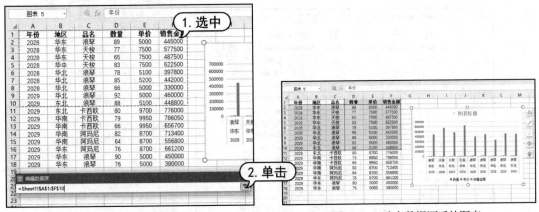

图 5-122 重新选择数据源表格范围　　　　图 5-123 改变数据源后的图表

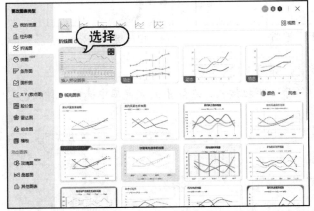

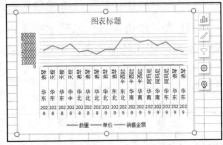

图 5-124 "更改图表类型"对话框　　　　图 5-125 柱形图变为折线图

5.5.2 设置图表

创建图表后,用户可以根据自己的喜好对图表布局和样式进行设置,以达到美化图表的目的。用户可以设置绘图区、图表标签和数据系列颜色等。

1. 设置绘图区

绘图区是图表中描绘图形的区域,其形状是根据表格数据形象化转换而来的。下面介绍设置绘图区的方法。

(1) 继续使用"产品销售表"工作簿,选中图表,在"图表工具"选项卡下的"图表元素"下拉列表中选择"绘图区"选项,如图 5-126 所示。

(2) 选择"绘图工具"选项卡,单击"填充"下拉按钮,在弹出的颜色库中选择一种颜色,如图 5-127 所示。

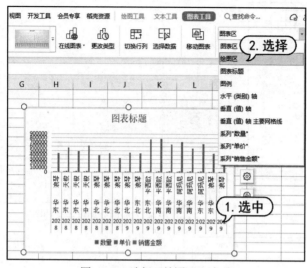
图 5-126 选择"绘图区"选项

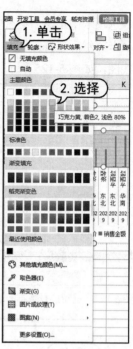
图 5-127 选择填充颜色

(3) 此时绘图区的背景填充颜色已改变，如图 5-128 所示。

(4) 在"绘图工具"选项卡中单击"轮廓"下拉按钮，在弹出的颜色库中选择一种颜色，即可更改绘图区轮廓颜色，如图 5-129 所示。

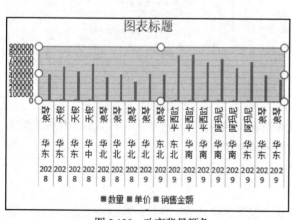
图 5-128 改变背景颜色

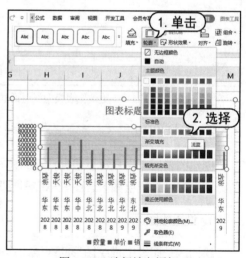
图 5-129 选择填充颜色

2. 设置图表标签

图表标签包括图表标题、坐标轴标题、图例位置、数据标签显示位置等。下面介绍设置图表中各标签的方法。

(1) 继续使用"产品销售表"工作簿，选中图表，在"图表工具"选项卡中单击"添加元素"下拉按钮,选择"图表标题"选项,可以显示"图表标题"子菜单,在子菜单中可以选择图表标题的显示位置以及是否显示图表标题,如图5-130所示。

(2) 单击图表标题,在文本框中重新输入标题文本,如图5-131所示。

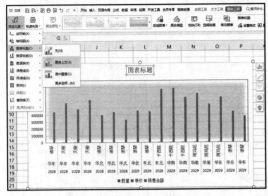
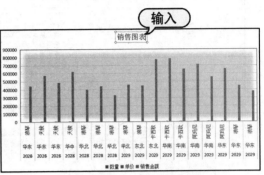

图5-130 选择"图表标题"选项　　　　　　　图5-131 输入标题文本

(3) 单击"添加元素"下拉按钮,选择"图例"选项,可以显示"图例"子菜单,在该子菜单中可以设置图表图例的显示位置以及是否显示图例,如图5-132所示。

(4) 单击"添加元素"下拉按钮,选择"数据标签"选项,可以显示"数据标签"子菜单,在该子菜单中可以设置数据标签在图表中的显示位置,如图5-133所示。

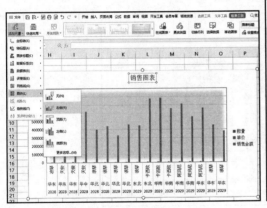
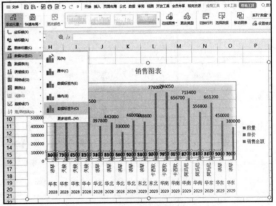

图5-132 选择"图例"选项　　　　　　　图5-133 选择"数据标签"选项

3. 设置数据系列颜色

数据系列是根据用户指定的图表类型,以系列的方式显示在图表中的可视化数据。下面介绍设置数据系列颜色的方法。

(1) 继续使用"产品销售表"工作簿,选中数据系列,选择"绘图工具"选项卡,单击"填充"下拉按钮,选择"渐变"命令,如图5-134所示。

(2) 打开"属性"窗格,选中"渐变填充"单选按钮,在"填充"下拉列表中选择一种填充样式,如图5-135所示。

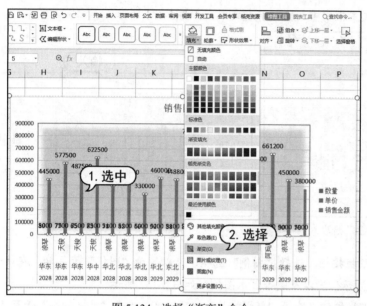

图 5-134 选择"渐变"命令　　　　　　　图 5-135 设置填充

(3) 此时数据系列条改变显示效果,如图 5-136 所示。

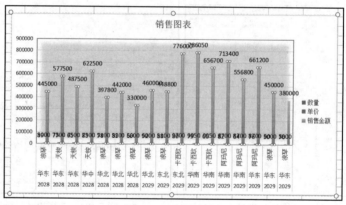

图 5-136 显示效果

提示:

此外 WPS Office 还预设了多种布局效果,选择"图表工具"选项卡,单击"快速布局"下拉按钮,在弹出的下拉列表中可以为图表套用预设的图表布局。

5.5.3 制作数据透视表

使用数据透视表功能,可以根据基础表中的字段,从成千上万条数据记录中直接生成汇总表。当数据源工作表符合创建数据透视表的要求时,即可创建透视表,以便更好地对工作表进行分析和处理。

1. 创建数据透视表

要创建数据透视表，首先要选择需要创建透视表的单元格区域。需要注意的是，数据内容要存在分类，数据透视表进行汇总才有意义。

(1) 继续使用"产品销售表"工作簿，选中数据区域中的任意单元格，选择"插入"选项卡，单击"数据透视表"按钮，如图 5-137 所示。

(2) 打开"创建数据透视表"对话框，保持默认选项，单击"确定"按钮，如图 5-138 所示。

图 5-137 单击"数据透视表"按钮

图 5-138 单击"确定"按钮

(3) 在显示的"数据透视表"窗格中，在"字段列表"中勾选需要在数据透视表中显示的字段复选框，在"数据透视表区域"中将"年份"字段拖曳到"筛选器"下，调整字段在数据透视表中显示的位置，如图 5-139 所示。

(4) 返回工作簿中的新工作表，将其重命名为"数据透视表"，完成后的数据透视表的结构设置如图 5-140 所示。

图 5-139 调整字段

图 5-140 数据透视表效果

2. 布局数据透视表

成功创建数据透视表后,用户可以通过设置数据透视表的布局,使数据透视表能够满足不同角度数据分析的需求。当字段显示在数据透视表的列区域或行区域时,将显示字段中的所有项。但如果字段位于筛选区域中,其所有项都将成为数据透视表的筛选条件。用户可以控制在数据透视表中只显示满足筛选条件的项。

若用户需要对报表筛选字段中的多个项进行筛选,可以参考以下方法。例如单击数据透视表筛选字段中"年份"后的下拉按钮,勾选需要显示年份数据前的复选框,勾选"选择多项"复选框,然后单击"确定"按钮,如图5-141所示,完成以上操作后,数据透视表的内容也将发生相应的变化,如图5-142所示。

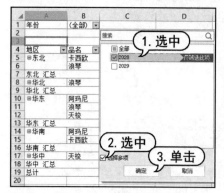

图5-141 设置年份字段　　　　图5-142 改变布局

通过选择报表筛选字段中的项目,用户可以对数据透视表的内容进行筛选,筛选结果仍然显示在同一个表格内。

(1) 继续使用"产品销售表"工作簿,选择"数据透视表"工作表,选中任意数据单元格,打开"数据透视表"窗格,添加所有字段,将"品名"和"年份"字段拖动到"筛选器"区域,将"地区"字段拖动到"行"区域,如图5-143所示。

(2) 选择"分析"选项卡,单击"选项"下拉按钮,在弹出的下拉列表中选择"显示报表筛选页"选项,如图5-144所示。

图5-143 设置字段　　　　图5-144 选择"显示报表筛选页"选项

(3) 打开"显示报表筛选页"对话框,选择"品名"选项,单击"确定"按钮,如图 5-145 所示。

(4) 此时将根据"品名"字段中的数据,创建对应的工作表,例如单击"品名"后的筛选按钮,在菜单中选择"浪琴"选项,单击"确定"按钮,即可显示相关数据,如图 5-146 所示。

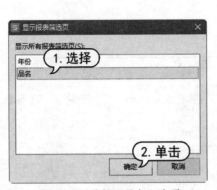
图 5-145 选择"品名"选项

图 5-146 选择"浪琴"选项

3. 设置值字段数据格式

在创建数据透视表后,可以对数据透视表进行设置。比如设置数据透视表的值字段数据格式以及汇总方式等。

数据透视表默认的格式是常规型数据,用户可以手动对数据格式进行设置。下面介绍设置值字段数据格式的操作方法。

(1) 继续使用"产品销售表"工作簿,选择"数据透视表"工作表,选中任意数据单元格,打开"数据透视表"窗格,单击"值"列表框中的"求和项:销售金额"下拉按钮,选择"值字段设置"选项,如图 5-147 所示。

(2) 打开"值字段设置"对话框,单击"数字格式"按钮,如图 5-148 所示。

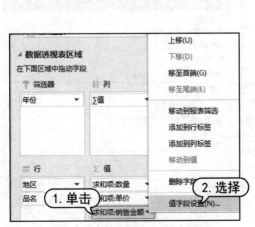
图 5-147 选择"值字段设置"选项

图 5-148 单击"数字格式"按钮

(3) 打开"单元格格式"对话框,在"分类"列表框中选择"货币"选项,设置"小数位数"和"货币符号"选项的参数,单击"确定"按钮,如图 5-149 所示。

(4) 返回"值字段设置"对话框,单击"确定"按钮,此时数据透视表中"求和项:销售金额"一列的数据都添加了货币符号,效果如图 5-150 所示。

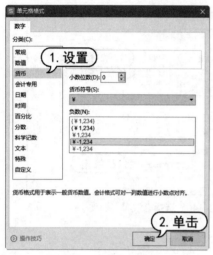

图 5-149 设置货币格式

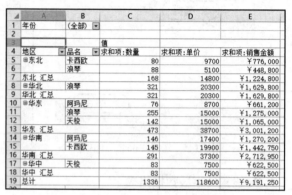

图 5-150 添加货币符号

4. 设置值字段汇总方式

数据透视表中值汇总方式有多种,包括求和、计数、平均值、最大值、最小值、乘积等。下面介绍设置值字段数据格式的操作方法。

(1) 继续使用"产品销售表"工作簿,选择"数据透视表"工作表,在数据透视表中右击 A19 单元格,在弹出的快捷菜单中选择"值字段设置"命令,如图 5-151 所示。

(2) 打开"值字段设置"对话框,在计算类型列表框中选择"最大值"选项,单击"确定"按钮,如图 5-152 所示。

图 5-151 选择"值字段设置"命令

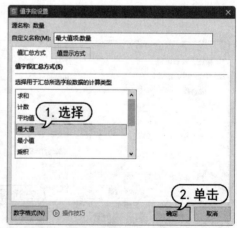

图 5-152 选择"最大值"选项

(3) 此时"值汇总方式"变成"最大值项：数量"格式，如图 5-153 所示。

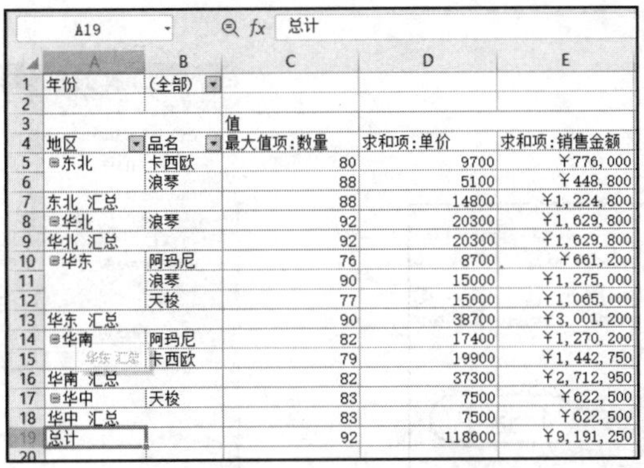

图 5-153 改变值汇总方式

5. 套用数据透视表样式

WPS Office 内置了多种数据透视表的样式，可以满足大部分数据透视表的需要，下面介绍应用样式的方法。

(1) 继续使用"产品销售表"工作簿，选择"数据透视表"工作表，在数据透视表内选择任意单元格，选择"设计"选项卡，单击"选择数据透视表的外观样式"下拉按钮，在弹出的样式中选择一种样式，如图 5-154 所示。

(2) 此时数据透视表已经应用该样式，效果如图 5-155 所示。

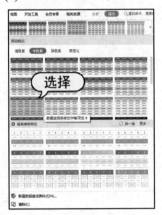

图 5-154 选择数据透视表样式

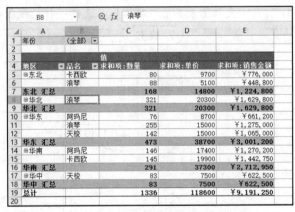

图 5-155 数据透视表效果

5.5.4 制作数据透视图

和数据透视表不同，数据透视图可以更直观地展示出数据的数量和变化，反映数据间的对比关系，而且具有很强的数据筛选和汇总功能，用户更容易从数据透视图中找到数据的变化规律和趋势。

数据透视图可以通过数据源工作表进行创建。下面介绍插入数据透视图的操作方法。

(1) 继续使用"产品销售表"工作簿，选择"Sheet1"表中的 A1:F18 单元格区域，选择"插入"选项卡，单击"数据透视图"按钮，如图 5-156 所示。

(2) 打开"创建数据透视图"对话框，选中"新工作表"单选按钮，单击"确定"按钮，如图 5-157 所示。

图 5-156　单击"数据透视图"按钮

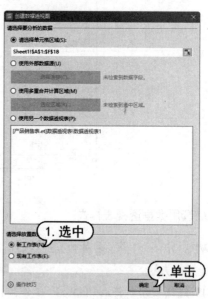

图 5-157　"创建数据透视图"对话框

(3) 此时在新工作表"Sheet2"中插入数据透视图，设置相关字段后，单击"图表工具"选项卡中的"更改类型"按钮，如图 5-158 所示。

(4) 打开"更改图表类型"对话框，选择一种折线图类型，如图 5-159 所示。

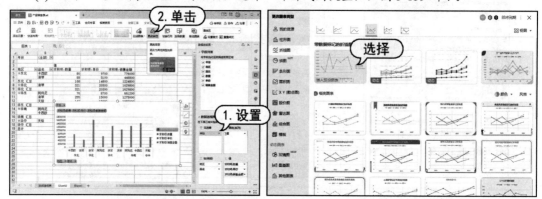

图 5-158　单击"更改类型"按钮　　　　　图 5-159　选择折线图类型

(5) 设置完毕后，在表格中的数据透视图效果如图 5-160 所示。

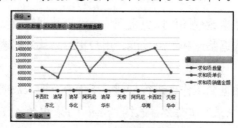

图 5-160　数据透视图效果

对数据透视图可以灵活进行设置，下面介绍设置并美化数据透视图的操作方法。

(1) 继续使用"产品销售表"工作簿，选中"Sheet2"表中数据透视图的图表区，选择"绘图工具"选项卡，单击"填充"下拉按钮，在弹出的颜色库中选择一种颜色，如图 5-161 所示。

(2) 此时图表区已经填充完毕，选中透视图的绘图区，单击"填充"下拉按钮，在弹出的颜色库中选择一种颜色，如图 5-162 所示。

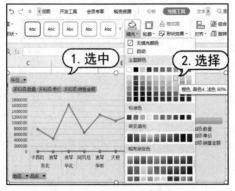
图 5-161　选择图表区颜色

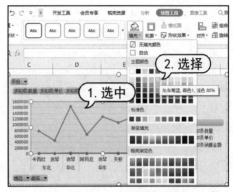
图 5-162　选择绘图区颜色

(3) 在"属性"窗格中选择"绘图区选项"|"效果"选项卡，设置"发光"选项，如图 5-163 所示。

(4) 此时透视图中绘图区轮廓显示发光效果，如图 5-164 所示。

图 5-163　设置"发光"选项

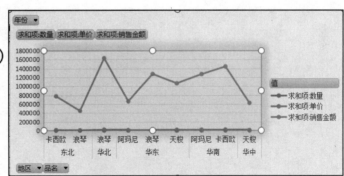
图 5-164　绘图区轮廓显示发光效果

5.6　课后习题

1. 简述工作簿、工作表和单元格三者的概念和关系。
2. 如何合并与拆分单元格？
3. 运算符有哪几种类型？

4. 数据筛选主要有哪几种形式？

5. 创建一个名为"进货记录表"的工作簿，输入数据，创建三维柱形图表，并新建工作表，分别创建数据透视表和数据透视图。

第 6 章

使用 WPS Office 演示

WPS 演示是办公信息化的重要组成部分,使用 WPS Office 可以快速制作富有感染力且图文并茂的演示文稿。本章将通过制作"旅游 PPT"和"毕业答辩"等几个演示文稿,介绍演示文稿、幻灯片和母版的制作,以及如何编辑幻灯片等相关内容。

6.1 制作"旅游 PPT"

演示文稿(简称演示)是由一张张幻灯片组成的,可以通过计算机屏幕或投影机进行播放。本节以制作"旅游 PPT"演示为例来介绍制作演示文稿的基本操作,包括创建演示、设计幻灯片母版、插入图片等内容。

6.1.1 创建演示

创建演示的基本操作,包括新建空白演示和根据模板新建演示。

1. 新建空白演示

空白演示是一种形式最简单的演示文稿,没有应用模板设计、配色方案及动画方案,可以自由设计。

启动 WPS Office,进入"新建"窗口,选择"新建演示"选项卡,选择"新建空白演示"图示,如图 6-1 所示。此时用 WPS Office 创建了一个名为"演示文稿 1"的空白演示,如图 6-2 所示。

2. 根据模板新建演示

WPS Office 为用户提供了多种演示文稿和幻灯片模板,用户可以根据模板新建演示文稿,下面介绍根据模板新建演示文稿的操作方法。

(1) 启动 WPS Office,进入"新建"窗口,选择"新建演示"选项卡,在上方的文本框中输入"云南",然后单击"搜索"按钮,在下方的模板区域中选择一个云南旅游模板,单击"立即使用"按钮,如图 6-3 所示。

(2) 此时创建一个名为"演示文稿1"的带有内容的演示文稿,如图6-4所示。

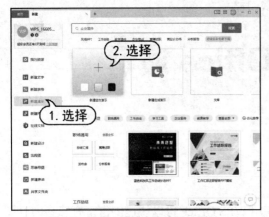

图6-1 选择"新建空白演示"图示　　　　图6-2 新建空白演示

图6-3 选择模板　　　　图6-4 新建演示

(3) 单击"保存"按钮,打开"另存文件"对话框,选择文件保存位置,在"文件名"文本框中输入名称"旅游PPT",单击"保存"按钮,如图6-5所示。

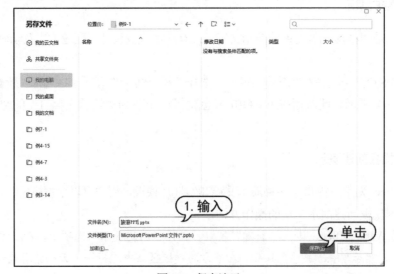

图6-5 保存演示

6.1.2 添加和删除幻灯片

在 WPS Office 中创建演示文稿后，用户可以根据需要插入或删除幻灯片。下面介绍插入和删除幻灯片的方法。

(1) 继续使用"旅游 PPT"演示文稿，选中第 3 张幻灯片，在"插入"选项卡中单击"新建幻灯片"下拉按钮，在弹出的菜单中选择一个模板样式，如图 6-6 所示。

(2) 此时在"幻灯片"窗格中添加新的第 4 张幻灯片，如图 6-7 所示。

图 6-6 选择幻灯片模板　　　　　　图 6-7 添加幻灯片

(3) 按住 Shift 键连续选中第 12~15 张幻灯片，右击鼠标，在弹出的快捷菜单中选择"删除幻灯片"命令，如图 6-8 所示。

(4) 此时可以看到选中的幻灯片已经被删除，并显示前一张幻灯片，如图 6-9 所示。

 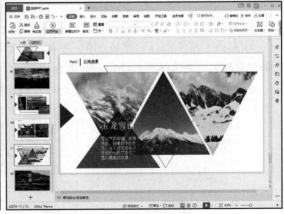

图 6-8 选择"删除幻灯片"命令　　　图 6-9 删除幻灯片

提示：

要复制幻灯片，可以先在"幻灯片"窗格中右击幻灯片，在弹出的快捷菜单中选择"复制幻灯片"命令，这时在该张幻灯片的下方复制出了一张相同的幻灯片。要移动幻灯片，可以选中幻灯片后按住鼠标左键不放，将其拖动到另一张幻灯片下方，松开鼠标即可看到幻灯片已经被移动。

6.1.3 设计幻灯片母版

幻灯片母版决定着幻灯片的外观,可供用户设置各种标题文字、背景、属性等,只需要修改其中一项内容就可以更改所有幻灯片的设计。

1. 设置母版背景

一个完整且专业的演示文稿,它的内容、背景、配色和文字格式都有着统一的设置,为了实现统一的设置就需要用到幻灯片母版的设计。若要为所有幻灯片应用统一的背景,可在幻灯片母版中进行设置。

(1) 继续使用"旅游PPT"演示,选择"设计"选项卡,单击"编辑母版"按钮,如图6-10所示。

(2) 在"母版幻灯片"窗格中选择第1张幻灯片,单击"幻灯片母版"选项卡中的"背景"按钮,如图6-11所示。

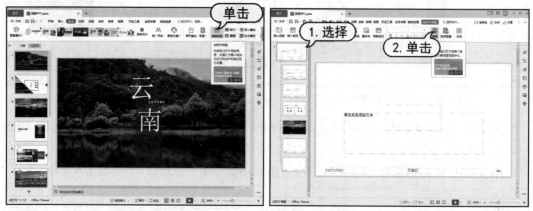

图6-10 单击"编辑母版"按钮　　　　图6-11 单击"背景"按钮

(3) 打开"对象属性"窗格,在"填充"栏中选中"图案填充"单选按钮,设置图案的前景和背景颜色,并选择填充样式,如图6-12所示。

(4) 此时查看母版背景效果,每张幻灯片的背景都一致发生改变,如图6-13所示。

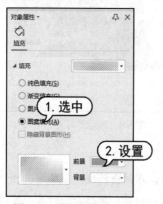 

图6-12 设置图案填充　　　　图6-13 母版背景效果

第 6 章　使用 WPS Office 演示

提示：

用户可以将母版背景应用于单个幻灯片，进入编辑幻灯片母版状态后，如果选择母版幻灯片中的第 1 张幻灯片，那么在母版中进行的设置将应用于所有的幻灯片。如果想要单独设计一张母版幻灯片，则需要选择除第 1 张母版幻灯片外的某一张幻灯片并对其进行设计，这样不会将设置应用于所有幻灯片。

2. 设置母版占位符

演示文稿中所有幻灯片的占位符是固定的，如果要修改每个占位符格式既费时又费力，此时用户可以在幻灯片母版中预先设置好各占位符的位置、大小、字体和颜色等格式，使幻灯片中的占位符都自动应用该格式。

(1) 继续使用"旅游 PPT"演示，进入母版编辑模式，选择第 1 张幻灯片，选中标题占位符，在"文本工具"选项卡中设置占位符的字体、字号和颜色分别为"华文隶书、50、白色"，如图 6-14 所示。

(2) 按照相同方法，将下方的副标题占位符的文本格式设置为"楷体、32、黑色"，如图 6-15 所示。

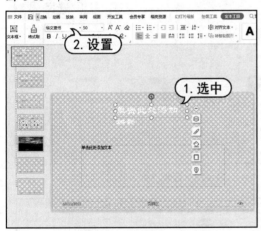

图 6-14　设置标题占位符

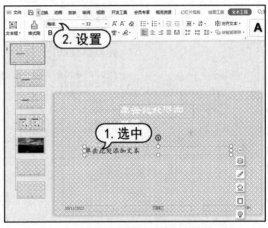

图 6-15　设置副标题占位符

(3) 选择"插入"选项卡，单击"形状"下拉按钮，在弹出的形状库中选择"矩形"样式，如图 6-16 所示。

(4) 拖动鼠标指针在幻灯片中绘制一个矩形，然后选中矩形，在"绘图工具"选项卡中单击"轮廓"下拉按钮，在弹出的下拉菜单中选择"无边框颜色"选项，如图 6-17 所示。

(5) 拉长矩形，将其放置在下面的占位符上，然后单击"填充"下拉按钮，在弹出的颜色库中选择一种颜色，如图 6-18 所示。

(6) 右击矩形，在弹出的快捷菜单中选择"置于底层"命令，如图 6-19 所示。

(7) 选择"幻灯片母版"选项卡，单击"关闭"按钮即可退出编辑母版模式，如图 6-20 所示。

(8) 返回演示窗口，删除不需要的幻灯片后，显示母版设计后的幻灯片效果，如图 6-21 所示。

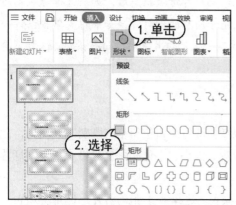
图 6-16 选择"矩形"样式

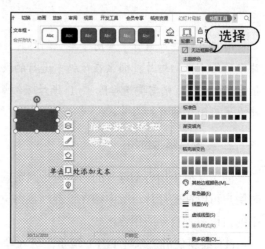
图 6-17 选择"无边框颜色"选项

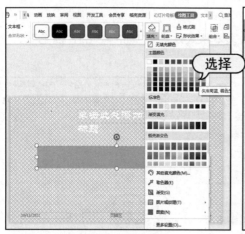
图 6-18 设置填充颜色

图 6-19 选择"置于底层"命令

图 6-20 单击"关闭"按钮

图 6-21 显示效果

6.1.4 添加文本

在演示文稿中,不能直接在幻灯片中输入文字,只能通过占位符或文本框来添加文本。

(1) 继续使用"旅游 PPT"演示,选中第 1 张幻灯片,在"插入"选项卡中单击"文本框"按钮,如图 6-22 所示。

(2) 在第 1 张幻灯片上绘制一个文本框,并输入文本"之旅",在"文本工具"选项卡中设置字体、字号和颜色,如图 6-23 所示。

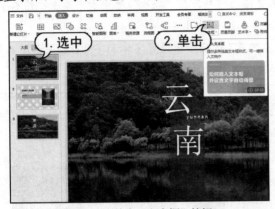

图 6-22 单击"文本框"按钮

图 6-23 输入文本

(3) 选中第 2 张幻灯片,在占位符中输入标题和内容文本,分别设置字体格式,如图 6-24 所示。

(4) 单击"开始"选项卡中的"新建幻灯片"按钮,新建 1 张幻灯片,如图 6-25 所示。

图 6-24 输入文本

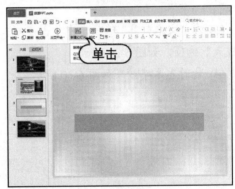

图 6-25 新建幻灯片

(5) 选中第 3 张幻灯片,添加文本框,输入标题和文本内容,并分别设置文本格式,如图 6-26 所示。

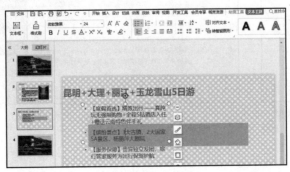

图 6-26 输入文本

6.1.5 插入艺术字

艺术字是一种特殊的图形文字，常被用作幻灯片的标题文字。用户既可以像对普通文字一样设置其字号、加粗、倾斜等效果，也可以像图形对象那样设置它的边框、填充等属性。

(1) 继续使用"旅游 PPT"演示，选中第 2 张幻灯片，在"插入"选项卡中单击"艺术字"按钮，在下拉列表中选择一种艺术字样式，如图 6-27 所示。

(2) 在艺术字占位符中输入文字，在"文本工具"选项卡中设置字体和字号，效果如图 6-28 所示。

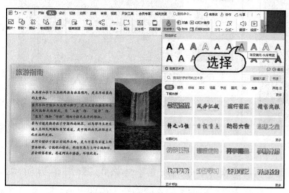

图 6-27　选择艺术字样式

图 6-28　输入文字并设置字体格式

(3) 在"文本工具"选项卡中单击"文本效果"按钮，在下拉菜单中选择"三维旋转"|"极左极大"选项，如图 6-29 所示。

(4) 此时艺术字效果如图 6-30 所示。

图 6-29　选择文本效果

图 6-30　艺术字效果

6.1.6 插入图片

在幻灯片中可以插入本机磁盘中的图片，可以是本地的图片，也可以是已经下载的或通过数码相机等设备输入的图片等。

(1) 继续使用"旅游PPT"演示，选择第2张幻灯片，删除原有图片，然后在"插入"选项卡中单击"图片"下拉按钮，选择"本地图片"选项，如图6-31所示。

(2) 打开"插入图片"对话框，选择需要的图片，单击"打开"按钮，如图6-32所示。

图6-31　选择"本地图片"选项　　　　　　图6-32　"插入图片"对话框

(3) 调整插入图片的大小和位置，然后在"图片工具"选项卡中单击"裁剪"下拉按钮，选择"裁剪"|"圆角矩形"选项，如图6-33所示。

(4) 裁剪出圆角矩形形状的图形，效果如图6-34所示。

图6-33　选择裁剪形状　　　　　　图6-34　裁剪效果

(5) 使用相同方法，新建幻灯片，然后插入3张图片，效果如图6-35所示。

(6) 右击其中1张图片，在弹出的快捷菜单中选择"置于底层"命令，并调整其余两张图片的大小和位置，如图6-36所示。

图6-35 插入图片

图6-36 选择"置于底层"命令

(7) 选择右上图,在"图片工具"选项卡中单击"效果"按钮,在下拉菜单中选择一种倒影效果,如图6-37所示。

(8) 选择右下图,在"图片工具"选项卡中单击"效果"按钮,在下拉菜单中选择一种柔化边缘效果,如图6-38所示。

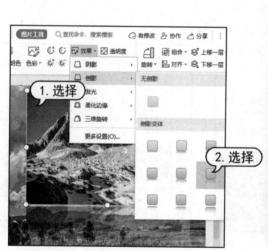

图6-37 选择倒影效果

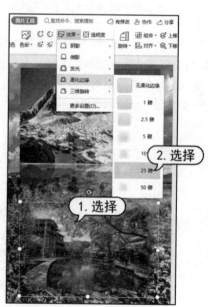

图6-38 选择柔化边缘效果

6.1.7 插入表格

制作一些专业型演示文稿时,通常需要使用表格,例如销售统计表、财务报表等。表格采用行列结构的形式,它与幻灯片页面文字相比,更能体现出数据的对应性及内在的联系。

(1) 继续使用"旅游PPT"演示,选择第4张幻灯片,在"插入"选项卡中单击"表格"下拉按钮,选择5列3行的表格,如图6-39所示。

(2) 插入表格后,调整表格四周控制点来调整大小和位置,如图6-40所示。

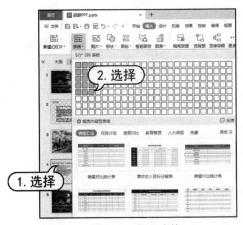
图 6-39　插入表格

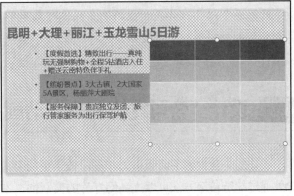
图 6-40　调整表格

(3) 在表格中输入文本并设置文本格式，如图 6-41 所示。

(4) 选中表格，在"表格样式"选项卡中单击"表格样式"下拉按钮，选择一款表格样式，此时表格效果如图 6-42 所示。

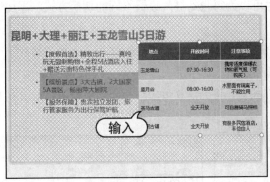
图 6-41　输入文本

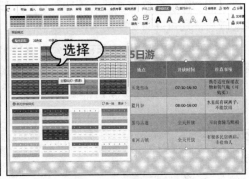
图 6-42　选择表格样式

(5) 单击"文本效果"下拉按钮，选择一种文字发光效果，表格效果如图 6-43 所示。

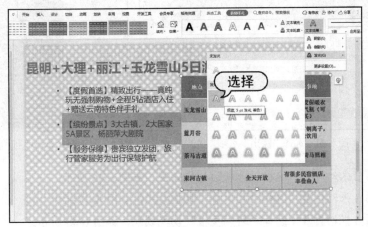
图 6-43　选择文本效果

提示:

此外还可以插入音频和视频等多媒体对象来丰富幻灯片内容,在"插入"选项卡中单击"音频"或"视频"下拉按钮,选择"嵌入音频"或"嵌入视频"命令,即可插入音频和视频文件。

6.2 设计"公司宣传PPT"动画

要让幻灯片内容更具吸引力和显示效果更加丰富,常常需要在演示中添加各种动画效果,此外通过超链接等方法可以提高幻灯片的交互性。本节通过"公司宣传PPT"演示为例来介绍设计幻灯片切换动画、添加对象动画效果、添加动作按钮等动画设计内容。

6.2.1 设计幻灯片切换动画

添加切换动画不仅可以轻松实现画面之间的自然切换,还可以使演示文稿真正动起来。用户可以为一组幻灯片设置同一种切换方式,也可以为每张幻灯片设置不同的切换方式。添加切换动画后,还可以对切换动画进行设置。

(1) 启动 WPS Office,打开"公司宣传PPT"演示,选择第1张幻灯片,选择"切换"选项卡,单击"切换效果"下拉按钮,在弹出的列表中选择"淡出"选项,如图6-44所示。

(2) 单击"切换"选项卡中的"预览效果"按钮,将会播放该幻灯片的切换效果,如图6-45所示。

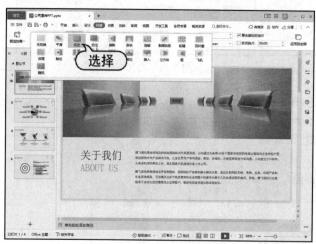
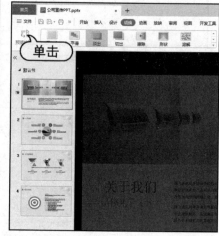

图6-44 选择"淡出"选项　　　　图6-45 单击"预览效果"按钮

(3) 选中第2张幻灯片,选择"形状"切换效果,如图6-46所示。

(4) 选中第3张幻灯片,选择"立方体"切换效果,如图6-47所示。

(5) 选中第4张幻灯片,选择"新闻快报"切换效果,如图6-48所示。

(6) 选中第2张幻灯片,选择"切换"选项卡,单击"声音"下拉按钮,从弹出的下拉菜单中选择"风铃"选项,将"速度"设置为"01.50",并勾选"单击鼠标时换片"复选框,如图6-49所示。

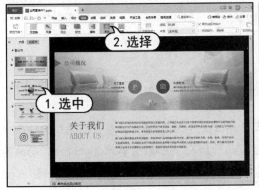

图6-46 选择"形状"选项　　　　　　　　图6-47 选择"立方体"选项

图6-48 选择"新闻快报"选项　　　　　　图6-49 设置"切换"选项卡

(7) 在"切换"选项卡中单击"效果选项"下拉按钮,选择"菱形"选项,如图6-50所示。

(8) 单击"切换"选项卡中的"预览效果"按钮,该幻灯片的切换效果发生改变,如图6-51所示。

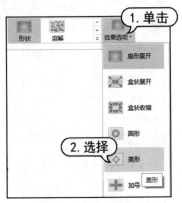
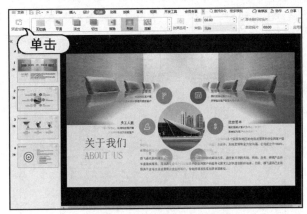

图6-50 选择"菱形"选项　　　　　　　　图6-51 单击"预览效果"按钮

6.2.2 添加对象动画效果

对象动画是指为幻灯片内部某个对象设置的动画效果。用户可以对幻灯片中的文字、图形、表格等对象添加不同的动画效果,如进入动画、强调动画、退出动画和动作路径动画等。

1. 添加进入动画效果

进入动画用于设置文本或其他对象以多种动画效果进入放映屏幕。在添加该动画效果之前,需要选中对象。

(1) 继续使用"公司宣传PPT"演示,选中第1张幻灯片中的图片,在"动画"选项卡中单击"动画效果"下拉按钮,选择"进入"动画效果的"切入"选项(需要单击"进入"动画的"更多选项"按钮展开选项列表),为图片对象设置一个"切入"效果的进入动画,如图6-52所示。

(2) 选中幻灯片中左下方的"关于我们"文本框,选择"进入"动画效果的"挥鞭式"选项,如图6-53所示。

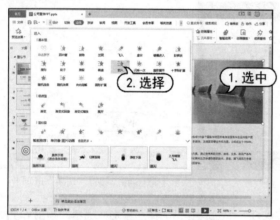

图6-52 选择"切入"选项

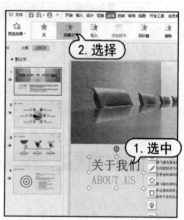

图6-53 选择"挥鞭式"选项

(3) 选中幻灯片右下角的文本框,选择"进入"动画效果的"浮动"选项,如图6-54所示。

(4) 在"动画"选项卡中单击"动画窗格"按钮,打开"动画窗格",选中编号为2的动画,单击"开始"后的下拉按钮,选择"在上一动画之后"选项,如图6-55所示。

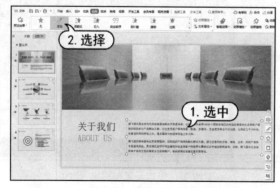

图6-54 选择"浮动"选项

图6-55 选择"在上一动画之后"选项

(5) 此时原来的编号 2 动画归纳于编号 1 动画中，右击现在的编号 2 动画，在弹出的菜单中选择"计时"命令，如图 6-56 所示。

(6) 打开"浮动"对话框，在"延迟"文本框中输入 0.5，单击"确定"按钮，如图 6-57 所示。

图 6-56　选择"计时"命令　　　　　　图 6-57　"浮动"对话框

2. 添加强调动画效果

强调动画是为了突出幻灯片中的某部分内容而设置的特殊动画效果。添加强调动画效果的过程和添加进入动画效果大体相同。

(1) 继续使用"公司宣传 PPT"演示，选中第 2 张幻灯片，选中中间的圆形，在"动画"选项卡中单击"动画效果"下拉按钮，选择"强调"动画效果的"陀螺旋"选项，为图片对象设置强调动画，如图 6-58 所示。

(2) 按住 Ctrl 键选中幻灯片中的 6 个图标，在"动画"选项卡中单击"动画效果"下拉按钮，选择"强调"动画效果的"跷跷板"选项，如图 6-59 所示。

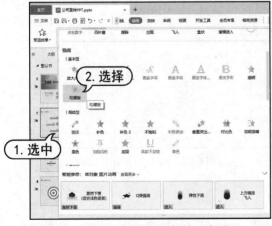

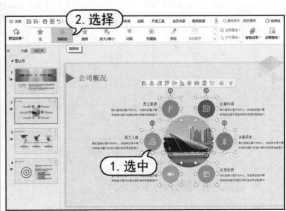

图 6-58　选择"陀螺旋"选项　　　　　　图 6-59　选择"跷跷板"选项

(3) 打开"动画窗格",选择编号为 1 的动画,然后设置"速度"为"慢速(3 秒)"选项,如图 6-60 所示。

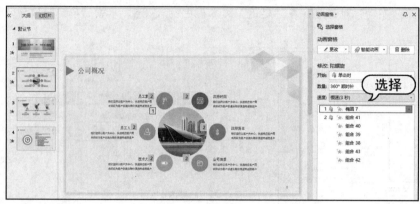

图 6-60　设置速度

3. 添加退出动画效果

退出动画用于设置幻灯片中的对象退出屏幕的效果。添加退出动画的过程和添加进入、强调动画效果基本相同。

(1) 继续使用"公司宣传 PPT"演示,选中第 4 张幻灯片,选中右侧 2 个文本框,在"动画"选项卡中单击"动画效果"下拉按钮,选择"退出"动画效果的"擦除"选项,为图片对象设置退出动画,如图 6-61 所示。

(2) 在"动画"选项卡中单击"动画属性"按钮,在弹出的列表中选择"自右侧"选项,如图 6-62 所示。

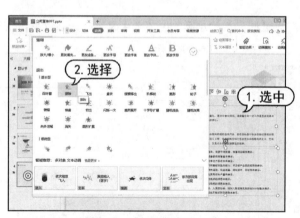

图 6-61　选择"擦除"选项

图 6-62　选择"自右侧"选项

4. 添加动作路径动画效果

"动作路径动画"是让对象按照绘制的路径运动的一种高级动画效果。WPS Office 中的动作路径不仅提供了大量预设路径效果,还可以由用户自定义路径动画。

(1) 继续使用"公司宣传 PPT"演示,选中第 4 张幻灯片左上角的飞镖图形,在"动画"选项卡中单击"动画效果"下拉按钮,选择"动作路径"动画效果的"直线"选项,如图 6-63 所示。

(2) 按住鼠标左键拖动路径动画的直线目标为标靶图形中间,如图 6-64 所示。

图 6-63 选择"直线"选项

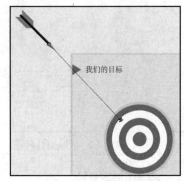
图 6-64 拖动路径动画

6.2.3 设置动画触发器

触发器可以是图片、图形或按钮,甚至是一个段落或文本框,单击触发器时会触发一个操作,该操作可能是声音、电影或动画等。

(1) 继续使用"公司宣传 PPT"演示,选择第 1 张幻灯片,打开"动画窗格",单击编号 2 动画右侧的下拉按钮,在弹出的选项中选择"计时"选项,如图 6-65 所示。

(2) 打开"浮动"对话框,在"计时"选项卡中单击"触发器"按钮,选中"单击下列对象时启动效果"单选按钮,在后面的下拉列表中选择"图片 6"选项,单击"确定"按钮,如图 6-66 所示。

图 6-65 选择"计时"选项

图 6-66 "浮动"对话框

(3) 在幻灯片缩略图窗口的第 1 张幻灯片中单击"播放"按钮，放映该张幻灯片，如图 6-67 所示。

(4) 放映过程中，当单击图片时，右下角的文本框会以"浮动"动画效果显示出来，如图 6-68 所示。

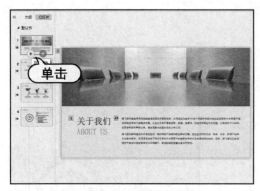

图 6-67　放映幻灯片

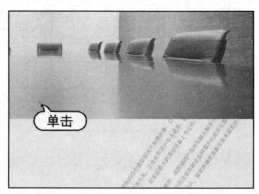

图 6-68　单击图片后的文字浮动效果

6.2.4　添加动作按钮

WPS 演示为用户提供了一系列动作按钮，如"前进""后退""开始"和"结束"等，通过这些按钮可以在放映演示文稿时快速切换幻灯片，控制幻灯片上下翻页、视频、音频等进行播放。

(1) 继续使用"公司宣传 PPT"演示，选择第 1 张幻灯片，选择"插入"选项卡，单击"形状"按钮，在弹出的类别中选择一种动作按钮，此处选择"动作按钮：结束"按钮，如图 6-69 所示。

(2) 在幻灯片中合适的位置按住鼠标左键绘制动作按钮，释放鼠标后打开"动作设置"对话框，保持默认设置，单击"确定"按钮，如图 6-70 所示。

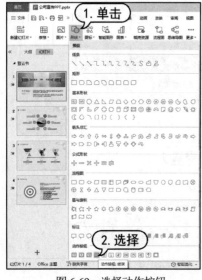

图 6-69　选择动作按钮

图 6-70　"动作设置"对话框

(3) 选择"绘图工具"选项卡，单击形状样式下拉按钮，在展开的列表中选择一种形状样式，如图 6-71 所示。

(4) 右击按钮，选择"更改形状"命令，在打开的列表中选择"动作按钮：自定义"选项，如图 6-72 所示。

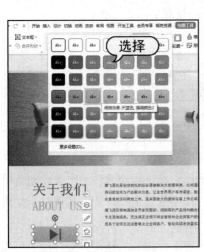

图 6-71　选择形状样式

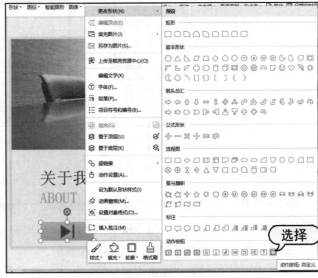

图 6-72　选择"动作按钮：自定义"选项

(5) 打开"动作设置"对话框，保持默认设置，单击"确定"按钮，此时按钮中间显示空白，如图 6-73 所示。

(6) 右击自定义的动作按钮，在弹出的快捷菜单中选择"编辑文字"命令，如图 6-74 所示。

图 6-73　"动作设置"对话框

图 6-74　选择"编辑文字"命令

(7) 在按钮上输入文本"结束放映",如图 6-75 所示。

(8) 放映该幻灯片,单击文字按钮,则跳转到最后 1 页幻灯片,如图 6-76 所示。

图 6-75　输入文本　　　　　　　图 6-76　单击文字按钮

6.2.5　添加超链接

超链接是指向特定位置或文件的一种连接方式,可以利用它指定程序跳转的位置。超链接只有在幻灯片放映时才有效。超链接可以跳转到当前演示文稿中的特定幻灯片、其他演示文稿中特定的幻灯片、电子邮件地址、文件或 Web 页上。

只有幻灯片中的对象才能添加超链接,备注、讲义等内容不能添加超链接。幻灯片中可以显示的对象几乎都可以作为超链接的载体。添加或修改超链接的操作一般在普通视图中的幻灯片编辑窗口中进行。

(1) 继续使用"公司宣传 PPT"演示,选择第 1 张幻灯片,选择"插入"选项卡,单击"文本框"按钮,绘制 2 个文本框并输入文本,如图 6-77 所示。

(2) 右击第一个文本框"公司概况",从弹出的快捷菜单中选择"超链接"命令,如图 6-78 所示。

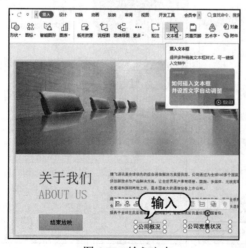
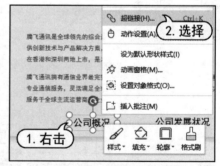

图 6-77　输入文本　　　　　　　图 6-78　选择"超链接"命令

(3) 打开"插入超链接"对话框,在"链接到"列表框中单击"本文档中的位置"按钮,在"请选择文档中的位置"列表框中选择需要链接到的第 2 张幻灯片,单击"确定"按钮,如图 6-79 所示。

(4) 按照同样的方法,设置第 2 个文本框链接到第 3 张幻灯片,单击"确定"按钮,如图 6-80 所示。

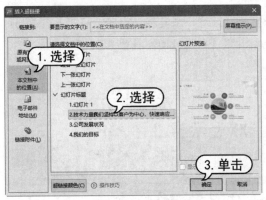
图 6-79 设置超链接

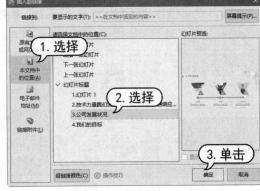
图 6-80 设置超链接

(5) 在放映幻灯片时,将鼠标放到设置了超链接的文本框上,鼠标会变成手指形状,单击后就会切换到相应的幻灯片页面,比如单击"公司概况"超链接,则会跳转至第 2 张幻灯片上,如图 6-81 和图 6-82 所示。

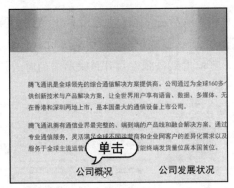
图 6-81 单击超链接

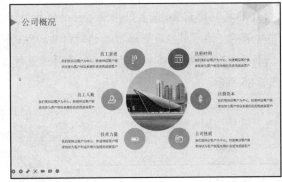
图 6-82 跳转幻灯片

6.3 放映和输出"毕业答辩"

在 WPS Office 中,可以选择最为理想的放映速度与放映方式,让幻灯片放映过程更加清晰明确。此外还可以将制作完成的演示文稿进行输出。本节通过"毕业答辩"演示为例来介绍设置幻灯片放映和输出的内容。

6.3.1 应用排练计时

排练计时的作用在于为演示文稿中的每张幻灯片计算好播放时间之后,在正式放映时自行放映,演讲者则可以专心进行演讲而不用再去控制幻灯片的切换等操作。

(1) 启动 WPS Office,打开"毕业答辩"演示,选择"放映"选项卡,单击"排练计时"按钮,如图 6-83 所示。

(2) 演示文稿自动进入放映状态,左上角会显示"预演"工具栏,中间时间代表当前幻灯片页面放映所需时间,右边时间代表放映所有幻灯片累计所需时间,如图 6-84 所示。

图 6-83 单击"排练计时"按钮

图 6-84 显示"预演"工具栏

(3) 根据实际需要,设置每张幻灯片的停留时间,放映到最后一张幻灯片时会弹出"WPS 演示"对话框,询问用户是否保留新的幻灯片排练时间,单击"是"按钮,如图 6-85 所示。

(4) 返回至演示文稿,自动进入幻灯片浏览模式,可以看到每张幻灯片放映所需的时间,如图 6-86 所示。

图 6-85 "WPS 演示"对话框

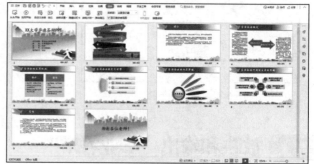
图 6-86 幻灯片浏览模式

6.3.2 设置放映方式

设置幻灯片放映方式主要有定时放映、连续放映、循环放映、自定义放映等几种方式。

1. 定时放映

定时放映即设置每张幻灯片在放映时停留的时间,当等待到设定的时间后,幻灯片将自动向下放映。打开"切换"选项卡，勾选"单击鼠标时换片"复选框，如图6-87所示，则用户单击鼠标、按Enter键或空格键时，放映的演示文稿将切换到下一张幻灯片。

2. 连续放映

在"切换"选项卡中勾选"自动换片"复选框，并为当前选定的幻灯片设置自动切换时间，再单击"应用到全部"按钮，为演示文稿中的每张幻灯片设定相同的切换时间，即可实现幻灯片的连续自动放映，如图6-88所示。

图6-87　勾选"单击鼠标时换片"复选框

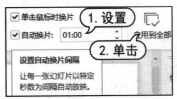

图6-88　幻灯片单击"应用到全部"按钮

3. 循环放映

用户将制作好的演示文稿设置为循环放映，可以应用于如展览会场的展台等场合，让演示文稿自动运行并循环播放。

选择"放映"选项卡，单击"放映设置"按钮，如图6-89所示。打开"设置放映方式"对话框，在"放映选项"选项区域中勾选"循环放映，按Esc键终止"复选框，则在播放完最后一张幻灯片后，会自动跳转到第1张幻灯片，而不是结束放映，直到按Esc键退出放映状态，如图6-90所示。

图6-89　单击"放映设置"按钮

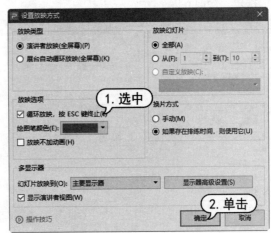

图6-90　"设置放映方式"对话框

4. 自定义放映

自定义放映是指用户可以自定义演示文稿放映的张数，使一个演示文稿适用于多种观众，即可以将一个演示文稿中的多张幻灯片进行分组，以便对特定的观众放映演示文稿中的特定部分。用户可以用超链接分别指向演示文稿中的每个自定义放映，也可以在放映整个演示文稿时只放映其中的某个自定义放映。

(1) 打开"毕业答辩"演示，选择"放映"选项卡，单击"自定义放映"按钮，如图6-91所示。

(2) 打开"自定义放映"对话框，单击"新建"按钮，如图6-92所示。

图6-91 单击"自定义放映"按钮

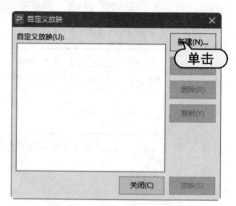

图6-92 单击"新建"按钮

(3) 打开"定义自定义放映"对话框，在"幻灯片放映名称"文本框中输入文字"放映1"，在"在演示文稿中的幻灯片"列表框中选择第2、3、4张幻灯片，然后单击"添加"按钮，将三张幻灯片添加到"在自定义放映中的幻灯片"列表框中，单击"确定"按钮，如图6-93所示。

(4) 返回至"自定义放映"对话框，在"自定义放映"列表框中显示创建的放映，单击"关闭"按钮，如图6-94所示。

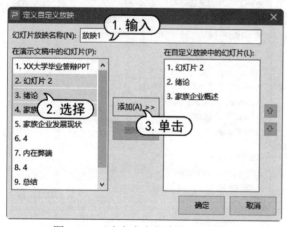

图6-93 "定义自定义放映"对话框

图6-94 单击"关闭"按钮

(5) 选择"放映"选项卡，单击"放映设置"按钮，打开"设置放映方式"对话框，在"放映幻灯片"选项区域中选中"自定义放映"单选按钮，然后在其下方的下拉列表中选择需要放映的自定义放映，单击"确定"按钮，如图6-95所示。

(6) 此时按 F5 键时，将自动播放自定义放映的幻灯片，如图 6-96 所示。

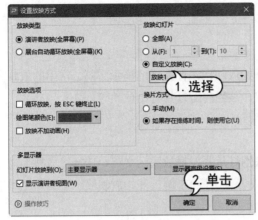

图 6-95　选择自定义放映

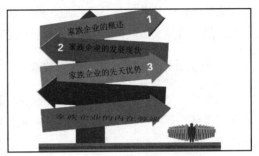

图 6-96　播放幻灯片

6.3.3　设置放映类型

在"设置放映方式"对话框的"放映类型"选项区域中可以设置幻灯片的放映模式。

- "演讲者放映(全屏幕)"模式：选择"放映"选项卡，单击"放映设置"按钮，打开"设置放映方式"对话框，在"放映类型"选项区域中选中"演讲者放映(全屏幕)"单选按钮，然后单击"确定"按钮，即可使用该类型模式，如图 6-97 所示。该模式是系统默认的放映类型，也是最常见的全屏放映方式。在这种放映方式下，将以全屏幕的状态放映演示文稿，演讲者现场控制演示节奏，具有放映的完全控制权。用户可以根据观众的反应随时调整放映速度或节奏，还可以暂停下来进行讨论或记录观众即席反应。该放映模式一般用于召开会议时的大屏幕放映、联机会议或网络广播等，如图 6-98 所示。

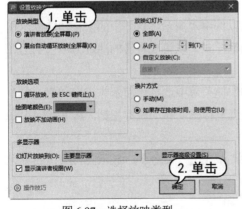

图 6-97　选择放映类型

图 6-98　"演讲者放映(全屏幕)"模式

- "展台自动循环放映(全屏幕)"模式：打开"设置放映方式"对话框，在"放映类型"选项区域中选中"展台自动循环放映(全屏幕)"单选按钮，然后单击"确定"按钮，即可使用该类型模式。采用该放映类型，最主要的特点是不需要专人控制就可以自动运行，在使用该放映类型时，如超链接等的控制方法都失效。当播放完最后一张幻灯片后，会自动从第一张幻灯片重新开始播放，直至用户按 Esc 键才会停止播放。

6.3.4 放映演示过程

完成放映幻灯片前的准备工作后，就可以开始放映已设计完成的演示文稿。常用的放映方法很多，除了自定义放映外，还有从头开始放映、从当前幻灯片开始放映等。

1. "从头开始"和"当页开始"放映

"从头开始"放映是指从演示文稿的第一张幻灯片开始播放演示文稿。选择"放映"选项卡，单击"从头开始"按钮，如图 6-99 所示。或者直接按 F5 键，开始放映演示文稿，此时进入全屏模式的幻灯片放映视图。

当用户需要从指定的某张幻灯片开始放映，则可以使用"当页开始"功能。选择指定的幻灯片，选择"放映"选项卡，单击"当页开始"按钮，显示从当前幻灯片开始放映的效果。此时进入幻灯片放映视图，幻灯片以全屏幕方式从当前幻灯片开始放映。

图 6-99　单击"从头开始"按钮

2. 使用激光笔

在放映过程中，为了能让观众关注某些内容，可以使用"演示焦点"中的多种功能提示指明。在幻灯片放映视图中，可以将鼠标指针变为激光笔样式，以将观看者的注意力吸引到幻灯片上的某个重点内容或特别要强调的内容位置。

在演示文稿放映的过程中，右击鼠标，在弹出的快捷菜单中选择"演示焦点"|"激光笔"命令，如图 6-100 所示。此时鼠标指针变成红圈的激光笔样式，移动鼠标指针，将其指向观众需要注意的内容上，如图 6-101 所示。

激光笔的默认颜色为红色，可以更改其颜色，在"激光笔"命令下，显示三种颜色的激光笔选项，选择不同选项可以改变激光笔颜色。

3. 使用放大镜

在幻灯片放映视图中，可以将鼠标指针变为放大镜样式，以将幻灯片内容放大显示。

在演示文稿放映的过程中，右击鼠标，在弹出的快捷菜单中选择"演示焦点"|"放大镜"命令，如图 6-102 所示。此时鼠标指针变成放大镜样式，移动鼠标指针，将其指向观众需要注

意的内容上可放大内容，如图 6-103 所示。在"放大镜"命令下显示"缩放"和"尺寸"拖动条，可以设置放大镜的缩放程度和尺寸。

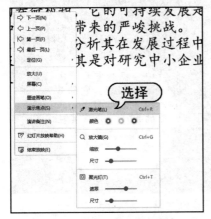

图 6-100　选择"激光笔"命令

图 6-101　移动鼠标指针

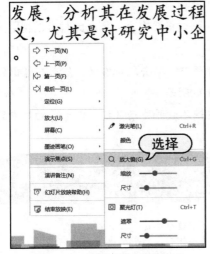

图 6-102　选择"放大镜"命令

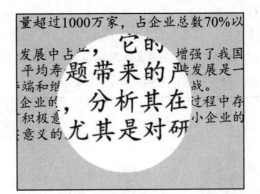

图 6-103　放大内容

4. 使用聚光灯

在幻灯片放映视图中，可以将鼠标指针变为聚光灯样式，以显示聚光灯在幻灯片内容上以示重点。

在演示文稿放映的过程中，右击鼠标，在弹出的快捷菜单中选择"演示焦点"|"聚光灯"命令，如图 6-104 所示。此时显示周围暗色、鼠标亮色的圆形聚光灯样式，移动鼠标指针，将其指向观众需要注意的内容上，如图 6-105 所示。在"聚光灯"命令下显示"遮罩"和"尺寸"拖动条，可以设置聚光灯的遮罩程度和尺寸。

图6-104 选择"聚光灯"命令

图6-105 移动鼠标指针

5. 添加标记

若想在放映幻灯片时为重要位置添加标记以突出强调重要内容，那么此时可以利用演示提供的各种"笔"来实现。

(1) 打开"毕业答辩"演示，在放映幻灯片的过程中，单击鼠标右键，然后在弹出的快捷菜单中选择"墨迹画笔"|"圆珠笔"命令，如图6-106所示。

(2) 当鼠标指针变为圆珠笔状态时，按住鼠标左键不放并拖动鼠标，即可为幻灯中的重点内容添加线条标记，如图6-107所示。

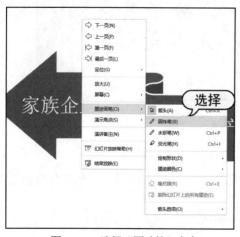
图6-106 选择"圆珠笔"命令

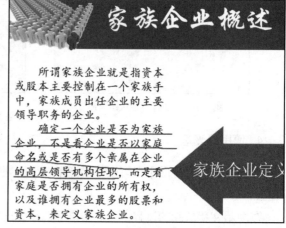
图6-107 添加标记

(3) 要改变圆珠笔的形状，可以右击放映中的幻灯片，在弹出的快捷菜单中选择"墨迹画笔"|"绘制形状"下的子命令，可选择自由曲线、直线、波浪线、矩形样式，如图6-108所示。

(4) 要改变圆珠笔的颜色，可以右击放映中的幻灯片，在弹出的快捷菜单中选择"墨迹画笔"|"墨迹颜色"下的色块，如图6-109所示。

图 6-108　改变形状　　　　　　　　图 6-109　改变颜色

(5) 荧光笔的使用方法与圆珠笔相似，也是在放映的幻灯片上单击鼠标右键，在弹出的快捷菜单中选择"墨迹画笔"|"荧光笔"命令，如图 6-110 所示。

(6) 当鼠标指针变为黄色方块时，按住鼠标左键不放，拖动鼠标即可在需要标记的内容上进行标记，如图 6-111 所示。

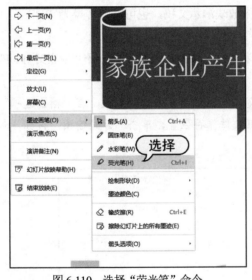

图 6-110　选择"荧光笔"命令　　　　　图 6-111　添加标记

(7) 标记完成后按 Esc 键退出，弹出一个对话框，询问用户是否保留墨迹注释，单击"保留"按钮，如图 6-112 所示。

(8) 返回到幻灯片普通视图，即可看到已经保留的墨迹注释，如图 6-113 所示。

提示：

在放映过程中，右击鼠标，选择弹出的快捷菜单中的"下一页""上一页""第一页""最后一页"等命令可快速跳转幻灯片。

图 6-112　单击"保留"按钮　　　　　图 6-113　保留墨迹

6.3.5　输出演示

制作好演示文稿后，可将其制作成视频文件，以便在别的计算机中播放；也可以将演示文稿另存为 PDF 文件、模板文件、文档或图片等格式。通过打印机打印演示文稿，也是输出演示的常用操作。

1. 将演示文稿输出为 PDF 文档

若要在没有安装 WPS Office 软件的计算机中放映演示文稿，也可将其转换为 PDF 文件再进行查看。

（1）打开"毕业答辩"演示，单击"文件"下拉按钮，在弹出的菜单中选择"输出为 PDF"选项，如图 6-114 所示。

（2）打开"输出为 PDF"对话框，在"输出范围"区域设置输出的页数，在"输出选项"区域选择"PDF"选项，在"保存位置"区域设置文件保存位置，单击"开始输出"按钮，如图 6-115 所示。

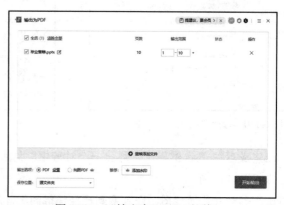

图 6-114　选择"输出为 PDF"选项　　　　图 6-115　"输出为 PDF"对话框

（3）输出成功后，单击"打开文件夹"按钮，如图 6-116 所示。

（4）打开文件所在文件夹，可以查看输出的 PDF 文档，如图 6-117 所示。

第 6 章　使用 WPS Office 演示

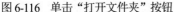

图 6-116　单击"打开文件夹"按钮　　　　图 6-117　输出的 PDF 文档

2. 将演示文稿输出为视频

用户还可以将演示文稿输出为视频格式,以供用户通过视频播放器播放该视频文件,实现与其他用户共享该视频。

(1) 打开"毕业答辩"演示,单击"文件"下拉按钮,在弹出的菜单中选择"另存为"|"输出为视频"选项,如图 6-118 所示。

(2) 在弹出的"另存文件"对话框中选择文件保存位置,单击"保存"按钮,如图 6-119 所示。

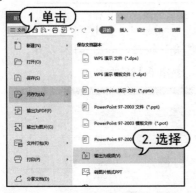

图 6-118　选择"输出为视频"选项　　　　图 6-119　"另存文件"对话框

(3) 此时打开"正在输出视频格式(WebM 格式)"对话框,如图 6-120 所示,等待一段时间。

(4) 提示输出视频完成,单击"打开视频"按钮,如图 6-121 所示,演示文稿将以视频形式开始播放。

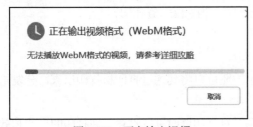
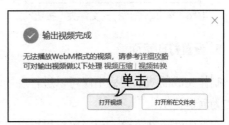

图 6-120　正在输出视频　　　　图 6-121　单击"打开视频"按钮

217

3. 将演示文稿输出为图片

WPS Office 支持将演示文稿中的幻灯片输出为 PNG 等格式的图形文件，这有利于用户在更大范围内交换或共享演示文稿中的内容。

(1) 打开"毕业答辩"演示，单击"文件"下拉按钮，在弹出的菜单中选择"输出为图片"命令，如图 6-122 所示。

(2) 打开"输出为图片"对话框，在"输出方式"区域选择"逐页输出"选项，在"输出格式"区域选择"PNG"选项，在"输出目录"文本框中输入保存路径，单击"输出"按钮，如图 6-123 所示。

图 6-122　选择"输出为图片"命令

图 6-123　"输出为图片"对话框

(3) 输出完毕后，打开提示对话框，单击"打开文件夹"按钮，如图 6-124 所示。

(4) 打开图片所在文件夹后，即可查看保存的图片，如图 6-125 所示。

图 6-124　单击"打开文件夹"按钮　　　　图 6-125　查看图片

5. 设置打印页面

制作完成的演示文稿不仅可以进行现场演示，还可以将其通过打印机打印出来，分发给观众作为演讲提示。

在打印演示文稿前，用户可以根据自己的需要对打印页面进行设置，使打印的形式和效果更符合实际需要。

选择"设计"选项卡，单击"幻灯片大小"下拉按钮，在弹出的下拉列表中选择"自定义大小"命令，如图 6-126 所示。在打开的"页面设置"对话框中对幻灯片的大小、编号和方向等选项进行设置，设置完毕后单击"确定"按钮，如图 6-127 所示。

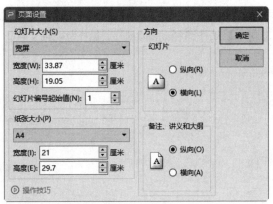

图 6-126　选择"自定义大小"命令　　　　图 6-127　"页面设置"对话框

用户在"页面设置"对话框中设置好打印的参数后，在实际打印之前，可以使用打印预览功能先预览一下打印的效果。对当前的打印设置及预览效果满意后，可以连接打印机开始打印演示文稿。

单击"文件"下拉按钮，在弹出的菜单中选择"打印"|"打印预览"命令，如图 6-128 所示。此时打开"打印预览"界面，可以对打印选项进行设置，如份数、颜色、单面打印或双面打印等选项，如图 6-129 所示。设置完毕后，单击"直接打印"按钮，即可开始打印演示文稿。

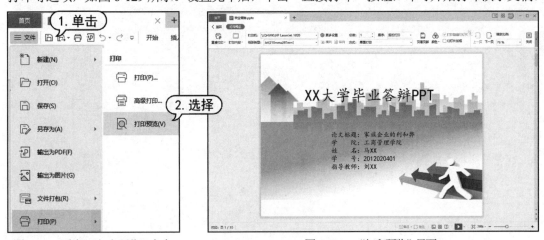

图 6-128　选择"打印预览"命令　　　　图 6-129　"打印预览"界面

6.4　课后习题

1. 简述创建演示文稿的方法。
2. 幻灯片中对象的动画效果有哪几种？

3. 如何在幻灯片中添加超链接？
4. 简述演示文稿的放映方式和放映类型。
5. 新建一个演示文稿，输入文本并插入图片，要求将幻灯片中的标题设置为自顶部的【飞入】动画、速度为【快速】；将副标题设置为【棋盘】动画，速度为【慢速】；设置插入的图片为【向左】动作路径动画。最后输出为视频文件。

第 7 章

计算机网络与 Internet 应用

计算机的发展推动了互联网技术的发展，而网络的普及使人们的生活变得更加丰富多彩。Internet 是通过各种通信设备和 TCP/IP 等协议，将分布在世界各地的亿万网民连接在一起的全球性网络。本章将介绍计算机网络的基础知识以及 Internet 应用方面的相关内容。

7.1 计算机网络基础知识

随着人类社会信息化水平的不断提高，人们对信息的需求量越来越大。计算机技术的快速发展，使信息的数字化表示和快速处理成为可能，为了将大量的数字化信息方便、快速、安全地传递，计算机网络技术应运而生。计算机网络是计算机技术和现代通信技术紧密结合的产物，已经深入社会生活的各个领域，逐步改变了人们生活和工作的方方面面。

7.1.1 计算机网络的形成和发展

计算机网络是 20 世纪 60 年代美苏冷战时期的产物。在 20 世纪 60 年代初，美国国防部领导的远景研究规划局(advanced research project agency, ARPA)提出要研制一种全新的、能够适应现代战争的、生存性很强的网络，其目的是对付来自敌国的核武器攻击。于是在 1969 年，美国创建了世界上第一个分组交换网——ARPANET。

ARPANET 的规模迅速增长，到了 1975 年，ARPANET 已经连入 100 多台主机，并结束了网络试验阶段，移交美国国防部国防通信局正式运行。同时，人们已认识到不可能仅使用一个单独的网络来满足所有的通信问题，于是，ARPA 开始研究多种网络互联技术，这导致后来互联网的出现。

1983 年，TCP/IP 协议成为 ARPANET 上的标准协议，所有使用 TCP/IP 协议的计算机都能利用互联网互相通信，因而人们把 1983 年定为互联网的诞生年。也正是在 1983 年，美国国防部国防通信局将 ARPANET 分为两个独立的部分，一部分仍叫 ARPANET，用于进一步的研究工作；另一部分稍大一些，成为后来著名的 MILNET，用于军方的非机密通信。

美国国家科学基金会(national science foundation, NSF)认识到计算机网络对科学研究的重要性，于是从 1985 年开始，NSF 就围绕其 6 个大型计算机中心建设计算机网络。1986 年，NSF

建立了国家科学基金网 NSFNET，其覆盖了全美国主要的大学和研究机构。后来，NSFNET 接管了 ARPANET 并将网络改名为 Internet。1987 年，Internet 上的主机超过了 1 万台。

1990 年，鉴于 ARPANET 的实验任务已经完成，在历史上起过非常重要作用的 ARPANET 正式宣布关闭。

1991 年，NSF 和美国其他政府机构开始认识到，Internet 必须扩大使用范围，而不应仅限于大学和研究机构。世界上的许多公司纷纷接入 Internet，网络上的通信量急剧增大，Internet 原有的容量已经满足不了需求，于是美国政府决定将 Internet 主干网转交私人公司来经营，并开始对接入 Internet 的用户进行收费。

从 1993 年开始，由美国政府资助的 NSFNET 逐渐被若干商用的 Internet 主干网替代，政府机构不再负责 Internet 的运营，因此出现了 Internet 服务提供者(internet service provider，ISP)来为需要接入 Internet 的用户提供服务。例如，中国电信、中国联通和中国移动就是我国著名的 ISP。

如今，人类社会早已进入 Internet 时代，Internet 正在改变人们工作和生活的方方面面，给各国带来巨大的利益，并加速了全球信息化的进程。Internet 上的网络数、主机数、用户数和管理机构正在迅速增加。由于 Internet 在技术和功能方面存在着一定的不足，加之用户数的急剧增加，Internet 已不堪重负。

1996 年，美国的一些研究机构和 34 所大学提出了研制和建造新一代 Internet 的设想，同年 10 月，时任美国总统克林顿宣布：在今后 5 年内用 5 亿美元的联邦资金实施"下一代 Internet 计划"，即"NGI 计划"。

下一代 Internet 具有广泛的应用前景，支持医疗保健、国家安全、远程教学、能源研究、生物医学、环境监测、制造工程以及紧急情况下的应急反应和危机管理等。

下一代 Internet 的直接目标如下。

- 使连接各大学和国家实验室的高速网络的传输速度比现有 Internet 快 100~1000 倍，其速度之快可在一秒内传输一部大英百科全书。
- 推动下一代 Internet 技术的实验研究，如通过研究一些技术，使 Internet 提供高质量的电视会议等实时服务。
- 开展新的应用以满足国家重点项目的需要。

下一代 Internet 的应用目标如下。

- 在医疗保健方面，要让人们得到最好的诊断治疗，分享医学的最新成果。
- 在教育方面，要通过虚拟图书馆和虚拟实验室提高教学质量。
- 在环境监测方面，要通过虚拟世界为各方提供服务。
- 在工程方面，要通过各种造型系统和模拟系统缩短新产品的开发时间。
- 在科研方面，要通过 NGI 进行大范围协作，以提高科研效率。

NGI 计划使用超高速全光网络，能实现更快速的交换和路由选择，同时具有为一些实时应用保留带宽的能力。

7.1.2 计算机网络的定义和组成

1. 定义

计算机网络是计算机技术和通信技术相结合的产物。在计算机网络发展过程的不同阶段，人们对计算机网络给出了不同的定义，其中影响最广的是根据资源共享的观点来进行定义的，这种观点认为计算机网络是以共享资源为目的，将各个具有独立功能的计算机系统用通信设备和线路连接起来，按照网络协议进行数据通信的计算机集合。

资源共享观点的定义符合目前计算机网络的基本特征，主要表现在以下几个方面。

- 多台有独立操作能力，并且有资源共享需求的计算机。
- 可将多台计算机连接起来的通信设施和通信方法。
- 可保障计算机之间有条不紊地相互通信的规则(协议)。

2. 组成

计算机网络是计算机应用的高级形式，它充分体现了信息传输与分配手段、信息处理手段的有机联系。从网络逻辑功能的角度看，可以将计算机网络分成资源子网和通信子网两部分。

- 资源子网：资源子网由主机、终端、终端控制器、连网外设、网络软件与数据资源组成。资源子网负责全网的数据处理业务，向网络用户提供各种网络资源与网络服务。主机主要为本地访问网络的用户提供服务，响应各类信息请求。终端既包括简单的输入输出终端，也包括具备存储和处理信息能力的智能终端，主要通过主机连入网络。网络软件主要包括协议软件、通信软件、网络操作系统、网络管理软件和应用软件等。其中，网络操作系统用于协调网络资源分配，提供网络服务，是最主要的网络软件。
- 通信子网：通信子网由通信控制处理机、通信线路和其他通信设备组成。通信控制处理机是一种在网络中负责数据通信、传输和控制的专用计算机，一般由小型机、微型机或带有CPU的专门设备承担。通信控制处理机一方面作为资源子网的主机和终端的接口节点，将它们连入网络；另一方面又实现通信子网中报文分组的接收、校验、存储、转发等功能，并且起着将源主机报文准确地发送到目的主机的作用。

从基本构成来看，计算机网络由计算机系统、通信系统和网络软件三部分组成。提供各种资源和服务的计算机称为服务器，用户使用资源的计算机称为客户机，有些计算机兼有两种功能。网络软件包括网络操作系统、网络协议与网络应用软件。

组建计算机网络的最大好处是能够突破地域范围的限制，实现资源的共享。计算机网络是传输信息的载体，是提供信息交流和资源共享的网络空间。计算机网络上的资源主要包括硬件资源(如网盘、打印机等)、软件资源和数据资源(信息资源)。有了计算机网络，用户不仅可以使用本机的资源，还能使用网上其他计算机系统中的资源。

7.1.3 计算机网络的功能

基于计算机网络的出现及发展过程，所有的计算机网络都具备如下4个最基本的功能。

1. 数据通信

数据通信是计算机网络最基本的功能之一，也是实现其他功能的基础。

计算机网络为分布在不同地理位置的用户提供便利的通信手段，允许网络上的不同计算机之间快速、准确地传送数据信息。随着互联网技术的快速发展，更多的用户把计算机网络作为一种常用的通信手段。通过计算机网络，用户可以发送电子邮件、聊天和网上购物，还可以利用计算机网络组织召开远程视频会议、协同工作等。

2. 资源共享

计算机网络中的资源分为三大类——数据资源、硬件资源和软件资源，因此资源共享包括数据共享、硬件共享和软件共享。

- 数据共享包括数据库、数据文件以及管理数据库的软件系统等数据资源的共享。网络上有各种数据库供用户使用，随着网络覆盖区域的扩大，信息交流已经越来越不受地理位置和时间的限制，用户能够互用网络上的数据资源，从而大大提高了数据资源的利用率。
- 硬件共享包括对处理器资源、输入输出资源和存储资源的共享，特别是对一些价格昂贵的、高级设备(如巨型计算机、高分辨率打印机、大型绘图仪以及大容量的外存储器设备)的共享。
- 软件共享包括对各种应用程序和语言处理程序的共享。网络上的用户可以远程访问各类大型数据库，可以通过网络下载某些软件到本地计算机上使用，可以在网络环境下访问一些安装在服务器上的公用网络软件，可以通过网络登录到远程计算机并使用上面安装的软件。这不仅可以避免软件研制上的重复劳动以及数据资源的重复存储，而且便于集中管理软件资源。

3. 提高系统的可靠性和可用性

当网络中的一台计算机发生故障时，可以通过网络把任务转到其他计算机代为处理，从而使用户的工作任务不会因为系统的局部故障而受到影响，同时也保证了整个网络仍处于正常状态。当因为某台计算机发生故障而使数据库中的数据遭受破坏时，可以从另一台计算机的备份数据库中恢复受到破坏的数据，从而通过网络提高了系统的可靠性和可用性。

4. 分布式处理

负载均衡是指网络中的任务被均匀分配给网络中的各台计算机，每台计算机只完成整个任务的一部分，从而防止某台计算机的负荷过重。需要说明的是，负载均衡设备不是基础网络设备，而是性能优化设备。对于网络应用，并不是一开始就需要负载均衡，只有当网络应用的访问量不断增长，单个处理单元无法满足负载需求，网络应用流量将要出现瓶颈时，负载均衡才会起作用。

在具有分布处理能力的计算机网络中，可以将任务分散到多台计算机上进行处理，之后再集中起来解决问题。通过这种方式，以往需要大型计算机才能完成的复杂工作，现在就可以通过多台微机或小型机构成的网络来协同完成了，并且费用低廉。

7.1.4 计算机网络的分类

计算机网络类型繁多，常见的分类方法有如下几种。

1. 按地理范围分类

计算机网络常见的分类依据是网络覆盖的地理范围，按照这种分类方法，可以将计算机网络分为局域网、广域网和城域网 3 类。

- 局域网(local area network，LAN)是连接近距离计算机的网络，覆盖的地理范围从几米到数千米，例如办公室或实验室网络、同一建筑物内的网络以及校园网等。
- 广域网(wide area network，WAN)覆盖的地理范围从几十千米到几千千米，甚至能够覆盖一个国家、地区或横跨几个大洲，形成国际性的远程网络，例如我国的共用数字数据网(China DDN)、电话交换网(PSDN)等。
- 城域网(metropolitan area network，MAN)是介于广域网和局域网之间的一种高速网络，覆盖的地理范围为几十千米，大约是一座城市的规模。

2. 按拓扑结构分类

拓扑学是几何学的一个分支。拓扑学通过把实体抽象成与其大小、形状无关的点，并将点与点之间的连接抽象成线段，进而研究它们之间的关系。计算机网络也借用了这种方法，可将网络中的计算机和通信设备抽象成节点，并将节点与节点之间的通信线路抽象成链路，这样计算机网络就可以抽象成由一组节点和若干链路组成。这种由节点和链路组成的几何图形，被称为计算机网络拓扑结构，或称网络结构。

拓扑结构是区分局域网类型和特性的一个很重要的因素。在使用不同拓扑结构的局域网中，采用的信号技术、协议以及所能达到的网络性能，会有很大的差别。

- 总线型拓扑结构：总线型拓扑结构采用单根传输线(总线)连接网络中的所有节点(工作站和服务器)，从任一站点发送的信号都可以沿着总线传播，并被其他所有节点接收。
- 星型拓扑结构：使用星型拓扑结构的网络有一个唯一的转发节点(中央节点)，每一台计算机都通过单独的通信线路连接到中央节点。
- 环型拓扑结构：在使用环型拓扑结构的网络中，各节点首尾相连形成一个闭合的环，环中的数据沿着一个方向绕环逐站传输。环型网络的抗故障性能好，但网络中的任意一个节点或传输介质出现故障都将导致整个网络发生故障。因为用来创建环型拓扑结构的设备能轻易地定位出发生故障的节点或电缆问题，所以环型拓扑结构管理起来要比总线型拓扑结构容易，非常适合在局域网中长距离传输信号。然而，环型拓扑结构在实施时要比总线型拓扑结构昂贵，而且环型拓扑结构的应用不像总线型拓扑结构那样广泛。

- 树状拓扑结构：树状拓扑由总线型拓扑演变而来，看上去就像一棵倒挂的树。顶端的节点叫根节点，当一个节点发送信息时，根节点将接收信息并向其他所有节点进行广播。树状拓扑易于扩展和故障隔离，但太过于依赖根节点。

3. 按传输介质分类

传输介质指的是用于网络连接的通信线路。目前常用的传输介质有同轴电缆、双绞线、光纤、微波等有线或无线传输介质，相应地也就可以将网络分为同轴电缆网、双绞线网、光纤网及无线网等。

4. 按网络的使用性质分类

公用网(public network)是一种付费网络，由商家建造并维护，消费者付费使用。

专用网(private network)是某个部门根据本系统的特殊业务需要而建造的网络，这种网络一般不对外提供服务。例如，军队、银行、电力等系统的网络就属于专用网。

其他还有按带宽分类，根据网络所使用的传输技术分为广播式网络和点对点式网络等。

7.2 计算机网络体系结构

网络体系结构是计算机网络的分层、各层协议和功能的集合。不同的计算机网络具有不同的体系结构，层的数量以及各层的名称、内容和功能都不一样。然而，在任何网络中，每一层都是为了向邻近的上一层提供一定的服务而设置的，而且每一层都对上一层屏蔽了如何实现协议的具体细节。这样网络体系结构就能做到与具体的物理实现无关，哪怕连接到网络中的主机和终端的型号及性能各不相同，只要它们共同遵守相同的协议，就可以实现相互通信和相互操作。

7.2.1 认识网络协议和网络体系结构

1. 网络协议的概念

协议是一种约定，用以确保通信各方清晰地表达思想。计算机网络中的各个独立的计算机系统之间必须达成某种默契，严格遵守事先约定好的一整套通信规程，包括严格规定要交换的数据格式、控制信息的格式和控制功能以及通信过程中事件执行的顺序等。这些通信规程都称之为网络协议。

计算机网络协议是指为网络数据交换而建立的规则、标准或约定的集合。网络协议有以下三要素。

- 语法：确定通信双方"如何讲"，定义了数据格式、编码和信号电平等。
- 语义：确定通信双方"讲什么"，定义了用于协调同步和差错处理等控制信息。
- 时序(也称同步，同步规则)：确定通信双方"讲话的次序"，定义速度匹配和排序等。

提示：

因特网(Internet)最常用的一组网络协议是 TCP/IP。传输控制协议/网际协议(transmission control protocol/Internet protocol，TCP/IP)是早期 ARPANET 网络开发并运行的一个非常可靠实用的协议。TCP/IP 为不同操作系统和硬件体系结构的互联网通信提供网络协议，几乎可以支持任何规模的网络，TCP/IP 是 Internet 的核心协议和基础。

2. 网络体系结构的概念

计算机网络的协议是按照层次结构模型来组织的，通常将网络层次结构模型与计算机网络各层协议的集合称为网络的体系结构或参考模型。

计算机网络是由多种计算机和各类终端通过通信线路互相连接起来所组成的一个复杂系统。为了把复杂的计算机网络简单化，一般将网络功能分为若干层，每层完成确定的功能，上层利用下层的服务，下层为上层提供服务。两个主机对应层之间均按对等层协议进行通信。各层功能及其通信协议构成网络系统结构。

7.2.2 网络体系结构模型

在网络体系结构模型中，比较有代表性的是 OSI 参考模型和 TCP/IP 参考模型。

1. OSI 参考模型

国际标准化组织(international organization for standardization，ISO)为了建立使各种计算机可以在世界范围内联网的标准框架，从 1981 年开始，制定了著名的开放式系统互连参考模型(open system interconnect reference model，OSI/RM)。OSI 参考模型将计算机网络分为 7 层：物理层、数据链路层、网络层、传输层、会话层、表示层和应用层，如图 7-1 所示。

(1) 物理层。物理层(physical layer)实现了相邻节点之间比特数据的透明传输，为数据链路层提供服务。物理层的数据传输基本单位是比特。

(2) 数据链路层。在物理层提供的服务的基础上，数据链路层(data link layer)通过一些数据链路层协议和链路控制规程，在不太可靠的物理链路上实现可靠的数据传输。数据链路层传输数据的基本单位是帧。

(3) 网络层。在数据链路层提供的服务基础上，网络层(network layer)主要实现点到点的数据通信，即计算机到计算机的通信。网络层实现数据传输的基本单位是分组，通过路由选择算法为分组通过通信子网选择最适当的路径。

(4) 传输层。传输层(transport layer)又称为运输层，主要实现端到端的数据通信，即端口到端口的数据通信。传输层向高层屏蔽了下层数据通信的细节，因此它是计算机体系结构中的关键层。传输层以及上层传输数据的基本单位都是报文。

| 应用层 |
| 表示层 |
| 会话层 |
| 传输层 |
| 网络层 |
| 数据链路层 |
| 物理层 |

图 7-1　OSI 参考模型

(5) 会话层。会话层(session layer)提供面向用户的连接服务，它给合作的会话用户之间的对话和活动提供组织和同步所必需的手段，同时对数据的传送提供控制和管理，主要用于会话的管理和数据传输的同步。

(6) 表示层。表示层(presentation layer)用于处理在通信系统中交换信息的方式，主要包括数据格式变换、数据加密与解密、数据压缩与恢复功能。

(7) 应用层。应用层(application layer)作为用户应用进程的接口，负责用户信息的语义表示，并在两个通信者之间进行语义匹配。它不仅要提供应用进程所需要的信息交换和远程操作，而且还要作为应用进程的用户代理来完成一些语义信息交换所必需的功能。

2. TCP/IP 参考模型

TCP/IP 参考模型将计算机网络分为 4 个层次：应用层、传输层、网络层和网络接口层。如图 7-2 所示为 OSI 参考模型与 TCP/IP 参考模型的对应关系。

<table>
<tr><td>应用层</td><td rowspan="3">应用层</td></tr>
<tr><td>表示层</td></tr>
<tr><td>会话层</td></tr>
<tr><td>传输层</td><td>传输层</td></tr>
<tr><td>网络层</td><td>网络层</td></tr>
<tr><td>数据链路层</td><td rowspan="2">网络接口层</td></tr>
<tr><td>物理层</td></tr>
</table>

图 7-2　OSI 参考模型与 TCP/IP 参考模型的对应关系

TCP/IP 参考模型各层的功能说明如下。

(1) 网络接口层是 TCP/IP 参考模型的最底层，负责接收来自网络层的 IP 数据包，并将 IP 数据包通过底层物理网络发送出去，或者从底层物理网络上接收物理帧、提取出 IP 分组并提交给网络层。

(2) 网络层的主要功能是负责主机之间的数据传送，它提供的服务是“尽最大努力交付”服务，类似于 OSI 参考模型中的网络层。

(3) TCP/IP 参考模型的传输层与 OSI 参考模型中的传输层的作用是一样的，即在源节点和目的节点的两个进程实体之间提供可靠的端到端的数据传输。为保证数据传输的可靠性，传输层协议规定接收端必须发回确认信息，并且如果分组丢失，必须重新发送。在传输层中主要提供两个传输层的协议：传输控制协议(TCP)和用户数据报协议(UDP)，TCP 是面向连接的、可靠的传输层协议，UDP 是面向无连接的、不可靠的传输层协议。

(4) 应用层包括所有的应用层协议，主要的应用层协议有远程登录协议(TELNET)、文件传输协议(FTP)、简单邮件传输协议(SMTP)和超文本传输协议(HTTP)等。

OSI 参考模型的七层协议体系结构概念清晰，理论完整，但较为复杂，实用性不强。TCP/IP 参考模型的体系结构则不同，它现在已经得到了非常广泛的应用。因此，OSI 参考模型称为理论标准，而 TCP/IP 参考模型称为事实标准。

7.2.3　计算机网络设备与软件

计算机网络系统(computer network system)由硬件、软件和协议三部分内容组成。硬件设备包括主体设备、连接设备和传输介质三大部分；网络的软件包括网络操作系统和网络应用软件，网络中的各种协议也以软件形式表现出来。

1. 网络的主体设备

计算机网络中的主体设备称为主机(host computer)，一般可分为服务器(又称为中心站)和客户机(又称为工作站)两类。

- 服务器是为网络提供共享资源的基本设备，该计算机运行网络操作系统，是网络控制的核心。其工作速度、硬盘及内存容量的指标要求都较高，携带的外部设备多且大都为高级设备。
- 客户机是网络用户入网操作的节点。客户机有自己的操作系统，用户既可以通过运行客户机上的网络软件共享网络上的公共资源，也可以不进入网络，单独工作。客户机一般配置要求不是很高，大多采用个人微机并携带相应的外部设备，如打印机、扫描仪、鼠标等。

网络服务器是不能随意关闭的，关闭了，客户机就访问不了该服务器提供的网络资源，客户机可以随时进入和退出计算机网络系统。

2. 网络的连接设备

网络互联必须借助于一定的连接设备，常用的网络连接设备有中继器、集线器、网桥、交换机、路由器、网关、网卡和调制解调器等。

- 中继器(repeater)又称为重复器或重发器，如图 7-3 所示。它工作于 OSI 参考模型的物理层，一般只应用于以太网，用于连接两个相同类型的网络，可对电缆上传输的数据信号进行复制、调整和再生放大，并转发到其他电缆上，从而延长信号的传输距离。
- 集线器(hub)是中继器的一种扩展形式，是多端口的中继器，也属于 OSI 参考模型中物理层的连接设备，可逐位复制由物理介质传输的信号，提供所有端口间的同步数据通信，如图 7-4 所示。

图 7-3 中继器

图 7-4 集线器

- 路由器(router)工作在网络层，用于互联不同类型的网络，如图 7-5 所示。使用路由器的好处是各互联逻辑子网仍保持其独立性，每个子网可以采用不同的拓扑结构、传输介质和网络协议；路由器不仅简单地把数据发送到不同的网段，还能用详细的路由表和复杂的软件选择最有效的路径，从一个路由器到另一个路由器，从而穿过大型的网络。

- 调制解调器(modem)如图 7-6 所示。所谓"调制"，就是把数字信号转换成电话信号线上传输的模拟信号，"解调"即把模拟信号转换为数字信号。电话线路传输的是模拟信号，而计算机之间传输的是数字信号。当通过电话线把计算机连入 Internet 时，就必须使用调制解调器来"翻译"两种不同的信号。

图 7-5　路由器

图 7-6　调制解调器

- 网卡(network interface card，NIC)也叫网络适配器，是连接计算机和网络硬件的设备。网卡插在计算机或服务器主板的扩展槽中，而网卡上有一个连接到网络通信介质的端口，通过网线(如双绞线、同轴电缆和光纤等)与网络交换数据，共享资源。如图 7-7 左图所示是常用的 RJ-45 接口网卡，右图则为无线网卡。

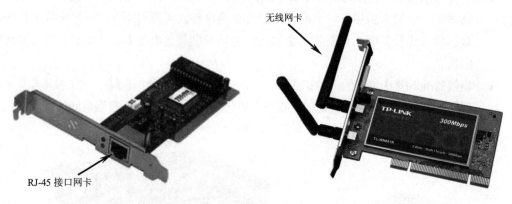

图 7-7　网卡

- 网关(gateway)不能完全归为一种网络硬件，它应该是能够连接不同网络的软件和硬件的结合产品。在 OSI 参考模型中，网关工作于网络层以上的层次中，其基本功能是实现不同网络协议的转换和互联，也可以简单称为网络数据包的协议转换器。例如，要将 X.25 公共交换数据网通过采用 TCP/IP 协议的网络与 Internet 互联时，必须借助于网关来实现网络之间的协议转换和路由选择功能。
- 网桥(bridge)也称桥接器，它属于数据链路层的互联设备，能够解析它所接收的帧，并能指导如何把数据传送到目的地。

- 交换机(switch)工作于数据链路层,它和网桥类似,能够解析出 MAC 地址信息,即根据主机的 MAC 地址来进行交换,这种交换机称为二层交换机。二层交换机包含许多高速端口,这些端口能在它所连接的局域网网段或单台设备之间转发 MAC 帧,实际上它相当于多个网桥。三层交换机是直接根据网络层 IP 地址来完成端到端的数据交换的,因此三层交换机是工作在网络层的。

3. 网络的传输介质

网络传输介质用于连接网络中的各种设备,是数据传输的通路。网络中常用的传输介质分为有线传输介质和无线传输介质两种。

(1) 有线传输介质。目前,常用的有线传输介质有双绞线、同轴电缆和光纤。

- 双绞线:组建局域网时使用的双绞线是由 4 对线(即 8 根线)组成的,其中每根线的材质又分铜线和铜包钢线两类。

一般来说,双绞线电缆中的 8 根线是成对使用的,而且每一对都相互绞合在一起,绞合的目的是减少对相邻线的电磁干扰。双绞线分为屏蔽双绞线(STP)和非屏蔽双绞线(UTP),如图 7-8 所示。

屏蔽双绞线

非屏蔽双绞线

图 7-8 双绞线

提示:

局域网中常用的双绞线为 UTP,UTP 又分为 3 类、4 类、5 类、超 5 类、6 类和 7 类双绞线等。在局域网中,双绞线主要用于连接计算机网卡和集线器或通过集线器之间级联口的级联,有时也直接用于两个网卡之间的连接或不通过集线器级联口之间的级联,但它们的连接方式各有不同。

- 同轴电缆:同轴电缆的中心是铜质的芯线(单股的实心线或多股的绞合线),铜质的芯线外包着绝缘层,绝缘层则把一层网状编织的金属丝作为外导体屏蔽层,外导体屏蔽层把电线很好地包裹了起来,最外是塑料保护层,如图 7-9 所示。

常用的同轴电缆有两种:一种是专门用在符合 IEEE 802.3 标准以太网环境中的阻抗为 50 Ω 的电缆,仅用于数字信号发送,称为基带同轴电缆;另一种是用于频分多路复用(FDM)模拟信号发送且阻抗为 75 Ω 的电缆,称为带宽同轴电缆。

- 光纤:光纤是一种细小、柔韧并能传输光信号的介质,一根光缆中通常包含多条光纤。光纤用有光脉冲信号表示 1,而用无光脉冲信号表示 0。光纤通信系统由光端机、光纤

(光缆)和光纤中继器组成。光纤与同轴电缆相似，只是没有网状的屏蔽层，光纤的内部结构如图7-10所示。光纤分为单模光纤和多模光纤两类(所谓"模"，是指以一定的角度进入光纤的一束光)。

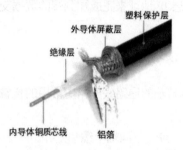

图 7-9　同轴电缆的内部结构

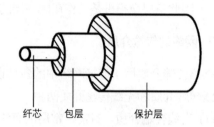

图 7-10　光纤的内部结构

光纤不仅具有通信容量非常大的特点，而且具有一些其他的特点，例如：抗电磁干扰性较好；保密性较好，无串音干扰；信号衰减小，传输距离长；抗化学腐蚀能力强等。光纤正是由于具备数据传输率较高、传输距离远的特点，因此在计算机网络布线中得到了广泛应用。

(2) 无线传输介质。无线传输介质主要包括无线电波微波、激光和红外线，通常称它们为软介质，都属于电磁波。无线传输的介质是空气或者自由空间，真空不需要介质一般称为自由空间。

无线传输的主要形式有普通无线电通信、微波通信、卫星通信、红外线通信和激光通信等。无线介质使用电磁波，无须物理连接，固定终端点(基站)和终端之间是无线链路。无线电频率是指从 1kHz 至 1GHz 的电磁波谱。利用无线电通信是当前无线局域网的主流技术。

近距离无线通信方式主要有红外、蓝牙和 Wi-Fi 通信方式。

- 红外通信有方向性并且容易受到灯光的影响，传输范围较短，并且不支持点对多点连接。
- 蓝牙通信采用频率 2.4GHz 左右的电磁波为通信介质，蓝牙技术主要定位在通信网络的最后 10m，电波的覆盖范围方面，蓝牙多于 10m，要比占红外的几米占优势，但不如 Wi-Fi 可达 100m 左右。蓝牙通信可用于实现 PDA、手机、手提电脑等个人电子通信设备之间的通信，还可用于个人局域网之间的通信。
- Wi-Fi(wireless fidelity，无线保真)是一种无线通信协议，也属于与蓝牙一样的短距离无线通信技术。正式名称是 1999 年通过的 IEEE 802.11b 标准，是一种无线局域网实现方式。采用频率 2.4GHz 及以上的电磁波为通信介质，Wi-Fi 是以太网的一种无线扩展，理论上只要用户位于一个接入点四周的一定区域内，就能以接入点网络速度接入 Web。

4. 网络的软件

硬件系统是网络的躯体，软件系统则是网络的灵魂。网络的各种功能都是由各种软件系统体现出来的，网络的软件系统主要包括以下几种。

- 网络协议：网络协议是网络能够进行正常通信的前提条件，没有了网络协议就没有了计算机网络。协议不是一套单独的软件，而是融合于所有的软件系统中，如网络操作系统、网络数据库和网络应用软件等。
- 网络操作系统：网络操作系统是指具有网络功能的操作系统，主要是指服务器操作系统。常见的服务器操作系统有 Windows Server 2003/2008/2010/2016、UNIX 和 Linux 等。
- 网络应用软件：网络应用软件是指能够为网络用户提供各种服务或获取网络共享资源的应用软件。如 Web 浏览软件(浏览器)、电子邮件系统、网络文件传输软件、远程登录软件、即时交流软件(如 QQ、微信)等。

7.3 Internet 及其应用

Internet 是由那些使用公用语言互相通信的计算机连接而成的全球性网络。简单地说，Internet 是由多台计算机组成的系统，它们以电缆相连，用户可以相互共享其他计算机上的文件、数据和设备等资源。

7.3.1 IP 地址与域名

Internet 是由许许多多的物理网络组成的"网上之网"，其中的每一个小型网络都是由信道和节点组成的。由于两个节点既可能在同一个物理网络之中，也可能不在同一个物理网络之中，因此关键就是如何从源节点出发找到目标节点，这就是寻址问题。IP 协议等同地看待所有的物理网络，它通过定义一个抽象的"网络"，屏蔽了物理网络连接的细节，从而为众多不同类型的网络和计算机提供了一个单一无缝的通信系统。正因为如此，多个网络才能连成互联网。

1. IP 地址

IP 地址是一种在 Internet 上给主机编址的方式，也称为网际协议地址。IP 地址是基于 IP 协议提供的一种统一的逻辑地址，可通过 Internet 上的每一个网络和每一台主机分配一个逻辑地址，来屏蔽物理地址的差异。

(1) IPv4 地址。IP 地址由网络号(network ID、网络 ID、网络地址、网络码)和主机号(hostID)部分组成。网络号表明主机所连接的网络，主机号标识了该网络上特定的那台主机。

IPv4 地址用 32bit(4 字节)表示。为便于管理，将每个 IP 地址分为 4 段(1 字节为 1 段)，用 3 个圆点隔开，每段用一个十进制整数表示。可见，每个十进制整数的范围是 0~255。符合以上要求的为合法 IP 地址。

例如，某计算机的 IP 地址可表示为 11001010.01100011.01100000.10001100，也可转换成十进制表示为 202.99.96.140。

(2) IPv6 地址。发展迅速的 Internet 已不再是仅仅连接计算机的网络，而是发展成了能兼容电话网、有线电视网的通信基础设施。随着 Internet 的广泛应用和用户数量的急剧增加，只有 32 位地址(地址数量为 4.3×10^9 个)的 IPv4 协议危机已经出现在人们的面前。面对这一危机，1990 年，Internet 工程任务组开始着手制定新的 IP 版本——IPng(下一代 IP 协议)，主要目标如下：

- 要具有非常充分的地址空间。
- 简化协议，允许路由器更好地处理 IP 分组。
- 减小路由表大小。
- 提供身份验证和保密等进一步的安全措施。
- 更多地关注服务类型，特别是实时性服务。
- 允许通过指定范围辅助多投点服务。
- 允许主机的 IP 地址与地理位置无关。
- 可以承前启后，既兼容 IPv4，又可以进一步演变。

IPv6 将 IP 地址扩充到了 128 位，地址数量增加到了 4.3×10^{38} 个。同时，IPv6 简化了 IP 分组头，将报文头部的字段从由 IPv4 的 12 个减到 8 个，并使路由器能快速地处理 IP 分组，改善了路由器的吞吐率。此外，IPv6 还使用地址空间的扩充技术，使路由表减少地址构造和自动设定地址，与 IPv4 相比，路由数可以减少一个数量级，并能提高安全性。在主机数大量增加、决定数据传输路由的路由表不断增大而路由器的处理性能提高有限的形势下，这些技术使 Internet 连接变得简单且使用方便。

IPv6 在路由技术上继承了 IPv4 的有利方面，代表了未来路由技术的发展方向，许多路由器厂商目前已经投入很大力量来生产支持 IPv6 的路由器。IPv6 也有一些值得注意和效率不高的地方，因此 IPv4 和 IPv6 将会共存相当长的一段时间。

2. 域名

由于 IP 地址是数字标识，使用时难以记忆和书写，因此人们在 IP 地址的基础上又发展出一种符号化的地址方案，用于代替数字型的 IP 地址，每一个符号化的地址都与特定的 IP 地址一一对应。这种与网络中的数字型 IP 地址相对应的字符型地址，被称为域名。

域名由两个或两个以上的词构成，中间以点号分隔开，最右边的那个词称为顶级域名。

(1) 国际域名。国际域名又称为国际顶级域名。这是使用最早且最广泛的域名。例如，表示工商企业的 com、表示网络提供商的 net、表示非营利组织的 org 等。

(2) 国内域名。国内域名又称为国内顶级域名，即按照国家的不同分配不同的后缀，这些域名即为该国的国内顶级域名。目前，世界上的 200 多个国家和地区都已按照 ISO 3166 分配了顶级域名，例如中国是 cn、美国是 us、日本是 jp 等。

在实际使用和功能上，国际域名和国内域名没有任何区别，它们都是互联网上具有唯一性的标识，只是管理机构有所不同：国际域名由美国商业部授权的互联网名称与数字地址分配机构(ICANN)负责注册和管理；而国内域名则由各国的相应机构负责注册和管理，例如 cn 域名由中国互联网管理中心(CNNIC)负责注册和管理。

计算机网络通常依赖于 IP 地址，在通过域名对计算机进行访问时，需要首先进行域名解析，也就是把域名转换为计算机可以直接识别的 IP 地址。域名的解析工作由域名服务器完成。通常情况下，一个 IP 地址可以有零到多个域名，而一个域名只能对应唯一的一个 IP 地址。

7.3.2 Internet 的接入技术

目前，接入 Internet 的技术有很多，可以简单地分为适用于窄带业务的接入网技术和适用于宽带业务的接入网技术；但从用户入网方式看，则可以分为有线接入技术和无线接入技术。

1. 基于双绞线的 ADSL 技术

ADSL 是 DSL(digital subscriber line，数字用户线路)技术的一种，英文全称是 asymmetric digital subscriber line(非对称数字用户线路，也可称作非对称数字用户环路)。ADSL 充分利用了现有电话网络的双绞线资源，实现了高速、高带宽的数据接入。ADSL 是 DSL 的一种非对称版本，其采用 FDM(频分复用)技术和 DMT 调制技术，在不影响电话正常使用的前提下，利用原有的电话双绞线进行高速数据传输。

ADSL 能够向终端用户提供 8 Mbps 的下行传输速率和 1 Mbps 的上行速率，相比传统的 28.8 kbps 的模拟调制解调器快近 200 倍，这也是 ISDN(综合业务数据网)所无法比拟的。与电缆调制解调器相比，ADSL 具有独特的优势：ADSL 是针对单一电话线路用户的专线服务，而电缆调制解调器要求同一系统中的众多用户分享同一带宽。尽管电缆调制解调器的下行速率比 ADSL 高，但考虑到将来会有越来越多的用户在同一时间上网，电缆调制解调器的性能将大大下降。另外，电缆调制解调器的上行速率通常低于 ADSL。

2. 基于 HFC 网的电缆调制解调器技术

基于 HFC 网(光纤和同轴电缆混合网)的电缆调制解调器技术是宽带接入技术中最先成熟和进入市场的，巨大的带宽和相对经济性使其对有线电视网络公司和新成立的电信公司很有吸引力。

电缆调制解调器的通信和普通调制解调器一样，也是数字信号在模拟信号上交互传输的过程，但也存在如下差异：普通调制解调器的传输介质在用户与访问服务器之间是独立的，而电缆调制解调器的传输介质是 HFC 网；电缆调制解调器的结构较普通调制解调器复杂，电缆调制解调器由调制解调器、调谐器、加/解密模块、桥接器、网络接口卡、以太网集线器等组成，无须拨号上网，不占用电话线，可提供随时在线连接的全天候服务。

3. 基于五类线的以太网接入技术

从 20 世纪 80 年代开始，以太网就已成为最普遍采用的网络技术，根据互联网数据中心(Internet data center，IDC)的统计，以太网的端口数约占所有网络端口数的 85%。1998 年，以太网网卡的销量是 4 800 万端口；而令牌环网、FDDI 网和 ATM 等网卡的销量总共才 500 万端口，只占整个销量的 10%。

传统的以太网技术不属于接入网范畴，而属于用户驻地网(customer premises network，CPN)领域，然而其应用领域正在向包括接入网在内的其他公用网领域扩展。对于企事业用户，以太网技术一直是最流行的接入方式，利用以太网作为接入手段的主要原因是：

- 以太网已有巨大的网络基础和长期的经验知识。
- 目前所有流行的操作系统和应用都与以太网兼容。

- 性价比高、可扩展性强、容易安装开通且可靠性高。

以太网接入方式与 IP 网完美适应，同时以太网技术已有重大突破，容量分为 10Mbps、100Mbps、1000 Mbps 三级，可按需升级。

4. 光纤接入技术

在干线通信中，光纤扮演着重要角色。在接入网络中，光纤接入也将成为发展的重点。光纤接入网指的是传输媒质为光纤的接入网。光纤接入网从技术上可以分为两类：有源光网络(active optical network，AON)和无源光网络(passive optica network，PON)。

光纤接入技术与其他接入技术相比，最大的优势在于可用带宽大，并且还有巨大潜力可以开发，这是其他接入方式与其无法相比的。此外，光纤接入网还有传输质量好、传送距离长、抗干扰能力强、网络可靠性高、节约管道资源等特点。

当然，与其他接入技术相比，光纤接入技术也存在一些劣势，其最大的问题是成本较高。尤其是节点离用户越近，每个用户分担的接入设备成本就越高。另外，与无线接入相比，光纤接入还需要管道资源。

5. 无线接入技术

无线接入技术是无线通信的关键问题，这种接入技术是指通过无线介质将用户终端与网络节点连接起来，以实现用户与网络间的信息传递。无线信道传输的信号应遵循一定的协议，这些协议构成了无线接入技术的主要内容。无线接入技术与有线接入技术的重要区别就在于可以向用户提供移动接入业务。在通信网中，无线接入系统的定位是：本地通信网的一部分，并且是本地有线通信网的延伸、补充和临时应急系统。典型的无线接入系统主要由控制器、操作维护中心、基站、固定用户单元和移动终端几部分组成。

7.3.3 Internet 提供的服务

Internet 提供的服务有很多，而且新的服务还在不断推出。下面介绍 Internet 提供的一些基本服务。

- 远程登录服务：远程登录服务允许通过建立远程 TCP 连接，将用户(使用主机名和 IP 地址)注册到远程主机上。这样用户就可以把击键信号传到远程主机，而远程主机的输出也将通过 TCP 连接返回到本地屏幕。
- 电子邮件服务：电子邮件服务是 Internet 上使用最为广泛的一种服务，使用这种服务可以传输各种文本、声音、图像、视频等信息。用户只需要在网络上申请一个虚拟的电子邮箱，就可以通过这个电子邮箱收发邮件。
- 文件传输服务：Internet 允许用户将一台计算机上的文件传送到网络中的另一台计算机上。通过文件传输服务，用户不但可以获取 Internet 上丰富的资源，还可以将自己计算机中的文件复制到其他计算机中。传输的文件内容可包括程序、图片、音乐和视频等各类信息。
- 电子公告牌：电子公告牌又称为 BBS，它是一种电子信息服务系统。通过提供公共的电子白板，用户可以在上面发表意见，并利用 BBS 进行网上聊天、网上讨论、组织沙龙、为别人提供信息等。
- 娱乐与会话服务：通过 Internet，用户可以使用专门的软件或设备与世界各地的用户进行实时通话和视频聊天。此外，用户还可以参与各种娱乐游戏，如网上下棋、玩网络游戏、看电影等。
- 超文本：超文本是一种以节点为信息单元，通过链接方式揭示信息单元之间相互联系的技术。通过超文本技术，含有多个链接的文件便可通过超链接跳转到文本、图像、声音、动画等任何形式的其他文件中。一个超文本可以包含多个超链接，并且超链接的数量可以不受限制，从一个文档链接到另一个文档，形成遍布世界的 WWW。
- WWW：WWW(World Wide Web)简称 Web，这个名字本身就非常形象地定义了用超链接技术组织的全球信息资源，它所使用的服务器被称为 WWW 服务器或 Web 服务器，每个 Web 服务器都是一个信息源，遍布全球的 Web 服务器通过超链接把各种形式的信息(如文本、图像、声音、视频等)无缝地集成在一起，构筑成密布全球的信息资源。Web 浏览器则提供以页面为单位的信息显示功能。用户在自己的计算机上安装一个 WWW 浏览程序和相应的通信软件后，只需要提出自己的查询要求，就可以轻松地从一个页面跳转到另一个页面，或从一台 Web 服务器跳转到另一台 Web 服务器，自由地漫游 Internet。用户无须关心这些文件存放在 Internet 上的哪台计算机中，至于到什么地方、如何取回信息等都由 WWW 自动完成。

7.3.4 使用浏览器获取 Internet 上的信息

浏览器是指可以显示网页服务器或者文件系统的 HTML 文件内容，并让用户与这些文件交互的一种软件。Windows 10 系统自带的是 IE11 浏览器和 Edge 浏览器。
- IE 浏览器：IE 浏览器是微软公司 Windows 操作系统的一个组成部分。它是一款免费的浏览器，用户在计算机中安装了 Windows 系统后，就可以使用该浏览器浏览网页，如图 7-11 所示。
- Edge 浏览器：Microsoft Edge 浏览器是微软公司发布的一款不同于传统 IE 的浏览器。该浏览器相比 IE 浏览器交互界面更加简洁，并兼容现有 Chrome 与 Firefox 两大浏览器的扩展程序，如图 7-12 所示。

图 7-11 IE 浏览器

图 7-12 Edge 浏览器

提示：

除了上述两款浏览器，市面上比较流行的还有谷歌浏览器、火狐浏览器、搜狗浏览器等。用户可以通过 Internet 下载并体验各款浏览器使用。

1. 浏览网页

Windows 系统一直自带的是 IE 浏览器。IE 浏览器的特点就是加入了标签页的功能，通过标签页可在一个浏览器中同时打开多个网页。

(1) 单击"开始"按钮，在弹出的菜单中选择"Windows 附件"|"Internet Explorer"命令，如图 7-13 所示。

(2) 启动 IE 浏览器，然后在浏览器地址栏中输入网址：www.baidu.com，然后按 Enter 键，打开百度的首页，如图 7-14 所示。

图 7-13　选择"Internet Explorer"命令

图 7-14　输入网址

(3) 单击"新建标签页"按钮，打开一个新的标签页，如图 7-15 所示。

(4) 在浏览器地址栏中输入网址：www.hupu.com，然后按 Enter 键，打开虎扑体育网的首页。右击某个超链接，然后在弹出的快捷菜单中选择"在新标签页中打开"命令，即可在一个新的标签页中打开该链接，如图 7-16 所示。

图 7-15　单击"新建标签页"按钮

图 7-16　选择"在新标签页中打开"命令

2. 收藏网页

用户在上网浏览网页时可能会遇到比较感兴趣的网页，这时用户可将这些网页保存或收藏起来以方便以后查看。

在浏览网页时，可将需要的网页站点添加到收藏夹列表中。以后，用户就可以通过收藏夹来访问它，而不用担心忘记了该网站的网址。

首先打开 Edge 浏览器，通过在地址栏中输入网址，访问一个网页，单击浏览器右上角的"添加到收藏夹"按钮☆，在弹出的列表中单击"添加"按钮，即可收藏网页，如图 7-17 所示。此后单击浏览器右上角的"收藏夹"按钮，在弹出的列表中即可查看收藏的网页，如图 7-18 所示。

图 7-17 收藏网页

图 7-18 打开"收藏夹"

在 Edge 浏览器中，当收藏夹中网页较多时，用户可以在收藏夹的根目录下创建几类文件夹，分别存放不同的网页。首先，单击浏览器右上角的"收藏夹"按钮，在弹出的列表中右击鼠标，在弹出的菜单中选择"创建新的文件夹"命令，如图 7-19 所示。在创建的文件夹名称栏中输入新的文件夹名称(例如"网页")后，按下回车键即可创建一个新的收藏文件夹。

在收藏夹中成功创建文件夹后，在使用前面的方法收藏网页时，单击"保存位置"按钮，可以在弹出的列表中选择网页的收藏位置，如图 7-20 所示。

图 7-19 选择"创建新的文件夹"命令

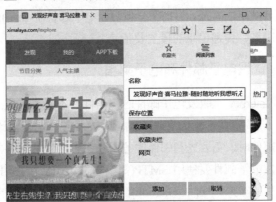

图 7-20 选择网页的收藏位置

3. 保存网页

在浏览网页的过程中，如果看到有用的资料，可以将其保存下来，以方便日后使用。这些资料包括网页中的文本、图片等。为了方便用户保存网络中的资源，浏览器本身提供了一些简单的资源下载功能，用户可方便地下载网页中的文本、图片等信息。

如果用户想要在网络断开的情况下也能浏览某个网页，可将该网页整个保存下来。这样即使在没有网络的情况下，用户也可以对该网页进行浏览。

在要保存的网页中单击 ≡ 按钮，在弹出的菜单中选择"保存网页"命令，如图 7-21 所示，打开"另存为"对话框，保存类型设置为 HTML 格式，输入文件名后，单击"保存"按钮，如图 7-22 所示。

图 7-21　选择"保存网页"命令

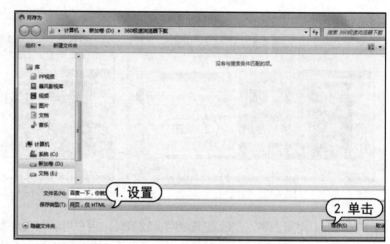

图 7-22　"另存为"对话框

7.4 使用电子邮件

随着网络的普及，目前在全世界，电子邮件(E-mail)的使用已经超过了普通信件，成为人们交流、联系、传递信息的最主要工具之一。

7.4.1　认识电子邮件和电子邮箱

在 Internet 上收发电子邮件时，信件并不是直接发送到对方的计算机上，而是先发送到相应 ISP 的邮件服务器上(有时收发邮件的服务器是两台计算机，一般情况下是同一台计算机)。在接收邮件时，需要先和邮件服务器联系上，然后服务器再把信件传送到计算机上。

收发电子邮件要使用 SMTP(简单邮件传送协议)和 POP3(邮局协议)。用户的计算机上运行电子邮件的客户程序(如 Outlook)，Internet 服务提供商的邮件服务器上运行 SMTP 服务程序和 POP3 服务程序，用户通过建立客户程序与服务程序之间的连接来收发电子邮件。用户通过 SMTP 服务器发送电子邮件，通过 POP3 服务器接收邮件。整个工作过程就像平时发送普通邮件一样，发电子邮件时只需将邮件投递到 SMTP 服务器上(类似邮局的邮筒)，剩下的工作由互联网的电子邮件系统完成；收信的时候只需要检查 POP3 服务器上的用户邮箱(类似家门口的信箱)中有没有新的邮件到达，有就把它取出来。这个邮箱不同于普通邮箱的是，无论用户身处何地，只要能从 Internet 上连接到邮箱所在的 POP3 服务器，就可以收信。

使用电子邮件要有一个电子邮件信箱，用户可向 Internet 服务提供商(简称 ISP)申请。邮件信箱实际上是在邮件服务器上为用户分配的一块存储空间，每个电子信箱对应着一个信箱地址或叫作邮件地址，其格式形如：

用户名@域名

其中，用户名是用户申请电子信箱时与 ISP 协商的一个字母与(或)数字的组合。域名是 ISP 的邮件服务器。例如，xinfeng@268.net 和 zhmh@sina.com 就是两个 E-mail 地址。

提示：

使用电子邮箱的第一步是申请自己的邮箱。目前，国内的很多网站都提供了各具特色的免费邮箱服务。它们的共同特点是免费的，并能够提供一定容量的存储空间。对于不同的站点而言，申请免费电子邮箱的步骤基本上是一致的。

7.4.2 使用 Outlook 收发电子邮件

Outlook 是 Office 组件之一，作为 Web 服务平台，Outlook 能通过 Internet 向计算机终端提供各种应用服务，主要用于电子邮件的管理与发送。

1. 配置 Outlook

首次使用 Outlook，需要对 Outlook 进行简单配置，其相关操作步骤如下。

(1) 启动 Outlook 2019，在打开的登录对话框中，输入电子邮箱名称，然后单击"连接"按钮，如图 7-23 所示。

(2) 在弹出界面中输入邮箱密码，然后单击"登录"按钮，如图 7-24 所示。

图 7-23 输入电子邮箱名称

图 7-24 输入邮箱密码

(3) 此时即可打开 Outlook 2019 主界面，并显示邮箱账户，如图 7-25 所示。

提示：

Outlook 支持不同类型的电子邮件账户，包括 Office 365、Outlook、Google、Exchange 及 POP、IMAP 类型的邮箱，基本支持 QQ、网易、阿里、新浪、搜狐、企业邮箱等。本书使用的 Outlook 邮箱，可在登录前进行 POP 账户设置，不同的邮箱所使用的接收和发送邮件服务器各有不同的地址和端口，例如 Outlook 邮箱账户可按如图 7-26 所示进行设置。

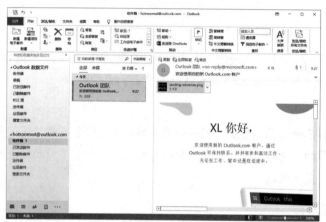

图 7-25 Outlook 2019 主界面

图 7-26 账户设置

2. 创建、编辑和发送邮件

使用 Outlook 2019 的"电子邮件"功能，可以很方便地发送电子邮件。

(1) 单击"开始"选项卡下"新建"组中的"新建电子邮件"按钮，如图 7-27 所示。

(2) 打开"邮件"对话框，在"收件人"文本框中输入收件人的电子邮箱地址，在"主题"文本框中输入邮件的主题，在邮件正文区中输入邮件的内容，如图 7-28 所示。

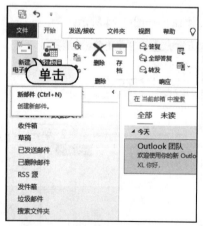

图 7-27 单击"新建电子邮件"按钮

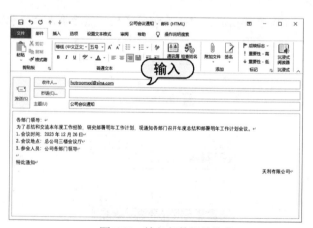

图 7-28 输入邮件相关信息

(3) 使用 "邮件" 选项卡下 "普通文本" 选项组中的相关工具按钮对邮件文本内容进行设置，设置完毕后单击 "发送" 按钮，如图 7-29 所示。

(4) "邮件" 对话框会自动关闭并返回主界面，在导航窗格中的 "已发送邮件" 窗格中便多了一封已发送的邮件信息，Outlook 会自动将其发送出去，如图 7-30 所示。

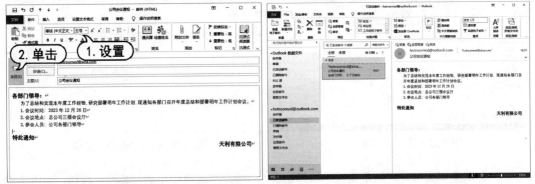

图 7-29　设置邮件文本格式　　　　图 7-30　显示已发送的邮件

3. 接收和回复邮件

在 Outlook 2019 中接收和回复邮件是邮件操作中必不可少的一项，具体操作步骤如下。

(1) 当 Outlook 2019 接收到邮件时，会在桌面任务栏右下角弹出消息弹窗通知用户。或者在 Outlook 2019 主界面中的 "发送/接收" 选项卡中单击 "发送/接收所有文件夹" 按钮，如图 7-31 所示。

(2) 此时打开 "Outlook 发送/接收进度" 窗口，开始检查发送或接收邮件的进度，如图 7-32 所示。

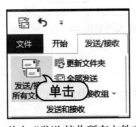 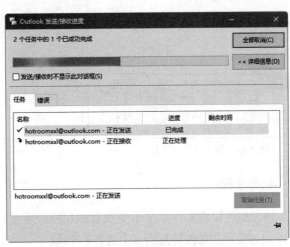

图 7-31　单击 "发送/接收所有文件夹" 按钮　　　图 7-32　"Outlook 发送/接收进度" 窗口

(3) 接收完毕后，返回主界面，在 "收件箱" 窗格中显示一条新邮件，如图 7-33 所示。

(4) 双击 "收件箱" 窗格中的邮件，即可打开 "邮件" 窗口，显示邮件的详细内容，如图 7-34 所示。

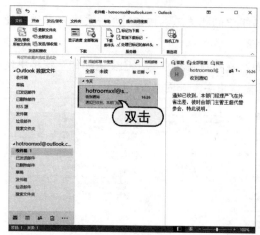

图 7-33 显示新邮件　　　　　　　图 7-34 打开"邮件"窗口

(5) 如果要回复信件，则单击"开始"选项卡"响应"选项组中的"答复"按钮，如图 7-35 所示。

(6) 此时弹出回复工作界面，在"主题"下方的邮件正文区中输入需要回复的内容，Outlook 系统默认保留原邮件的内容，可以根据需要删除。内容输入完成单击"发送"按钮，即可完成邮件的回复，如图 7-36 所示。

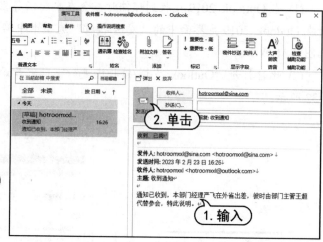

图 7-35 单击"答复"按钮　　　　　　　图 7-36 输入回复内容

4. 转发邮件

转发邮件即将邮件原文不变或者稍加修改后发送给其他联系人，用户可以利用 Outlook 2019 将所收到的邮件转发给一个或者多个人。

(1) 右击需要转发的邮件，在弹出的快捷菜单中选择"转发"命令，如图 7-37 所示。

(2) 弹出转发邮件的工作界面，在"主题"下方的邮件正文区中输入需要补充的内容，Outlook 系统默认保留原邮件内容，可以根据需要删除。在"收件人"文本框中输入收件人的电子邮箱，单击"发送"按钮，即可完成邮件的转发，如图 7-38 所示。

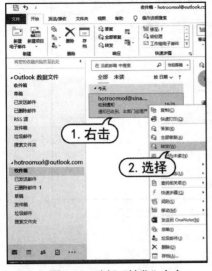

图 7-37　选择"转发"命令

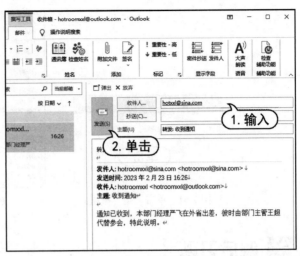

图 7-38　转发邮件

5. 删除邮件

如果是垃圾邮件或者是不想保存的邮件，用户可以在 Outlook 中进行删除邮件的操作。

(1) 右击需要删除的邮件，在弹出的快捷菜单中选择"删除"命令，如图 7-39 所示。

(2) 删除邮件后，邮件被移动至"已删除邮件"，邮件右侧出现"删除项目"按钮 ✖，单击该按钮，如图 7-40 所示。

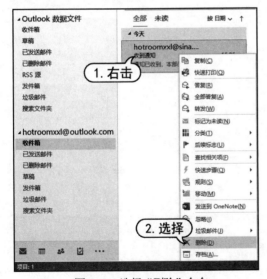

图 7-39　选择"删除"命令

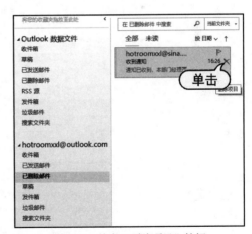

图 7-40　单击"删除项目"按钮

(3) 弹出对话框，单击"是"按钮，如图 7-41 所示。

(4) 此时即可把邮件从邮箱中完全删除，如图 7-42 所示。

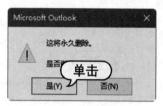
图 7-41　单击"是"按钮

图 7-42　完全删除邮件

7.5　课后习题

1. 简述计算机网络的主要功能。
2. 简述计算机网络设备与软件的组成。
3. 简述 IPv4 地址和 IPv6 地址。
4. 使用 Outlook 向好友发送一封电子邮件。

第 8 章

多媒体技术及应用

多媒体技术是一门集成文本、数值、声音、图形、图像、动画和视频等媒体信息的综合技术，涉及计算机、通信、电视和心理学等多个学科，它给传统的计算机系统、音频和视频设备带来了方向性的变革。本章将介绍多媒体技术的基础知识，以及应用音频、图像、视频、动画等多媒体技术的相关内容。

8.1 认识多媒体技术

多媒体技术是当今信息技术领域发展最快、最活跃的技术之一，它为人们展现了一个多姿多彩的视听世界。目前，多媒体技术广泛地应用于教育教学、工业控制、信息管理、办公自动化系统及游戏、娱乐等领域，逐步深入人们生活的各个方面。

8.1.1 多媒体和多媒体技术的概念

多媒体技术是一种快速发展的综合性电子信息技术，以计算机为核心，计算机技术的发展为多媒体技术的应用奠定了坚实的基础。多媒体的主要概念有以下几个。

1. 媒体

媒体(media)可以理解为人与人或人与外部世界之间进行信息沟通、交流的方式与方法，是信息传递的载体。根据国际电信联盟关于媒体的定义，媒体包括以下五大类：感觉媒体、表示媒体、显示媒体、存储媒体和传输媒体，其核心是表示媒体，即信息的存在形式和表现形式，如日常生活中的报纸、电视、广播、广告、杂志等。借助于这些载体，信息得以交流传播。如果对这些媒体的本质进行详细分析，就可以找到媒体传递信息的基本元素，主要包括声音、图形和图像、视频、动画和文字等，它们都是媒体的组成部分。

在计算机领域中，媒体曾被广泛译作"介质"，指的是信息的存储实体和传播实体，现在一般译为"媒体"，表示信息的载体。媒体在计算机科学中主要包含两种含义。一种含义是指信息的物理载体，如磁盘、光盘、磁带、卡片等；另一种含义是指信息的存在和表现形式，如文字、声音、图像、视频等。多媒体技术中所称的媒体是指后者，即多媒体技术不仅能处理文字数据之类的信息媒体，而且还能处理声音、图形、图像等多种形式的信息载体。

2. 多媒体

所谓多媒体(multimedia)，通常是指多种媒体(文字、声音、图形、图像、视频和动画等)的综合集成与交互。这种综合绝不是简单的综合，而是发生在多个层面上的综合。例如，人们可通过听觉器官和视觉器官分别感受视频中的声音和图像，这是一种感觉媒体层面的综合；计算机可同时处理使用标准信息交换码表示的中文字符和使用 ASCII 码表示的英文字符，这是一种表示媒体的综合；一段音乐需要经过输入、编码、存储、传输和输出等多个过程，这是一种在表示媒体、显示媒体、存储媒体和传输媒体等各个层面的综合。

多媒体元素是指多媒体应用中可以显示给用户的媒体组成元素。多媒体元素涉及大量不同类型、不同性质的媒体元素，这些媒体元素数据量大，同一种元素数据格式繁多，数据类型之间的差别也很大，主要包括以下几种元素。

- 文本(text)包括汉字、英文字母、数字、英文标点符号和中文标点符号等，通常由文字编辑软件(如 Microsoft Word、记事本、写字板或 WPS 文字处理软件等)生成。需要注意的是，中文标点符号和英文标点符号是不同的两类文本。这是因为，中文和英文使用的编码形式不同，中文使用汉字标准信息交换码，每个汉字占用 2B 的存储空间，而英文使用美国标准信息交换代码(american standard code for information interchange，ASCII)，每个英文字符占用 1B 的存储空间。

- 数值(number)包括整数和实数。整数由正负号和数字组成，如 12、4、0、-9，在计算机中，整数通常是用补码形式表示的。实数由正负号、数字和小数点组成，如 3.14、14.58、100.0，对于实数，计算机中可使用定点或浮点形式表示。计算机中对于数值的处理有数值运算和非数值运算。数值运算是对数值进行常规的数学运算，可应用于求解方程的根、矩阵的秩、数值积分和数值微分等数学问题，是计算机最为传统的功能。非数值运算涉及的对象是文本、图形、图像、声音、视频和动画等。随着计算机的普及，非数值处理技术将计算机的应用拓宽到模式识别、情报检索、人工智能和计算机辅助教学等领域。

- 声音(sound)是由物体振动产生的声波。发出振动的物体称为声源。声音是通过介质(空气、固体或液体)传播并能被人或动物听觉器官所感知的波动现象。声音具有一定的频率范围。人耳可以听到的声音的频率范围为 20Hz~20kHz。高于这个范围的声音称为超声波，低于这一范围的声音称为次声波。

- 图形(graph)和图像(image)都是多媒体系统中的可视元素。图形是矢量图，是人们根据客观事物制作生成的，不是客观存在的。图形的元素包括点、直线、弧线、圆和矩形等。通常，图形在屏幕上显示要使用专用软件(如 AutoCAD 等)，将描述图形的指令转换成屏幕上的形状和颜色。图像是由扫描仪、摄像机等输入设备捕捉实际的画面产生的数字图像，是由像素构成的位图。像素是组成一幅图像的基本单位。图像适用于显示含有大量细节，如明暗变化、场景复杂、轮廓色彩丰富的对象，并且可通过图像处理软件(如 Paint、Brush、Photoshop 等)对图像进行处理以得到更清晰的图像或产生特殊效果。
- 视频(video)指的是将一系列静态影像以电信号方式加以捕捉、记录、处理、存储、传送与重现的各种技术，是多幅静止图像与连续的音频信息在时间轴上同步运动的混合媒体。当连续的图像变化超过 24 帧/秒时，根据视觉暂留原理，人眼无法辨别单幅的静态画面，多帧图像随时间的变化而产生运动感，继而产生平滑连续的视觉效果，因此视频也被称为运动图像。图 8-1 所示为使用视频软件播放的电影。
- 动画(animation)也是一种视频，指的是采用动画制作软件(如 Adobe Animate、3ds Max 等)生成的一系列可供实际播放的连续动态画面。动画是一门幻想艺术，更容易直观表现和抒发人们的感情，扩展人类的想象力和创造力。目前，动画已成功应用到多个领域，如娱乐行业的动漫游戏、建筑行业的建筑结构展示、军事行业的飞行模拟训练和机械行业的加工过程模拟。图 8-2 所示为 2D 矢量动画。

图 8-1 视频

图 8-2 动画

3. 多媒体技术

多媒体技术是一门综合技术，它是集文字、声音、视频、图像、动画等多种媒体于一体的信息处理技术，可以接收外部图像、声音、影像等多种媒体信息，经过计算机处理后以图片、文字、声音、动画等多种形式输出，实现输入、输出方式的多元化，突破了计算机只能处理文字、数值的局限，使人们的工作、生活更加丰富多彩。

多媒体技术所处理的文字、数值、声音、图像、图形等媒体信息是一个有机的整体，而不是一个个"独立"的信息简单堆积，多种媒体在时间和空间上都存在紧密的联系，具有同步性和协调性特点。

多媒体的关键技术主要包括数据压缩技术、数据存储技术、输入/输出技术、系统软件技术、网络通信技术、虚拟现实技术、人机交互技术等。其中以视频和音频数据的压缩与解压缩技术最为重要。

视频和音频信号的数据量大,同时要求传输速度快,目前的微机还不能完全满足要求,因此,对多媒体数据必须进行实时的压缩与解压缩。

数据压缩技术又称为数据编码技术。目前针对多媒体信息的数据编码技术主要有以下几种。

- JPEG 标准：JPEG(joint photographic experts group,联合摄像专家组)是于 1986 年制定的主要针对静止图像的第一个图像压缩国际标准。该标准包含有损和无损两种压缩编码方案,JPEG 对单色和彩色图像的压缩比通常分别为 10∶1 和 15∶1。许多 Web 浏览器都将 JPEG 图像作为一种标准文件格式供浏览者浏览网页中的图像。
- MPEG 标准：MPEG(moving picture experts group,动态图像专家组)是由国际标准化组织和国际电工委员会组成的专家组,现在已成为有关技术标准的代名词。MPEG 是压缩全动画视频的一种标准方法,包括三部分：MPEG-Video、MPEG-Audio、MPEG-System(也可使用数字编号代替 MPEG 后面对应的单词)。MPEG 的平均压缩比为 50∶1,常用于硬盘、局域网、有线电视(Cable-TV)信息压缩。
- H.216 标准：又称 P(64)标准,H.216 标准是国际电报电话咨询委员会(CCITT)为可视电话和电视会议制定的标准,用于视像和声音的双向传输。

8.1.2 多媒体计算机系统的组成

所谓多媒体计算机,是指配备了声卡、视频卡的计算机。更确切地说,多媒体计算机系统是一种将数字声音、数字图像、数字视频、计算机图形和通用计算机集成在一起的人机交互系统。多媒体系统常常指的就是多媒体计算机系统。

多媒体计算机系统是指能把视、听和计算机交互式控制结合起来,对音频信号、视频信号的获取、生成、存储、处理、回收和传输等综合数字化后所组成的一个完整的计算机系统,其基本构成如图 8-3 所示。

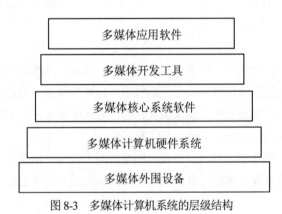

图 8-3　多媒体计算机系统的层级结构

在多媒体计算机系统中,第一层为多媒体外围设备,包括各种媒体、视听输入/输出设备及网络。

第二层为多媒体计算机硬件系统，主要配置与各种外围设备配套的控制接口卡，其中包括多媒体实时压缩和解压缩专用的电路卡等。

第三层为多媒体核心系统软件，包括多媒体驱动程序、操作系统等。该层软件除了驱动和控制硬件设备外，还要提供输入/输出控制界面程序，即 I/O 接口程序；而操作系统则提供对多媒体计算机的硬件和软件的控制与管理。

第四层是多媒体开发工具，支持应用开发人员创作多媒体应用软件。设计者利用该层提供的接口和工具采集、制作媒体数据。常用的开发系统有：图像设计与编辑系统，二维、三维动画制作系统，声音采集与编辑系统，视频采集与编辑系统，多媒体公用程序与数字剪辑艺术系统等。

第五层为多媒体应用软件，如影音播放软件、电子图书阅读平台、网络多媒体应用平台等。

在以上 5 层中，第一、二层构成多媒体硬件系统，其余 3 层则构成多媒体软件系统。

多媒体应用软件主要由各种各样专门用于制作素材的软件构成。多媒体的素材编辑软件有很多，适用于不同元素的处理。按照处理对象的不同，可以分为文字编辑软件、音频采集与处理软件、图像处理软件、动画制作软件、视频处理软件等。

- 文字编辑软件通常是计算机用户学习的第一个软件，同时也是设计和创建多媒体产品常用的软件。常用的文字编辑软件有 Word、WPS 等，它们都是功能强大的应用软件，集成了拼音检查、制表、词典以及信件、简历、定单等常用文档预建的模板。很多文字处理软件还同时允许嵌入文本、图像和视频等多媒体元素。图 8-4 所示为 Word 软件，图 8-5 所示为 WPS 软件。

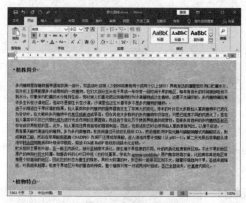

图 8-4　Word 软件

图 8-5　WPS 软件

- 音频采集与处理软件可以进行声音的数字化处理和制作 MIDI 声音，它允许用户在听音乐的同时也能够观察到音乐。通过乐谱或者波形的方式以微小的增量将声音图形化地表现出来，可以非常精确地对声音进行剪切、复制、粘贴和其他编辑处理，这些都是实时的音乐播放无法做到的。常用的音频处理软件有 Audition 等，如图 8-6 所示。

- 对于图形和图像的加工制作，可以选用功能强大的图像处理软件 Photoshop，如图 8-7 所示。例如选取一张有代表意义的照片，在 Photoshop 中通过虚化、调节亮度、对比度等处理，达到一种朦胧、暗淡的背景效果。Photoshop 软件还可用来制作特效文字、按钮等。为更符合商业应用，可选用 Photoshop 的外挂滤镜，以生成特殊的卷边效果，这种效果在商业制作中是很常见的。此外，还有以创建和处理矢量图见长的 CorelDRAW 软件。

图 8-6　Audition 软件

图 8-7　Photoshop 软件

- 动画由一系列快速播放的位图或矢量图构成。常用的动画编辑软件有以制作二维动画为主的 Animator 和以制作三维动画为主的 3ds Max，它们拥有丰富的图形绘制和着色功能，并具备了动画的生成功能，分别如图 8-8 和图 8-9 所示。

图 8-8　Animator 软件

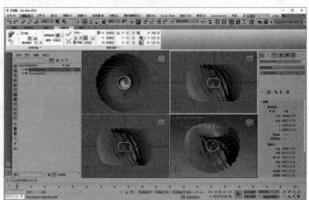

图 8-9　3ds Max 软件

- 常用的视频处理软件有 Adobe Premiere 和 After Effects 等，它们都是功能强大和性能优良的视频编辑软件，而且操作简单，界面友好，分别如图 8-10 和图 8-11 所示。

图 8-10　Adobe Premiere 软件

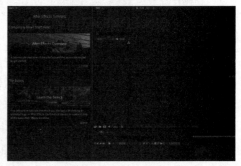

图 8-11　After Effects 软件

8.1.3 多媒体技术的应用和发展

多媒体技术的应用领域非常广泛,几乎遍布各行各业以及人们生活的各个角落。近年来,随着计算机与网络的发展,多媒体技术的网络化发展已经是趋势所向。

1. 多媒体技术的应用领域

由于多媒体技术具有直观、信息量大、易于接受和传播迅速等显著特点,因此多媒体应用领域的拓展十分迅速,并随着网络的发展和延伸不断地成熟和进步。

- 商业领域:在商业领域和公共服务中,多媒体扮演着一个重要的角色。互动多媒体正越来越多地承担着向客户、职员和大众发布信息的任务。它以一种新方式来进行教学、传达信息和售卖等活动,同时还能提高效率和使用乐趣。商业领域的多媒体应用包括培训、营销、广告、产品演示和网络通信等。
- 教育领域:在国内,多媒体技术主要应用在教育领域。多媒体教学的一个最大优势在于它具有强大的交互能力。学生可以根据自己的基础和兴趣,选择学习进度、学习内容及学习方法。随着多媒体通信和视频图像传输数字化技术的发展,以及计算机技术与通信网络技术的结合,视频会议系统成为一个备受关注的应用领域。
- 娱乐和游戏领域:多媒体技术的出现给影视作品和游戏产品的制作带来了革命性的变化,由简单的卡通片发展到声、文、图并茂的实体模拟,如模拟设备运行、化学反应、火山喷发、海洋洋流、天气预报、天体演化、生物进化等,画面、声音更加逼真,趣味性和娱乐性也更强。随着多媒体技术逐步趋于成熟,大量的计算机效果被应用到影视作品中,增加了艺术效果和商业价值。
- 公共咨询领域:在旅馆、火车站、超市、图书馆等公共场所,多媒体已经作为独立的终端或查询系统为人们提供信息或帮助,还可以与手机等无线设备进行连接。多媒体技术不仅减少了传统的信息台和人工的开销,增加了附加值,而且它们可以不间断地工作,即使在深夜也能够为用户的求助提供帮助。
- 虚拟现实领域:虚拟现实是多媒体技术的一种扩展,是技术进步和创新思想的融合。它是当前信息领域的热门研究课题,包括对图形图像、声音、文字的处理和压缩、传送等高新技术,目前是最大程度上扩展了的交互式多媒体。但虚拟现实技术对计算机的性能要求比较高。

2. 多媒体技术的发展趋势

多媒体技术是信息技术领域发展最快、应用最广的技术之一,是新一代信息技术发展和竞争的热点所在。

- 多媒体技术的网络化趋势:多媒体技术的发展将使多媒体计算机形成更完善的以计算机为支撑的协同工作环境,消除空间距离和时间距离的障碍,为人们提供更加完善的信息服务。交互的、动态的多媒体技术能够在网络环境下,创建出更加生动逼真的二维和三维场景。新一代用户界面与人工智能等网络化、人性化、个性化的多媒体软件的应用,还可使不同国籍、不同文化程度的人们通过"人机对话"来消除他们之间的隔阂,从而自由地沟通与了解。多媒体技术与网络技术相结合,尤其是与宽带网络通信等技术相结合,将是多媒体技术的重要发展趋势之一。
- 多媒体终端的多样化趋势:随着多媒体计算机硬件体系结构和视频、音频接口软件的不断改进,尤其是采用了硬件体系结构设计和软件、算法相结合的方案,使多媒体计算机的性能指标得到进一步提高,但要满足多媒体网络化环境的要求,还需对软件做进一步的开发和研究,使多媒体终端设备具有更高的部件化和智能化特性,对多媒体终端增加如文字的识别和输入、自然语言理解和机器翻译、图形的识别和理解、机器人视觉和计算机视觉等智能化功能。
- 多维度交互趋势:多媒体交互技术的发展使多媒体技术在模式识别、全息图像、自然语言理解(如语音识别与合成)和新的传感技术(如手写输入、数据手套、电子气味合成器)等基础上,利用人的各种感觉通道和动作通道(如语音、书写、表情、姿势、视线、动作和嗅觉等),通过数据手套和跟踪手语信息提取特定人的面部特征,合成面部动作和表情,以并行和非精确的方式与计算机系统进行交互,可以提高人机交互的自然性和高效性,实现以三维的逼真输出为标准的虚拟现实技术。

8.2 应用音频数据技术

音频是数字媒体技术的一个重要内容,音频的类型多种多样,充分利用声音的魅力是创作优秀多媒体作品的关键。在使用计算机处理这些音频时,要根据不同音频的频率范围采用不同的处理方式。

8.2.1 数字音频基础知识

声音是人类进行交流和认识自然的主要媒体形式,音频是多媒体技术的重要特征之一,是携带信息的重要媒体。

1. 声音的常见类型

声音可以用声波来表示。声波有两个基本属性:频率和振幅。频率是指声波在单位时间内变化的次数,以赫兹(Hz)来表示,通常情况下,人们说话的声音频率范围在 300Hz 和 3000Hz 之间。振幅描述的是声音的强度,以分贝(dB)来表示,通常人们所说的声音大,其实是声音的强度大。

音调、音强、音色是声音的 3 大要素,音调与频率有关,音强与振幅有关,音色与混入基音的泛音有关。不同的人具有不同的音色,这也就是人们能够"闻其声而辨其人"的原因。计算机的音频信号(20~2000Hz)主要有 3 种:语音、音乐和效果声。

按照不同的标准,声音的分类也不尽相同。例如,按照记录声音的原理和介质不同,声音分为机械声音、电磁声音、数字声音等;按照内容、频谱、频域、时域标准又可分为自然音、纯音、复合音、超音等。多媒体所使用的声音是数字音频，因为计算机中对声音的处理采用的是数字化方式，任何模拟声音都必须先数字化后才可以在计算机中进行处理。按照这种标准，多媒体中的声音分为数字音频和 MIDI 音频。

- 数字音频：在计算机中，模拟信号转换为数字信号的过程称为数字化，当声音波形被转换为数字时就得到了数字音频。可以通过话筒、电子合成器、录音、实时广播、CD 等工具将声音数字化，数字化的过程其实是模拟信号的采样、量化、编码过程。
- MIDI 音频：通过 MIDI(musical instrument digital interface，音乐设备数字接口)，可以在多媒体项目中添加自己创作的音乐。但是，制作 MIDI 音乐与音频数字化的过程完全不同。对于数字化的音频，只需要利用声卡即可播放音频文件，但制作 MIDI 音乐需要一个编曲器和一个声音合成器(一般放置在 PC 的声卡上)。此外，使用一个 MIDI 键盘可以简化 MIDI 乐谱的制作。

2. 网络体系结构的概念

数字音频的数据量指在一定时间内声音数字化后对应的字节数。数据量由采样频率、量化位数、声道数和规定时间所决定。例如，数字激光唱盘(CD-DA)的标准采样频率为 44.1kHz，量化位数为 16 位，立体声。一分钟 CD-DA 音乐所需的数据量为 44.1×1000×16×2×60/8/1024 =10336KB。激光唱盘 CD 的采样频率为 44.1kHz，量化位数为 16 位，双通道立体声，则 1 秒的音频数据量为 176.4KB，一个 650MB 的光盘仅能存储不足 60 分钟的音频数据。

数字音频的质量主要取决于采样频率和量化位数这两个重要参数，反映音频数字化质量的另一个因素是通道(或声道)个数。记录声音时，如果每次生成一个声波数据，称为单声道；每次生成两个声波数据，称为立体声(双声道)，立体声更能反映人的听觉感受。音频数字化的采样频率和量化位数越高，结果越接近原始声音。除此之外，数字音频的质量还受其他因素(如扬声器的质量等)的影响。为了在时间变化方向上取样点尽量密，取样频率要高，在幅度取值上尽量细，量化比特率要高，直接的结果就是存储容量及传输信道容量面临巨大的压力。

根据声音采样的频率范围，通常把声音的质量分成 5 个等级，由低到高分别是电话、调幅广播(AM)、调频广播(FM)、光盘(CD)和数字录音带(digital audio tape，DAT)。

8.2.2 音频格式和格式转换

数字化音频是以文件的形式保存在计算机中的。常见的数字化音频的文件格式主要有 WAV、MIDI、MP3 等几种类型，音频文件也可以进行格式的互相转换。

1. 音频文件格式

目前常见的数字化音频的文件格式主要有以下几种类型。

- WAV 格式文件：WAV 格式的声音文件又称为无损的声音文件。WAV 文件是微软公司开发的一种声音文件格式，它符合 RIFF(resource interchange file format)文件规范，用于保存 Windows 平台的音频信息资源，被 Windows 平台及其应用程序所支持。WAV

格式支持 MSADPCM、CCITTALAW 等多种压缩算法，支持多种音频位数、采样频率和声道。标准格式的 WAV 文件和 CD 格式一样，也是 44.1kHz 的采样频率，传输速率为 88kb/s，16 位量化位数。WAV 格式的声音文件质量和 CD 相差无几，也是目前 PC 上广为流行的声音文件格式，几乎所有的音频编辑软件都可识别 WAV 格式。

- MIDI 格式文件：MIDI 格式的声音文件是作曲家的最爱。MIDI 文件格式由 MIDI 继承而来，它允许数字合成器和其他设备交换数据。MIDI 文件并不是一段录制好的声音，而是记录声音的信息，然后告诉声卡如何再现音乐的一组指令。这样一个 MIDI 文件每存 1 分钟的音乐只占用 5~10KB 的存储空间。目前，MIDI 文件主要用于原始乐器作品、流行歌曲的业余表演、游戏音轨及电子贺卡等。MIDI 文件重放的效果完全依赖声卡的档次。MIDI 格式的最大用处是在计算机作曲领域。MIDI 文件可以用作曲软件写出，也可以通过声卡的 MIDI 口把外接音序器演奏的乐曲输入计算机，制成 MIDI 文件。

- MP3 格式文件：MP3 格式的声音文件是较为流行的音乐文件格式。它是采用 MPEG-3 标准对音频数据进行压缩的数字音频文件。MP3 格式压缩音乐的典型比例有 10∶1、17∶1，甚至可达 70∶1。可以用 64kbps 或更低的采样频率节省空间，也可以用 320kbps 的标准达到极高的音质。MP3 格式的声音文件的特点是压缩比高、文件数据量小、音质好，能够在个人计算机、MP3 半导体播放机和 MP3 激光播放机上进行播放。MP3 文件是目前互联网上比较流行的声音文件之一。

- WMA 格式文件：WMA(Windows Media Audio)格式是微软公司强力推出的数字音乐文件格式，音质要强于 MP3 格式，更远胜于 RA 格式。它和日本 YAMAHA 公司开发的 VQF 格式一样，是以减少数据流量但保持音质的方法来达到高压缩率的目的，WMA 的压缩率一般都可以达到 18∶1 左右。另外，该种文件格式具有很强的版权保护功能，甚至能限定播放机、播放时间和播放次数等。同时 Windows Media 是一种网络流媒体技术，所以 WMA 格式文件能够在网络上实时播放。

- RA 格式文件：RA 格式的声音文件又称为流动的旋律。RA(Real Audio)是 Real Networks 推出的一种音乐压缩格式，其压缩比可达到 96∶1，主要适用于在网络上在线音乐欣赏。这种文件格式最大的特点就是可以采用流媒体的方式实现网上实时播放，即边下载边播放。

- CDA 格式文件：CDA(CD Audio)又称 CD 音乐，其扩展名是.CDA，可以说是目前音质最好的声音文件格式。标准 CD 格式也是 44.1kHz 的采样频率，传输速率为 88kb/s，16 位量化位数，因为 CD 音轨可以说是近似无损的，因此它的声音基本上是忠于原声的。

2. 音频文件格式转换

各音频文件均可以用来处理声音信息，各具优缺点。如何在不破坏音质的基础上进行符合条件的音频文件的设置，需要对音频文件进行格式的转换。一般的声音处理软件兼容多种格式的声音文件，使得声音格式的转换非常简单。

目前，音频转换的软件种类很多，比如全能音频转换器支持目前所有流行的音频、视频文件格式，如 MP3、OGG、APE、WAV、AVI 等，可将文件格式转换成 MP3、WAV、AAC、AMR 音频文件。更为强大的是，该软件能从视频文件中提取出音频文件，并支持批量转换；也可以从整个媒体中截取出部分时间段，转换成一个音频文件；还可以自定义不同质量参数，满足用户的需求。

具体的操作步骤如下：

(1) 打开全能音频转换器，弹出如图 8-12 所示的界面。
(2) 单击"添加"按钮，把要转换的音频文件添加到软件中。
(3) 单击"选择路径"按钮，设置转换后音频存放的位置。
(4) 选择输出格式，设置声道、比特率和采样率等参数。
(5) 设置好所有参数后，单击"转换"按钮，等待转换完成。
(6) 若需要批量转换，则选择多个文件并添加，此时列表中会显示添加的文件名，通过窗口右侧的"上移""下移"按钮可以调整音频转换的顺序。
(7) 转换后的音频文件可单击"打开路径"按钮进行查看。

图 8-12　全能音频转换器界面

8.2.3　使用音频处理软件编辑音频

获取音频素材可通过以下几种方法。

- 从购买的专业音效光盘或 MP3 光盘中获取背景音乐和效果音乐。
- 从网络上下载音频素材，例如使用百度搜索引擎搜索并下载歌曲。
- 通过网上专门的声音素材库搜索。
- 在音乐播放软件中利用关键词来进行搜索，例如在网易云音乐中搜索歌曲，找到需要的文件后下载即可。
- 截取 CD 或 VCD 中的音频素材。在 CD 或 VCD 节目中有大量的优秀音频素材可引用到教学课件中来，应用一些工具软件可以将这些素材截取下来。
- 利用 Windows 系统中的录音机采集音频素材。在多媒体中使用的声音文件是数字化的声音文件，需要用计算机的声卡将麦克风或录音机的磁带模拟声音电信号转换成数字声音文件。利用 Windows 系统中的录音机采集生成的声音文件及播放、编辑的声音文件格式均为 WAV 文件格式。
- 借助 Audition 等软件采集音频生成.wav、.mp3 等文件。

音频素材往往需要进行简单的编辑才能适合制作者的需求，专业的音频编辑软件多种多样，如 GoldWave、Adobe Audition，或者使用 Windows 系统中自带的"录音机"功能也可以简单剪辑一些音频素材。

例如用 GoldWave 修改 MP3 格式文件的音质，首先启动 GoldWave 软件，打开需要修改音质的 MP3 文件。然后选择"效果"|"音量"|"自动增益"命令，如图 8-13 所示。打开"自动增益"对话框，用户可以单击"预设"下拉按钮，并在打开的下拉列表中选择方案。在"自动增益"对话框中调整声音后，单击"OK"按钮，如图 8-14 所示。

在主界面中，用户可以查看声音波形的变化情况，如图 8-15 所示，然后另存修改后的 MP3 文件。

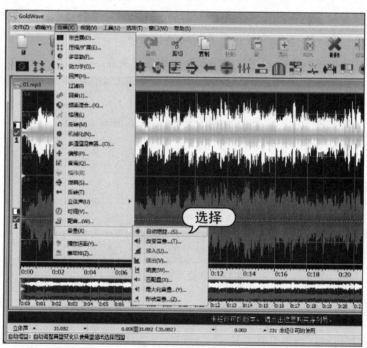

图 8-13　选择命令

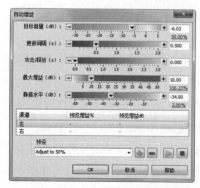

图 8-14　"自动增益"对话框

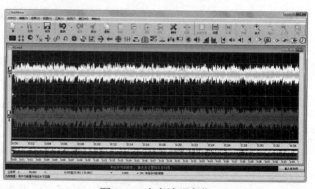

图 8-15　声音波形变化

8.3 应用图像数据技术

在制作多媒体作品的过程中，图形图像是传达信息的重要元素之一，它可以带来直接、丰富的视觉信息。本节将介绍图像的基本概念以及图像的处理方法等内容。

8.3.1 图像数据基础知识

在计算机中，图像是以数字方式记录、处理和保存的。下面介绍图像的类型、常用的图像文件格式和图像数字化等图像数据的基础内容。

1. 图像类型

图像类型大致可以分为以下两种：位图(点阵式图像)与矢量图(向量式图形)。这两种图像各有特色，也各有其优缺点。因此在图像处理过程中，往往需要将这两种类型的图像交叉运用，才能取长补短，使用户的作品更为完善。

- 位图：也称为点阵图或栅格图像，是由称作像素(图片元素)的单个点组成的。当放大位图时，可以看见构成整个图像的无数个方块。简单地说，就是最小单位是由像素构成的图，缩放后会失真。如图 8-16 所示为将位图局部放大后显得模糊不清晰的状态。位图善于表现阴影和色彩的细微变化，因此广泛应用在照片或图像中。位图图像与分辨率有关，即图像中包含固定数量的像素。分辨率为每单位长度上的像素数，通常用"每英寸所包含的像素数"(pixels per inch，ppi)来表示。输出和打印设备的分辨率一般用 dpi(dots per inch)表示。常见的位图处理软件有 Adobe Photoshop、Design Painter 和 Corel Photo Paint 等。

图 8-16　放大位图局部

- 矢量图：也称为向量图，在数学上定义为一系列由直线或者曲线连接的点。矢量图形文件体积一般较小。计算机在显示和存储矢量图的时候只是记录图形的边线位置和边线之间的颜色，而图形的复杂与否将直接影响矢量图文件的大小，与图形的尺寸无关。简单来说，矢量图是可以任意放大或缩小的，在放大和缩小后图形的清晰度都不会受到影响，它的缺点是不易制作色调丰富或色彩变化多的图像。如图 8-17 所示为放大矢量图的局部。

图 8-17 放大矢量图的局部

2. 常用图像文件格式

在计算机绘图领域中,有相当多的图形图像处理软件,而不同的软件所保存的格式则是不尽相同的。不同的格式也有不同的优缺点,每一种格式都有它的独到之处。下面介绍几种主要的图像格式。

- BMP 格式:BMP 格式是 Windows 操作系统的标准的位图格式。Windows 操作系统的许多图像文件,如壁纸、图案、屏幕保护程序等的原始图像都是以这种格式存储的。它不支持文件压缩,文件占用的空间较大。它支持 RGB、索引色、灰度和位图色彩模式,但不支持 Alpha 通道。该文件格式还可以支持 1~24 位的格式,对于使用 Windows 格式的 4 位和 8 位图像,还可以指定 RLE(run length encoding)压缩,这种压缩方案不会损失数据。
- TIFF 格式:TIFF 格式是一种适合于印刷和输出的格式。标记图像文件格式 TIFF 的出现是为了便于应用软件之间进行图像数据的打开。因此,TIFF 格式应用非常广泛,可以在许多图像软件之间打开。它支持 RGB、CMYK、Lab、索引色、位图模式和灰度模式等色彩模式,并且在 RGB、CMYK 和灰度 3 种色彩模式下还支持 Alpha 通道。Photoshop 支持 TIFF 格式保留图层、通道和路径等信息存储文件。
- JPEG 格式:JPEG 格式是最常用的图像文件格式,扩展名为.jpg 或.jpeg。这种格式是有损压缩格式,在压缩过程会丢失部分数据,但在存储前可以选择图像的质量,以控制数据的损失程度。JPEG 支持 CMYK、RGB 和灰度的色彩模式,但不支持 Alpha 通道。
- PSD 格式:PSD 格式是 Adobe Photoshop 生成的图像格式,也是 Photoshop 的默认格式。此格式可以包含图层、通道和色彩模式,并且可以保存具有调节层、文本层的图像。这种格式存储的文件一般比较大,在没有最终做完图像之前,最好使用这种格式存储。
- GIF 格式:GIF 格式是一种压缩的 8 位图像文件,分为静态文件和动态文件。GIF 文件比较小,在网络传送文件时,要比其他格式的文件快得多,因此在 Web 页中得到了广泛的应用。
- PNG 格式:PNG 格式是一种新兴的网络图像格式,也是目前可以保证图像不失真的格式之一。它不仅兼有 GIF 格式和 JPEG 格式所能使用的所有颜色模式,而且能够将图像文件压缩到极限以利于网络传输;还能保留所有与图像品质相关的数据信息。这是因为 PNG 格式是采用无损压缩方式来保存文件的。PNG 格式也支持透明图像的制作。PNG 格式的缺点在于不支持动画。
- EPS 格式：EPS 格式是跨平台的标准格式，其扩展名在 Windows 平台上为*.eps，在 Macintosh 平台上为*.epsf，可以用于存储矢量图形和位图图像文件。EPS 格式采用 PostScript 语言进行描述，可以保存 Alpha 通道、分色、剪辑路径、挂网信息和色调曲线等数据信息，因此 EPS 格式也常被用于专业印刷领域。EPS 格式是文件内带有 PICT 预览的 PostScript 格式，基于像素的 EPS 文件要比以 TIFF 格式存储的相同图像文件所占磁盘空间大，基于矢量图形的 EPS 格式的图像文件要比基于位图图像的 EPS 格式的图像文件小。

3. 图像数字化

在现实空间中，平面图像的灰度和颜色等信号都是基于二维空间的连续函数，计算机无法接收和处理这种空间分布、灰度、颜色取值均连续分布的图像。

图像的数字化，就是按照一定的空间间隔，自左到右、自上而下提取画面信息，并按照一定的精度对样本的亮度和颜色进行量化的过程。通过数字化，把视觉感官看到的图像转变成计算机所能接收的、由许多二进制数 0 和 1 组成的数字图像文件。

例如一个 10×8 像素分辨率的图像，即由 80 个小方格组成，将每一个小方格称为一像素(pixel)。画面分割的列数称为宽度像素数；画面分割的行数称为高度像素数。宽度像素数和高度像素数是数字化图像的基本属性。"宽度像素数×高度像素数"称为数字化图像的"分辨率"。

如果用一定位数的二进制信息将每一个小方格的颜色、亮度等信息记录下来，形成一个完整的文件保存在计算机中，这个文件就是一个数字化图像文件。

图像的数字化需要经过采样、量化和编码三个步骤。
- 采样：对图像函数 f(x,y)的空间坐标进行离散化处理。
- 量化：对每一个离散的图像样本(即像素)的亮度或颜色样本进行数字化处理。每一像素被数字化为几位 0 或 1 的二进制信息，称为位深度。
- 编码：采用一定的格式来记录数字数据，并采用一定的算法来压缩数字数据，以减少存储空间和提高传输效率。不同的编码算法对应不同的图像文件扩展名。

8.3.2 图像选区

Adobe Photoshop 是基于 Macintosh 和 Windows 平台运行的最为流行的图形图像编辑处理应用程序，被广泛用于广告设计、图像处理、图形制作、影像编辑和建筑效果图设计等行业。下面介绍使用 Photoshop 在图像中创建选区，并对选区进行编辑。

1. 创建选区

在 Photoshop 2020 中，打开任意图像文件，即可显示如图 8-18 所示的"基本功能(默认)"工作区。该工作区由菜单栏、"选项栏"控制面板、工具面板、功能控制面板、文档窗口和状态栏等部分构成。

利用 Photoshop 创作作品或对图像进行处理，通常需要从图像中选择素材，可以是某个对象或某片区域，选取要处理的这部分就是选区。

选区显示时，表现为浮动虚线组成的封闭区域。当图像文件窗口中存在选区时，用户进行的编辑或操作都将只影响选区内的图像，而对选区外的图像无任何影响。

Photoshop 中的选区有两种类型：普通选区和羽化选区。普通选区的边缘较硬，当在图像上绘制或使用滤镜时，可以很容易地看到处理效果的起始点和终点。相反，羽化选区的边缘会逐渐淡化，这使编辑效果能与图像无缝地混合到一起，不会产生明显的边缘。

图 8-18 "基本功能(默认)"工作区

Photoshop 提供了多种工具和命令创建选区，如选框工具组、套索工具组、"魔棒"工具、"快速选择"工具、"色彩范围"命令等。在处理图像时，用户可以根据不同需要进行选择。打开图像文件后，先确定要设置的图像效果，然后选择较为合适的工具或命令创建选区。

比如使用"魔棒"工具创建选区，首先打开图像文件，选择"魔棒"工具，在"选项栏"控制面板中单击"添加到选区"按钮，设置"容差"数值为 30。然后使用"魔棒"工具在图像画面背景中单击创建选区，如图 8-19 所示。选择"选择"|"反选"命令，再按 Ctrl+J 组合键复制选区内的图像，然后关闭"背景"图层视图，在透明背景上观察抠图效果，如图 8-20 所示。

图 8-19 创建选区

图 8-20 抠图效果

2. 选区的操作

为了使创建的选区更加符合不同的使用需要，在图像中绘制或创建选区后还可以对选区进行多次修改或编辑。

- 修改选区："边界"命令可以选择现有选区边界的内部和外部的像素宽度。选择"选择"|"修改"|"边界"命令，打开如图 8-21 所示的"边界选区"对话框。在该对话框中的"宽度"数值框中可以输入一个 1 和 200 之间的像素值，然后单击"确定"按钮。新选区将为原始选定区域创建框架，此框架位于原始选区边界的中间。"平滑"命令用于平滑选区的边缘，选择"选择"|"修改"|"平滑"命令，打开如图 8-22 所示的"平滑选区"对话框。该对话框中的"取样半径"选项用来设置选区的平滑范围。还有"扩展"命令用于扩展选区，"收缩"命令用于收缩选区，"羽化"命令可以通过扩展选区轮廓周围的像素区域，达到柔和边缘效果。

图 8-21 "边界选区"对话框

图 8-22 "平滑选区"对话框

- 变换选区：创建选区后，选择"选择"|"变换选区"命令，或在选区内右击，在弹出的快捷菜单中选择"变换选区"命令，然后把光标移动到选区内，当光标变为▶形状时，即可拖动选区。使用"变换选区"命令除了可以移动选区外，还可以改变选区的形状，例如，对选区进行缩放、旋转和扭曲等。在变换选区时，直接通过拖动定界框的手柄可以调整选区，还可以配合 Shift、Alt 和 Ctrl 键的使用。
- 选区的运算：选区的运算是指在画面中存在选区的情况下，使用选框工具、套索工具和魔棒工具创建新选区时，新选区与现有选区之间进行运算，从而生成新的选区。选择选框工具、套索工具或魔棒工具创建选区时，"选项栏"控制面板中就会出现选区运算的相关按钮，如图 8-23 所示。比如单击"添加到选区"按钮后，使用选框工具在画布中创建选区时，如果当前画布中存在选区，光标将变成形状。此时绘制新选区，新建的选区将与原来的选区合并成为新的选区，如图 8-24 所示。

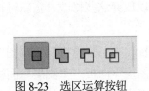
图 8-23 选区运算按钮

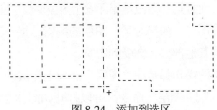
图 8-24 添加到选区

8.3.3 处理图像

Photoshop 作为图形图像处理软件工具，不仅具备基本的绘画功能和强大的选取能力，在图像处理方面更胜一筹。通过Photoshop可以轻松地实现图像朦胧、渐变、闪光等多种特殊效果。

1. 颜色设置

在Photoshop中使用各种绘图工具时，不可避免地要用到颜色的设定。在Photoshop中，用户可以通过多种工具设置前景色和背景色，如"拾色器"对话框、"颜色"面板、"色板"面板和"吸管"工具等，用户可以根据需要选择适合的方法。

比如单击工具面板下方的"设置前景色"或"设置背景色"图标都可以打开如图8-25所示的"拾色器"对话框。在"拾色器"对话框中可以基于HSB、RGB、Lab、CMYK等颜色模型指定颜色。

或者选择"窗口"|"颜色"命令，可以打开"颜色"面板。单击面板右上角的面板菜单按钮，在弹出的如图8-26所示的菜单中可以选择面板显示的内容。选择不同的色彩模式，面板中显示的内容也不同。

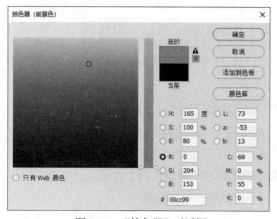

图8-25 "拾色器"对话框

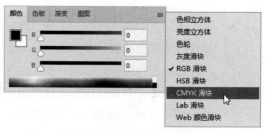

图8-26 使用"颜色"面板

2. 使用图层

图层是Photoshop中非常重要的一个概念，它是实现在Photoshop中绘制和处理图像的基础。

把图像文件中的不同部分分别放置在不同的独立图层上，这些图层就好像一些带有图像的透明纸，互相堆叠在一起。将每个图像放置在独立的图层上，用户就可以自由地更改文档的外观和布局，而且这些更改结果不会互相影响。在绘图、使用滤镜或调整图像时，这些操作只影响所处理的图层。如果对某一图层的编辑结果不满意，则可以放弃这些修改，重新进行调整，这时文档的其他部分不会受到影响。

对图层的操作都是在"图层"面板上完成的。在Photoshop中，任意打开一幅图像文件，选择"窗口"|"图层"命令，可以打开如图8-27所示的"图层"面板。"图层"面板用于创建、编辑和管理图层，以及为图层添加样式等。"图层"面板中列出了所有的图层、图层组和图层效果。如果要对某一图层进行编辑，首先需要在"图层"面板中单击选中该图层，所选中的图层称为"当前图层"。

在默认状态下,图层是按照创建的先后顺序堆叠排列的,即新创建的图层总是在当前所选图层的上方。打开素材图像文件,将光标放在一个图层上方,单击并将其拖曳到另一个图层的下方,当出现突出显示的蓝色横线时,放开鼠标,即可将其调整到该图层的下方,如图 8-28 所示。由于图层的堆叠结构决定了上方的图层会遮盖下方的图层,因此,改变图层顺序会影响图像的显示效果。

图 8-27 "图层"面板

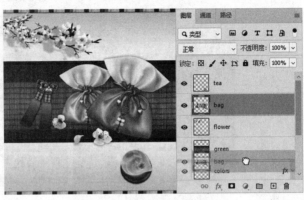

图 8-28 调整图层堆叠顺序

3. 使用矢量图形工具绘制图形

矢量图形是由贝塞尔曲线构成的图形。由于贝塞尔曲线具有精确和易于修改的特点,被广泛应用于计算机绘图领域,用于定义和编辑图像的区域。

Photoshop 中的钢笔工具和形状工具可以创建不同类型的对象,包括形状、工作路径和填充像素。选择一个绘制工具后,需要先在工具"选项栏"控制面板中选择绘图模式,包括"形状""路径"和"像素"3 种模式,然后才能进行绘图。

比如选择"自定形状"工具,在"选项栏"控制面板中单击"选择工作模式"按钮,在弹出的下拉列表中选择"形状"选项;单击"填充"选项,在弹出的下拉面板中单击"拾色器"图标,在打开的"拾色器"对话框中设置填充颜色,单击"确定"按钮,如图 8-29 所示。单击"形状"选项,在弹出的下拉面板中选中"箭头 9"形状,然后使用"自定形状"工具在图像中拖动绘制箭头形状,如图 8-30 所示。

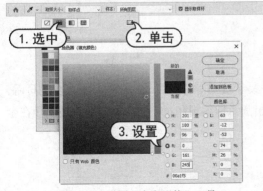

图 8-29 设置"自定形状"工具

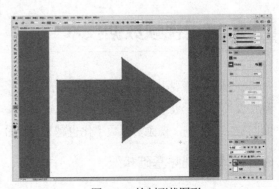

图 8-30 绘制形状图形

4. 修饰图像

使用 Photoshop 可以对图像进行修饰、润色等操作。其中，对图像的细节修饰包括模糊图像、锐化图像、加深图像、减淡图像及涂抹图像等。

比如使用"模糊"工具 修饰图像，其作用是降低图像画面中相邻像素之间的反差，使边缘的区域变柔和，从而产生模糊的效果，还可以柔化模糊局部的图像，如图 8-31 所示。

图 8-31 使用"模糊"工具

提示：

在使用"模糊"工具时，如果反复涂抹图像上的同一区域，会使该区域变得更加模糊不清。

单击"模糊"工具，即可显示如图 8-32 所示的"选项栏"控制面板。其主要选项参数的作用如下。

图 8-32 "模糊"工具的"选项栏"控制面板

- "模式"下拉列表：用于设置画笔的模糊模式。
- "强度"数值框：用于设置图像处理的模糊程度，参数值越大，模糊效果越明显。
- "对所有图层取样"复选框：选中该复选框后，模糊处理可以对所有的图层中的图像进行操作；取消选中该复选框，模糊处理只能对当前图层中的图像进行操作。

8.4 应用视频数据技术

视频因其直观、生动、具体、承载信息量大、易于传播等特点而成为一种必不可少的资源。数字视频是基于数字技术记录的，可以通过计算机随意地编辑和再创作。如今视频技术正在全面向数字化迈进，视频资源数字化也越来越普及。

8.4.1 数字视频基础知识

视频，又称为运动图像或活动图像，指的是内容随时间变化的一组动态图像。视频分为模拟视频和数字视频两类,模拟视频指由连续的模拟信号组成视频图像,存储介质是磁带或录像带,在编辑或转录过程中画面质量会降低。数字视频是把模拟信号变为数字信号,它描绘的是图像中的单个像素,可以直接存储在计算机存储设备中。

数字视频是基于数字技术发展起来的一种视频技术。数字视频与模拟视频相比具有很多优点。例如,在存储方面,数字视频更适合长时间存放;在复制方面,大量地复制模拟视频制品会产生信号损失和图像失真等问题,而数字视频不会产生这些问题;在编辑方面,数字视频编辑起来更加方便、快捷。

1. 视频的制式

目前,世界上主要有 NTSC 制、PAL 制和 SECAM 制三种视频制式标准。NTSC 制在美国、日本和加拿大被广为使用,NTSC 制式的视频图像为 30 帧/秒,每帧 525 行;PAL 制主要被中国、澳大利亚和大部分西欧国家采用,PAL 制式的视频画面为 25 帧/秒,每帧 625 行;SECAM 制主要在法国、中东和东欧一些国家使用,SECAM 制式的视频画面为 25 帧/秒,每帧 625 行。我们在日常生活中所见到的视频绝大多数为 PAL 制和 NTSC 制。

2. 视频分辨率

视频分辨率指的是视频的画面大小,常用图像的"水平像素×垂直像素"来表示。VCD 视频光盘的标准分辨率为 352×288(PAL)或 352×240(NTSC),SVCD 视频光盘的标准分辨率为 480×576(PAL)或 480×480(NTSC),DVD 视频光盘的标准分辨率为 720×576(PAL)或 720×480(NTSC)。普通电视信号的分辨率为 640×480,标清电视信号分辨率为 720×576,高清电视(HDTV)分辨率可达 1920×1080。

3. 视频压缩技术

视频压缩技术是计算机处理视频的前提。视频信号数字化后数据带宽很高,通常在 20MB/秒以上,因此计算机很难对之进行保存和处理。采用压缩技术通常会将数据带宽降到 1~10MB/秒,这样就可以将视频信号保存在计算机中并做相应的处理。常用的算法是由 ISO 制定的,即 JPEG 和 MPEG 算法。JPEG 是静态图像压缩标准,适用于连续色调彩色或灰度图像,它包括两部分:一是基于 DPCM(空间线性预测)技术的无失真编码,一是基于 DCT(离散余弦变换)和哈夫曼编码的有失真算法,前者压缩比很小,主要应用的是后一种算法。在非线性编辑中最常用的是 MJPEG 算法,即 Motion JPEG。它是将视频信号 50 帧/秒(PAL 制式)变为 25 帧/秒,然后按照 25 帧/秒的速度使用 JPEG 算法对每一帧压缩。通常压缩倍数在 3.5~5 倍时可以达到 Betacam 的图像质量。MPEG 算法是适用于动态视频的压缩算法,它除了对单幅图像进行编码外,还利用图像序列中的相关原则将冗余去掉,这样可以大大提高视频的压缩比。目前,MPEG-I 用于 VCD 节目中,MPEG-II 用于 VOD、DVD 节目中。

4. 数字视频的编码标准

数字视频编码标准的制定工作主要由国际标准化组织(ISO)和国际电信联盟(ITU)完成。由 ISO 和国际电工委员会(IEC)下属的"动态图像专家组"(moving picture experts group，MPEG)制定的标准主要针对视频数据的存储应用，也可以应用于视频传输，如 VCD、DVD、广播电视和流媒体等，它们以 MPEG-X 命名，如 MPEG-1 等。而由 ITU 组织制定的标准主要针对实时视频通信的应用，如视频会议和可视电话等，它们以 H.26X 命名，如 H.261 等。

(1) MPEG-X 系列标准，包括以下几种。

- MPEG-1：MPEG-1 标准制定于 1992 年，以约 1.5 Mb/s 的比特率对数字存储媒体的活动图像及其伴音进行压缩编码，采用 30 帧的 CIF 图像格式。使用 MPEG-1 标准压缩后的视频信号适于存储在 CD-ROM 光盘上，也适于在窄带信道(如 ISDN)、局域网(LAN)、广域网(WAN)中传输。

- MPEG-2：MPEG-2 标准制定于 1994 年，主要用于对符合 CCIR601 广播质量的数字电视和高清晰度电视进行压缩。MPEG-2 对 MPEG-1 进行了兼容性扩展，允许隔行扫描和逐行扫描输入、高清晰度输入；空间和时间上的分辨率可调整编码；适应隔行扫描的预测方法和块扫描方式。

- MPEG-4：MPEG-4 格式的主要用途在于网上流媒体、光盘、语音发送(视频电话)及电视广播。MPEG-4 包含了 MPEG-1 及 MPEG-2 的绝大部分功能及其他格式的优势，并加入及扩充对虚拟现实模型语言(virtual reality modeling language，VRML)的支持，面向对象的合成档案(包括音效、视讯及 VRML 对象)，以及数字版权管理(digital rights management，DRM)和其他互动功能。而 MPEG-4 比 MPEG-2 更先进的一个特点，就是不再使用宏区块做影像分析，而是以影像上个体为变化记录，因此尽管影像变化速度很快、码率不足时，也不会出现方块画面。

- MPEG-7：MPEG-7 标准被称为"多媒体内容描述接口"，主要对各种不同类型的多媒体信息进行标准化描述，将该描述与所描述的内容相联系，以实现快速有效的搜索。MPEG-7 既可应用于存储(在线或离线)，也可用于流式应用。

- MPEG-21：MPEG-21 标准的正式名称为"多媒体框架"或者"数字视听框架"，它致力于为多媒体传输和使用定义一个标准化的、可互操作的和高度自动化的开放框架，这个框架考虑到了 DRM(数字版权管理)的要求、对象化的多媒体接入及使用不同的网络和终端进行传输等问题，这种框架还会在一种互操作的模式下为用户提供更丰富的信息。

(2) H.26X 系列标准，包括以下几种。

- H.261：H.261 标准制定于 1990 年，是运行于 ISDN 上实现面对面视频会议的压缩标准，也是最早的视频压缩标准之一。由于 H.261 是架构在 ISDN 上，且 ISDN 的传输速度为 64 kb/s，因此 H.261 又称为 P×64，其中 P 为 1~30 的可变参数。H.261 使用帧间预测来消除空域冗余，并使用了运动矢量来进行运动补偿。

- H.263：H.263 标准制定于 1994 年，主要对视频会议和视频电信应用提供视频压缩。

H.263 是为低码率的视频编码而设定的(通常只有 20~30 kb/s)，不描述编码器和解码器自身，而是指明了编码流的格式与内容。

- H.264：H.264 标准完成于 2005 年，与其他现有的视频编码标准相比，具有更高的编码效率，可以在相同的带宽下提供更加优秀的图像质量，并且可以根据不同的环境使用不同的传输和播放速率，还可以很好地控制或消除丢包和误码。
- H.265：H.265 标准制定于 2013 年，可在低于 1.5 Mb/s 的传输带宽下，实现 1080P 全高清视频传输。H.265 标准也同时支持 4K(4096×2160 像素)和 8K(8192×4320 像素)超高清视频。
- AVS：AVS 是我国具备自主知识产权的第二代信源编码标准，是《信息技术先进音视频编码》系列标准的简称。AVS 标准包括系统、视频、音频、数字版权管理 4 个主要技术标准和符合性测试等支撑标准。

5. 数字视频的格式与转换

常见的数字视频文件主要分两大类：一类是普通的影像文件，另一类是流媒体文件。

(1) 普通影像文件。常见的普通影像文件主要有以下几种格式。

- AVI 格式：AVI (audio video interleaved，音频视频交错)格式可以将视频和音频交织在一起进行同步播放。它于 1992 年由 Microsoft 公司推出，优点是图像质量好，可以跨多个平台使用，其缺点是体积过于庞大，压缩标准不统一。
- MPEG 格式：MPEG(moving picture experts group)格式是运动图像压缩算法的国际标准，它采用了有损压缩方法以减少运动图像中的冗余信息。MPEG 的压缩方法是依据相邻两幅画面绝大多数相同，把后续图像中和前面图像有冗余的部分去除，从而达到压缩的目的(其最大压缩比可达到 200∶1)。
- DivX 格式：DivX 格式(DVDrip)是由 MPEG-4 衍生出的另一种视频编码(压缩)标准，采用了 MPEG-4 的压缩算法，同时又综合了 MPEG4 与 MP3 的技术，使用 DivX 压缩技术对 DVD 盘片的视频图像进行高质量压缩，同时用 MP3 或 AC3 技术对音频进行压缩，然后将视频与音频合成并加上相应的外挂字幕文件而形成的视频格式。其画质直逼 DVD，但体积只有 DVD 的几分之一。
- MP4 格式：MP4 的全称为 MPEG4 Part 14，是一种使用 MPEG-4 压缩算法的多媒体计算机档案格式。这种视频文件能够在很多场合中播放。
- MOV 格式：MOV 是美国 Apple 公司开发的一种视频格式，默认的播放器是苹果的 Quick Time Player，具有较高的压缩比和较完美的视频清晰度。其最大的特点是跨平台性，不仅支持 macOS 系统，也支持 Windows 系统。
- MKV 格式：Matroska 多媒体容器是一种开放标准的自由的容器和文件格式，是一种多媒体封装格式，能够在一个文件中容纳无限数量的视频、音频、图片或字幕轨道。所以 MKV 不是一种压缩格式，而是 Matroska 定义的一种多媒体容器文件。其最大的特点是能容纳多种不同类型编码的视频、音频及字幕流。不同类型视频的 Matroska 的文件扩展名有所不同，如携带了音频、字幕的视频文件是.MKV；对于3D立体影像视频是.MK3D；对于单一的纯音频文件是.MKA；对于单一的纯字幕文件是.MKS。

(2) 流媒体文件。流媒体技术(streaming media technology)是为解决以Internet为代表的中低带宽网络上多媒体信息(以视频、音频信息为重点)传输问题而产生、发展起来的一种网络新技术。常见的流媒体文件如下。

- ASF (advanced streaming format)格式：用户可以直接使用Windows Media Player播放ASF格式的文件。由于ASF格式使用了MPEG-4压缩算法，因此压缩率和图像的质量都较高。
- WMV (windows media video)格式：由微软推出的一种采用独立编码方式，并且可以直接在网上实时观看视频节目的文件压缩格式。WMV格式的主要优点包括本地或网络回放、可扩充的媒体类型、部件下载、可伸缩的媒体类型、流的优先级化、多语言支持、环境独立性、丰富的流间关系以及扩展性等。
- RM(real media)格式：Real Networks公司所制定的音频视频压缩规范称为Real Media，用户可以使用RealPlayer或Real One Player对符合Real Media技术规范的网络音频、视频资源进行实况转播，并且Real Media可以根据不同的网络传输速率制定不同的压缩比率，从而实现在低速率的网络上进行影像数据实时传送和播放。
- RMVB格式：一种由RM格式升级延伸出的新视频格式，它的先进之处在于打破了RM格式平均压缩采样的方式，在保证平均压缩比的基础上合理利用比特率资源。这种视频格式还具有内置字幕和无须外挂插件支持等优点。
- FLV格式：FLV流媒体格式是随着Flash MX的推出而发展起来的视频格式，是Flash Video的简称。它文件体积小巧，是普通视频文件体积的1/3，再加上CPU占有率低、视频质量良好等特点，在线上视频网站应用广泛。

由于视频文件格式种类较多，在使用视频文件时，有时需要对视频文件进行格式转换。可以实现格式转换的软件比较多，如格式工厂、万能视频格式转换器、Camtasia Studio等。

8.4.2 导入并编辑视频

对数字视频影像进行处理需要借助专门的计算机软件来进行，Adobe Premiere Pro 2020是Adobe Systems公司推出的优秀视频编辑软件，它集视频、音频处理功能于一体，无论对于专业人士还是新手都是一个得力助手。

双击Premiere Pro的启动图标，将出现Premiere Pro启动画面。稍后会出现如图8-33所示的欢迎窗口，单击其中的"新建项目"按钮，打开"新建项目"对话框，默认打开的是"常规"选项卡，用户可以在此选项卡中设置相关参数。如图8-34所示。

设置完成后，单击"确定"按钮，新建视频项目并进入Premiere Pro的工作界面中。Premiere Pro的工作界面主要由标题栏、菜单栏、"源"窗口、"项目"窗口、"节目"窗口、"时间轴"窗口、工具面板等组成，如图8-35所示。

第 8 章 多媒体技术及应用

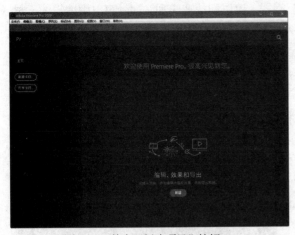

图 8-33 单击"新建项目"按钮

图 8-34 "常规"选项卡

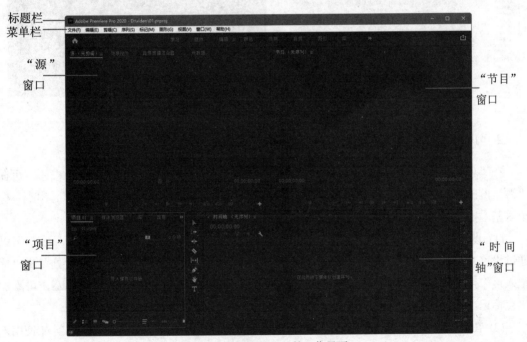

图 8-35 Premiere Pro 的工作界面

下面主要对工作界面中的 4 种窗口进行介绍。
- "源"窗口:"源"窗口也称为源监视器,可以在其中预览各个素材,还可以添加序列的素材并设置入点和出点、插入素材标记以及将素材添加到序列的时间轴中。
- "项目"窗口:"项目"窗口用于输入、组织和存储参考素材,所有导入的视音频和图像素材、素材编辑的序列、字幕及建立的蒙版等都位于该窗口中。
- "时间轴"窗口:该窗口可以显示"项目"窗口中创建或打开的序列的时间轴,包含多个视频轨道和音频轨道,可以对其进行编辑制作。

- "节目"窗口：该窗口也称为节目监视器，可以回放在序列时间轴窗口中编辑的素材，还可以设置序列标记并指定序列的入点和出点。"节目"窗口中显示的画面是时间轴中多个视频轨道素材编辑合成后的最终效果。

1. 导入素材

Premiere Pro 可将拍摄或其他来源的素材文件，通过导入命令放置到"项目"窗口，然后对其进行编辑制作。执行"文件"|"导入"命令，打开"导入"对话框，选择一个或多个文件，单击"打开"按钮，将素材文件导入"项目"窗口中，如图 8-36 所示。

除了视频素材以外，Premiere Pro 还可以导入图像序列文件或分层的图像文件。

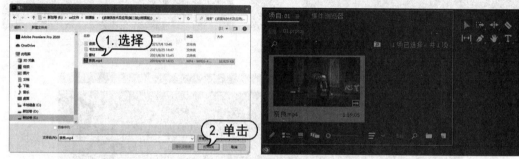

图 8-36 导入素材至"项目"窗口

2. 剪裁素材

在"项目"窗口中双击素材，可以将素材在"源"窗口中打开。单击"播放"按钮，可在"源"窗口中预览素材内容，如图 8-37 所示，预览的同时可以对素材进行设置入点、出点、标记等基本操作。

(1) 设置入点和出点。导入的素材往往需要去除片段中不需要的部分，在"源"窗口可以通过设置入点和出点来修剪素材。播放或拖动时间指示器，在需要的片段开始位置处单击"标记入点"按钮，可在对应时间点添加入点标记。同理，单击"添加出点"按钮，可添加出点标记。通过入点和出点标记的设置，可以在"源"窗口中将素材片段初步修剪。

(2) 在序列中剪裁。Premiere 还在"时间轴"窗口中提供了多种剪裁素材的方式，如使用入点和出点或者其他的编辑工具。首先将素材拖曳到"时间轴"窗口中，此时"时间轴"窗口和"节目"窗口中将分别显示素材的时间线和具体内容，如图 8-38 所示。

- 单击工具面板中的"选择工具"，将鼠标指针放在要缩放的素材边缘，当其变化为形状后拖动鼠标即可变化素材的长短。对于图像素材或字幕等静止素材，"选择工具"既可缩短又可加长素材；而对于视频或音频等动态素材，"选择工具"只能缩短素材长度。

- 单击工具面板中的"波纹编辑工具"，将鼠标指针放置到两个素材的连接处并拖动鼠标调节素材长度，相邻素材会相应前移或后退，相邻素材长度不变，而总素材长度发生改变。

图 8-37 在"源"窗口中打开素材

图 8-38 "时间轴"窗口和"节目"窗口

- 单击工具面板中的"向前选择轨道工具" ![] 或"向后选择轨道工具" ![],可选择某一剪辑及其自己轨道中的所有右侧剪辑或左侧剪辑。
- 单击工具面板中的"外滑工具" ![] 或"内滑工具" ![],如选择"外滑工具"时,可同时更改"时间轴"窗口内某剪辑的入点和出点,并保留入点和出点之间的时间间隔不变。例如,将"时间轴"窗口内的一个 10 秒剪辑修剪到了 5 秒,可以使用"外滑工具"来确定剪辑的哪个 5 秒部分显示在"时间轴"窗口内。选择"内滑工具"时,可将"时间轴"窗口内的某个剪辑向左或向右移动,同时修剪其周围的两个剪辑。三个剪辑的组合持续时间以及该组在"时间轴"窗口内的位置将保持不变。
- 单击工具面板中的"剃刀工具" ![],可在"时间轴"窗口内的剪辑中进行一次或多次切割操作。单击剪辑内的某一点后,该剪辑即会在此位置精确拆分素材,如图 8-39 所示。要在此位置拆分所有轨道内的剪辑,按住 Shift 键并在任何剪辑内单击相应点。

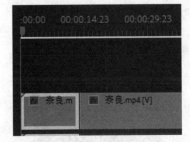

图 8-39 使用"剃刀工具"拆分素材

(3) 添加关键帧。在视频制作中,可通过关键帧的添加和变化,使得静止的画面动起来,或者使动态的视频画面移动、缩放、旋转或不透明度发生改变。也可以为素材另外添加效果,通过创建关键帧得到更多的变化效果。

首先打开"效果控件"面板,确定要添加关键帧的时间位置,单击某个属性前面的秒表,添加一个关键帧,将时间指示器移到其他位置,修改该属性对应的数值时,将自动记录关键帧。也可以单击关键帧导航器中间的"添加/移除关键帧"按钮,可按当前的属性值添加关键帧,如图 8-40 所示。

(4) 导出视频文件。素材编辑完成后,需导出为视频文件。在"节目"窗口中,拖动选择整个序列,或在"项目"窗口中选择这个节目的序列文件,选择"文件"|"导出"|"媒体"命令,打开如图 8-41 所示的"导出设置"对话框,根据格式需要选择相应格式。在该对话框中注意查看导出的"摘要"信息,其中列出了导出"源"和"输出"的具体位置、参数等。如果符合导出需要,单击对话框下方的"导出"按钮,即可完成导出工作。

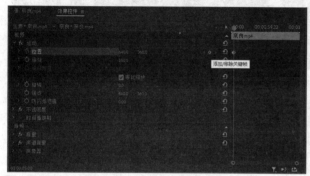

图 8-40　单击"添加/移除关键帧"按钮

图 8-41　"导出设置"对话框

8.4.3　添加视频效果

在视频处理过程中,一段视频结束,另一段视频紧接着开始,这就是镜头切换。为了使切换衔接自然或更加有趣,可以使用各种赏心悦目的过渡效果,来增强视频作品的艺术感染力。

在 Premiere Pro 中的"效果"面板中提供了 6 类效果,分别是"预设""Lumetri 预设""音频效果""音频过渡""视频效果""视频过渡",如图 8-42 所示。虽然每个过渡效果切换都是唯一的,但是控制视频切换过渡效果的方式却有多种。它们都位于"效果"面板下的"视频过渡"拓展选项中,如图 8-43 所示。

图 8-42　"效果"面板

图 8-43　"视频过渡"效果

使用视频效果时,只需要在"效果"面板的"视频效果"素材箱中把需要的效果拖动到"时间轴"窗口的素材片段上,并根据需要在"源"窗口的"效果控件"面板中调整参数,最后在"节目"窗口中看到所应用的效果。

比如选择"视频效果"|"图像控制"|"颜色平衡(RGB)"选项，拖动到"时间轴"窗口的第一段素材片段上，如图 8-44 所示。此时在"源"窗口的"效果控件"面板中显示"颜色平衡(RGB)"选项，调整红色、绿色、蓝色的数值，还可以添加蒙版或路径控制颜色效果的范围，如图 8-45 所示。在"节目"窗口中可以查看调整过效果的视频，如图 8-46 所示。

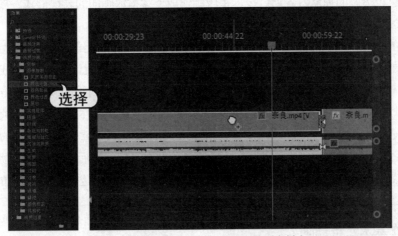

图 8-44　选择视频效果选项并拖动到素材上

图 8-45　设置属性

图 8-46　视频效果

如果对应用的视频效果不满意，或者不需要视频效果，可以将其删除，在"源"窗口的"效果控件"面板中需要删除的效果上右击，在弹出的快捷菜单中选择"清除"命令即可。

8.5　应用动画数据技术

动画是一种综合艺术，它是集合了绘画、漫画、电影、摄影、音乐、文学等众多艺术门类于一身的表现形式。动画可分为二维动画和三维动画，动画数据技术是多媒体产品中很具吸引力的技术，广泛用于网络架构、游戏开发、广告设计、特效制作等领域。

8.5.1 二维和三维动画知识

动画是将静止的画面变为动态的艺术，实现由静止到运动的过程。动画是一种将"隐式"意识外化为"显式"形态的过程，是一种技术和艺术相结合的产物。在多媒体技术领域里，动画是将一段意识形态的抽象内容通过技术手段制作成连续播放画面的表现形式，展现在网络、移动端、播放器等媒体上的一种动态影片。

从动画的视觉空间划分，动画可分为二维动画(平面动画)和三维动画(空间动画)。二维动画是指平面的动画表现形式，它运用传统动画的概念，通过平面上物体的运动或变形来实现动画的过程，具有强烈的表现力和灵活的表现手段。创作二维动画的软件有 Animate、GIF Animator 等。三维动画是指模拟三维立体场景中的动画效果，虽然它也是由一帧帧的画面组成的，但它表现了一个完整的立体世界。三维动画是计算机三维软件按照一定的比例进行模型创建(包括角色、物体、场景等模型)及场景的材质贴图设定，然后创建角色骨骼，模拟角色动作，最后设置室内外灯光及环境，并生成最终的动画效果。目前创作三维动画的软件有 3ds Max、Maya 等。

8.5.2 制作基本二维动画

使用 Adobe Animate 2020，可以通过文字、图片、视频、声音等综合手段展现二维动画意图，通过强大的交互功能实现与动画观看者之间的互动。

Animate 的工作界面主要包括标题栏、菜单栏、"工具"面板、"时间轴"面板、面板集、舞台等界面要素，如图 8-47 所示。

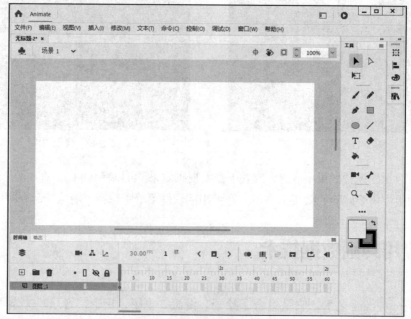

图 8-47　Animate 2020 的工作界面

1. 帧

帧是 Animate 动画的基本组成部分，Animate 动画是由不同的帧组合而成的。时间轴是摆放和控制帧的地方，帧在时间轴上的排列顺序将决定动画的播放顺序，至于每一帧中的具体内容，则需在相应的帧的工作区域内进行制作。

在 Animate 中，用来控制动画播放的帧具有不同的类型，选择"插入"|"时间轴"命令，在弹出的子菜单中显示了帧、关键帧和空白关键帧 3 种类型的帧。

不同类型的帧在动画中发挥的作用也不同，这 3 种类型的帧的具体作用如下。

- 帧(普通帧)：连续的普通帧在时间轴上用灰色显示，并且在连续的普通帧的最后一帧中有一个空心矩形块，如图 8-48 所示。连续的普通帧的内容都相同，在修改其中的某一帧时其他帧的内容也同时被更新。由于普通帧的这个特性，通常用它来放置动画中静止不变的对象(如背景和静态文字)。
- 关键帧：关键帧在时间轴中是含有黑色实心圆点的帧，是用来定义动画变化的帧，在动画制作过程中是最重要的帧类型，如图 8-49 所示。在使用关键帧时不能太频繁，过多的关键帧会增大文件的大小。补间动画的制作就是通过关键帧内插的方法实现的。

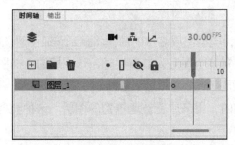 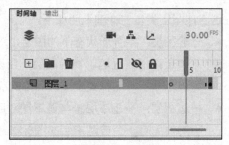

图 8-48　普通帧　　　　　　　　图 8-49　关键帧

- 空白关键帧：在时间轴中插入关键帧后，左侧相邻帧的内容就会自动复制到该关键帧中，如果不想让新关键帧继承相邻左侧帧的内容，可以采用插入空白关键帧的方法。在每一个新建的 Animate 文档中都有一个空白关键帧。空白关键帧在时间轴中是含有空心小圆圈的帧，如图 8-50 所示。

图 8-50　空白关键帧

提示：

因为文档会保存每一个关键帧中的形状，所以制作动画时只需在插图中有变化的地方创建关键帧即可。

2. 图层

使用图层可以将动画中的不同对象与动作区分开，例如可以绘制、编辑、粘贴和重新定位一个图层上的元素而不会影响其他图层，因此不必担心在编辑过程中会对图像产生无法恢复的误操作。

图层位于"时间轴"面板的左侧，在 Animate 2020 中，图层分为 5 种类型，即一般图层、遮罩层、被遮罩层、引导层、被引导层，如图 8-51 所示。

图 8-51 图层的类型

这 5 种图层类型的详细说明如下。
- 一般图层：指普通状态下的图层，这种类型图层名称的前面将显示普通图层图标 。
- 遮罩层：指放置遮罩物的图层，当设置某个图层为遮罩层时，该图层的下一图层默认为被遮罩层。这种类型图层名称的前面有一个遮罩层图标 。
- 被遮罩层：被遮罩层是与遮罩层对应的、用来放置被遮罩物的图层。这种类型图层名称的前面有一个被遮罩层的图标 。
- 引导层：在引导层中可以设置运动路径，用来引导被引导层中的对象依照运动路径进行移动。当图层被设置成引导层时，在图层名称的前面会出现一个运动引导层图标 ，该图层的下方图层系统默认为被引导层；如果引导图层下没有任何图层作为被引导层，那么在该引导图层名称的前面就出现一个引导层图标 。
- 被引导层：被引导层与其上面的引导层是对应的，当上一个图层被设定为引导层时，这个图层会自动转变成被引导层，并且图层名称会自动进行缩排，被引导层的图标和一般图层一样。

3. 元件和实例

在制作动画的过程中，经常需要重复使用一些特定的动画元素，用户可以将这些元素转换为元件，在制作动画时多次调用。"库"面板是放置和组织元件的地方。

元件是指在 Animate 创作环境中或使用 SimpleButton (AS 3.0) 和 MovieClip 类一次性创建的图形、按钮或影片剪辑。用户可在整个文档或其他文档中重复使用该元件。

打开 Animate 2020，选择"插入"|"新建元件"命令，打开"创建新元件"对话框，如图 8-52 所示。单击"高级"按钮，可以展开对话框，显示更多高级设置。

在"创建新元件"对话框中的"类型"下拉列表中可以选择创建的元件类型，用户可以选择"影片剪辑""按钮"和"图形"3种类型的元件。这3种类型的元件的具体作用如下。

- "影片剪辑"元件："影片剪辑"元件是 Animate 影片中一个相当重要的角色，它可以是一段动画，而大部分的 Animate 影片其实都是由许多独立的影片剪辑元件实例组成的。"影片剪辑"元件拥有独立的多帧时间轴，可以不受场景和主时间轴的影响。"影片剪辑"元件的图标为 。
- "按钮"元件：使用"按钮"元件可以在影片中创建响应鼠标单击、滑过或其他动作的交互式按钮，它包括"弹起""指针经过""按下"和"点击"4 种状态，每种状态上都可以创建不同内容，并定义与各种按钮状态相关联的图形，然后指定按钮实现的动作。"按钮"元件另一个特点是每个显示状态均可以通过声音或图形来显示，从而构成一个简单的交互性动画。"按钮"元件的图标为 。
- "图形"元件：对于静态图像可以使用"图形"元件，并可以创建几个链接到主影片时间轴上的可重用动画片段。"图形"元件与影片的时间轴同步运行，交互式控件和声音不会在"图形"元件的动画序列中起作用。"图形"元件的图标为 。

实例是元件在舞台中的具体体现，创建实例的过程就是将元件从"库"面板中拖到舞台中。此外，还可以对创建的实例进行修改，从而得到依托于该实例的其他效果。"库"面板是集成库项目内容的面板，"库"项目是库中的相关内容。选择"窗口"|"库"命令，打开"库"面板。"库"面板的列表主要用于显示库中所有项目的名称，可以通过其查看并组织这些文档中的元素，如图 8-53 所示。

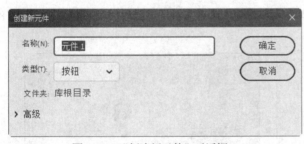

图 8-52　"创建新元件"对话框

图 8-53　"库"面板

4. 制作逐帧动画

逐帧动画是最简单的一种动画形式。逐帧动画的原理是在连续的关键帧中分解动画动作，也就是要创建每一帧的内容，才能连续播放而形成动画。

（1）启动 Animate 2020，打开一个素材文档，如图 8-54 所示。

（2）选择"插入"|"新建元件"命令，打开"创建新元件"对话框，创建名为"跑步"的影片剪辑元件，单击"确定"按钮，如图 8-55 所示。

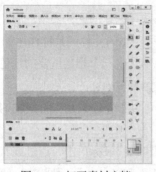

图 8-54 打开素材文档　　　　　　图 8-55 创建元件

(3) 进入元件编辑窗口,选择"文件"|"导入"|"导入到舞台"命令,打开"导入"对话框,选择一组图片中的第1张图片文件,单击"打开"按钮,如图 8-56 所示。

(4) 弹出提示对话框,单击"是"按钮,将该组图片都导入舞台,如图 8-57 所示。

图 8-56 导入文件　　　　　　图 8-57 提示对话框

(5) 图片全部导入后,单击"返回"按钮←,返回至场景1,如图 8-58 所示。

(6) 将"跑步"影片剪辑元件从"库"面板中拖入舞台,并调整图形的大小和位置,如图 8-59 所示。

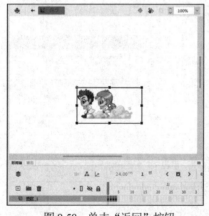

图 8-58 单击"返回"按钮　　　　　　图 8-59 将元件拖入舞台

(7) 选择"文件"|"另存为"命令,打开"另存为"对话框,设置保存路径和文件名称,保存文档,按 Ctrl+Enter 键测试影片,显示跑步的动画效果。

8.5.3 三维建模

三维软件种类繁多，造型方法各不相同，但大多都具备三维模型创建、渲染输出、动画关键帧、骨骼系统、毛发系统和动力学模块等。其中 3ds Max 软件在模型塑造、动画及特效等方面都能制作出高品质的对象。

几何体建模是 3ds Max 中最简单的建模方法。用户通过创建几何体类型的元素，进行各元素之间的参数与位置调整，可以建立新的模型。

例如在 3ds Max 的"创建"面板"几何体"选项卡 中单击"标准基本体"下拉按钮，在弹出的下拉列表中选择"扩展基本体"选项，然后在显示的面板中单击"切角圆柱体"按钮，在顶视图中创建一个切角圆柱体，如图 8-60 所示。

单击"创建"面板中的"扩展基本体"下拉按钮，在弹出的下拉列表中选择"标准基本体"选项，在显示的下拉面板中单击"圆锥体"按钮，在顶视图中创建一个圆锥体，并在"参数"卷展栏中设置参数，如图 8-61 所示。

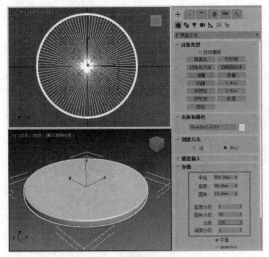

图 8-60 创建切角圆柱体

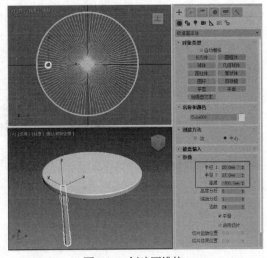

图 8-61 创建圆锥体

在菜单栏中选择"工具"|"阵列"命令，打开"阵列"对话框，单击"旋转"选项后的 按钮，设置 Z 轴等参数，然后单击"确定"按钮，如图 8-62 所示。此时，将在场景中创建如图 8-63 所示的圆几模型。

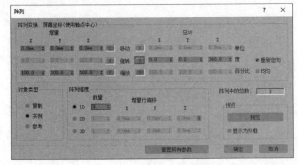

图 8-62 "阵列"对话框

图 8-63 圆几模型效果

8.6 课后习题

1. 简述多媒体计算机系统的组成。
2. 数字音频主要有几种格式？
3. 简述位图和矢量图的概念和区别。
4. 简述数字视频的编码标准。

第 9 章

计算机应用新技术

新一代信息技术是以人工智能、移动通信、物联网、区块链等为代表的新兴技术。它既是信息技术的纵向升级,也是信息技术之间及其与相关产业的横向融合。本章将简要介绍云计算、大数据、物联网、人工智能、虚拟现实和区块链等相关内容。

9.1 认识云计算

云计算是一种通过 Internet 以服务的方式提供动态可伸缩的虚拟化资源的计算模式。通过了解云计算的基本概念和分类,进一步认识到云计算在信息技术中的应用。

9.1.1 云计算的概念

云计算(cloud computing)将一些抽象的、虚拟化的、可动态扩展和管理的计算能力、存储平台和服务等汇聚成资源池,再通过互联网按需交付给终端用户的计算模式。这是网格计算、分布式计算、并行计算、网络存储、虚拟化、负载均衡等传统计算机技术和网络技术发展融合的产物。

云计算是一种按使用量付费的模式,这种模式提供可用的、便捷的、按需的网络访问,进入可配置的计算资源共享池(资源包括网络服务器、存储、应用软件和服务),这些资源能够被快速提供,只需投入很少的管理工作,或与服务供应商进行很少的交互。

云计算旨在通过网络把多个成本相对较低的计算实体整合成一个具有强大计算能力的完美系统,并借助 SaaS、PaaS、IaaS、MSP 等先进的商业模式把这强大的计算能力分布到终端用户手中。云计算的一个核心理念就是通过不断提高"云"的处理能力,进而减少用户终端处理负担,最终使用户终端简化成一个单纯的输入输出设备,并能按需享受"云"的强大计算能力。

9.1.2 云计算的服务和部署模式

云计算是一种新的计算,也是一种新的服务模式,为各个领域提供技术支持和个性化服务。

1. 云计算的服务方式

云计算服务提供方式包含基础设施即服务(Infrastructure as a Service,IaaS)、平台即服务(Platform as a Service,PaaS)和软件即服务(Software as a Service,SaaS)3种类型。IaaS提供的是用户直接使用计算资源、存储资源和网络资源的能力;PaaS提供的是用户开发、测试和运行软件的能力;SaaS则是将软件以服务的形式通过网络提供给用户。

这3类云计算服务中,IaaS处于整个架构的底层;PaaS处于中间层,可以利用IaaS层提供的各类计算资源、存储资源和网络资源来建立平台,为用户提供开发、测试和运行环境;SaaS处于最上层,既可以利用PaaS层提供的平台进行开发,也可以直接利用IaaS层提供的各种资源进行开发。

- 基础设施即服务(IaaS):基础设施即服务是指用户通过Internet可以获得IT基础设施硬件资源,并可以根据用户资源使用量和使用时间进行计费的一种能力和服务。提供给消费者的服务是对所有计算基础设施的利用,包括CPU、内存、存储、网络等计算资源,用户能够部署和运行任意软件,包括操作系统和应用程序。为了优化资源硬件的分配问题,IaaS层广泛采用了虚拟化技术,代表产品有OpenStack、IBM Blue Cloud、Amazon EC2等。
- 平台即服务(PaaS):平台即服务是通过服务器平台把开发、测试、运行环境提供给客户的一种云计算服务,它是介于IaaS和SaaS之间的一种服务模式。在该服务模式中,用户购买的是计算能力、存储、数据库和消息传送等,底层环境大部分PaaS平台已经搭建完毕,用户可以直接创建、测试和部署应用及服务,并通过该平台传递给其他用户使用。PaaS的主要用户是开发人员,与传统的基于企业数据中心平台的软件开发相比,用户可以大大减少开发成本。比较知名的PaaS平台有阿里云开发平台、华为DevCloud等。
- 软件即服务(SaaS):软件即服务是一种通过互联网向用户提供软件的服务模式。在这种模式下,用户不需要购买软件,而是通过互联网向特定的供应商租用自己所需求的相关软件服务功能。相对于普通用户来说,软件即服务可以让应用程序访问泛化,把桌面应用程序转移到网络上去,随时随地使用软件。生活中,几乎人们每一天都在接触SaaS云服务,如平常使用的微信小程序、新浪微博以及在线视频服务等。

2. 云计算的部署模式

不同的用户在使用云服务时,需求也各不相同。有的人可能只需要一台服务器,而有的企业涉及数据安全,则对于隐私保密比较看重,因此面对不同的场景,云计算服务需要提供不同的部署模式。云计算服务的部署模式有公有云、私有云和混合云三大类。

- 公有云:公有云是第三方提供商为用户提供的能够使用的云,其核心属性是共享资源服务。在此种模式下,应用程序、资源、存储和其他服务都由云服务供应商提供给用户,这些服务有的是免费的,有的是按需求和使用量来付费,这种模式只能通过互联网来访问和使用。用户使用IT资源的时候,感觉资源是其独享的,并不知道还有哪些用户在共享该资源。云服务提供商负责所提供资源的安全性、可靠性和私密性。对用户而言，公有云的最大优点是其所应用的程序、服务及相关数据都由公有云服务商提供，用户无须对硬件设施和软件开发进行相应的投资和建设，使用时仅需购买相应服务即可。但是由于数据存储在公共服务器上且具有共享性，其安全性存在一定的风险。同时，公有云的可用性依赖于服务商，不受用户控制，这方面也存在一定的不确定性。公有云的主要构建方式包括独立构建、联合构建、购买商业解决方案和使用开源软件等。

- 私有云：私有云是指为特定的组织机构建设的单独使用的云，它所有的服务只提供给特定的对象或组织机构使用，因而可对数据存储、计算资源和服务质量进行有效控制，其核心属性是专有资源服务。私有云的部署比较适合于有众多分支机构的大型企业或政府部门。相对于公有云，私有云部署在企业内部网络，其数据安全性、系统可用性都可以由自己控制，但企业需要有大量的前期投资，私有云的规模比公有云一般要小得多。创建私有云的方式主要有两种，一种是使用 OpenStack 等开源软件将现有的硬件整合成一个云，适合于预算少或者希望提高现有硬件利用率的企业和机构；另一种是购买商业解决方案，适用于预算充裕的企业和机构。

- 混合云：混合云是指供自己和客户共同使用的云，它所提供的服务既可以供别人使用，也可以供自己使用。相比较而言，混合云的部署方式对提供者的要求比较高。在混合云部署模式下，公有云和私有云相互独立，但在云的内部又相互结合，可以发挥出公有云和私有云各自优势，混合云可以使用户既享有私有云的私密性，又能有效利用公有云的廉价计算资源，从而达到既省钱又安全的目的。混合云的构建方式有两种，一种是外包企业的数据中心，即企业搭建一个数据中心，但具体维护和管理工作给专业的云服务提供商，或者邀请云服务提供商直接在企业内部搭建专供本企业使用的云计算中心，并在建成后负责以后的维护工作；另一种购买私有云服务，即通过购买云供应商的私有云服务，将公有云纳入企业的防火墙内，并在这些计算资源和其他公有云资源之间进行隔离。

9.1.3 云计算的特点和应用

云计算的主要特点是超大规模、虚拟化、按需服务、高可靠性、低成本、隐私安全难保障等。"云"的好处在于，无须关心存储或计算发生在哪朵"云"上，一旦有需要，可以在任何地点并用任何设备快速地计算和找到所需的资料，不用担心资料丢失。

随着云计算技术的发展，"云"应用已遍及政务、商业、交通、教育、医疗等各个领域，下面是云计算的 4 个比较典型的应用。

- 云存储：以数据存储和管理为核心的云计算系统。我们常见的有百度云盘、中国移动 139 邮箱等。
- 云桌面：又称桌面虚拟化、云计算机，是基于服务器虚拟化和桌面虚拟化技术基础上的软硬件一体的私有云解决方案。比如学校常用的 VDI(virtual desktop instructure，虚拟桌面架构)，在校内或者在外面使用计算机都可登录进入该云桌面使用其软件和存储等资源，不用担心文件丢失或者软件打不开等问题。
- 云办公：以"办公文档"为中心提供文档编辑、文档存储、协作、沟通、移动办公、OA等云办公服务。
- 云安全：以专业的反病毒技术，对海量的安全软件客户端收集上传的全网共享安全知识库的数据进行特征分析和查杀等处理，以及提供全局预警的开放云安全体系。

云计算发展至今，几乎各行各业都在使用云计算，在教育、金融、政务、医疗、通信、零售等领域使用较为广泛。云计算与大数据、物联网和人工智能的关系也十分密切，能为其提供计算能力，使其功能强大。

9.1.4 主流云服务商及其产品

市场上的云计算产品、服务类型多种多样，在选择时不仅要看产品类型是否符合自身需求，还要看云产品服务商的品牌声誉、技术实力以及政府的监管力度。

目前国内外云服务商非常多，早期云服务市场主要被美国垄断，如亚马逊AWS、微软Azure等，近年来国内云服务商发展迅速，已经占据国内外较大市场份额，知名的云服务商有阿里云、腾讯云、华为云、百度云等。

1. 国外主流云服务商及其产品

亚马逊公司是做电商起步的，由于平台的服务器硬件等计算资源出现富余，于是开始对外出租资源，并逐渐成为世界上最大的云计算服务公司之一。目前，亚马逊旗下的AWS(Amazon Web Services)已在全球20多个地理区域内运营着80多个可用区，为数百万客户提供200多项云服务业务，其主要产品包括亚马逊弹性计算云、简单存储服务、简单数据库等。

2. 国内主流云服务商及其产品

国内主流云服务商及其产品包括以下几种。
- 阿里云：阿里云是阿里巴巴集团旗下云计算品牌，创立于2009年，在杭州、北京、美国硅谷等地设有研发中心和运营机构。其主要产品包括弹性计算、数据库、存储、网络、大数据、人工智能等。
- 华为云：华为云隶属于华为公司，创立于2005年，在北京、深圳、南京等多地及海外设立有研发和运营机构。其主要产品包括弹性计算云、对象存储服务、桌面云等。
- 腾讯云：腾讯云是腾讯公司旗下产品，经过孵化期后，于2010年开放平台并接入首批应用，腾讯云正式对外提供云服务。其主要产品包括计算与网络、存储、数据库、安全、大数据、人工智能等。

租赁一台云服务器，需要配置的主要参数包括CPU、硬盘、内存、线路、带宽以及服务器所在地域等。云服务器的配置关系到服务器的性能，同时与租赁价格直接挂钩。因此，在选择配置云服务器的时候，要结合性能、工作负载和价格等因素，做出稳定性与性价比最优的决策。

9.2 认识移动互联网和物联网

移动互联网(mobile internet, MI)，就是将移动通信和互联网二者结合起来。5G时代的开启以及移动终端设备的凸显，必将为移动互联网的发展注入巨大的能量。随着移动互联网的进步，当下万物互联的物联网概念已经成为公认的发展大趋势。

9.2.1 移动互联网的概念和业务模式

移动互联网是指互联网的技术、平台、商业模式和应用与移动通信技术结合并实践的活动总称；是一种通过智能移动终端，采用移动无线通信方式获取业务和服务的新兴业务，包含终端、软件和应用3个层面。终端层包括智能手机、平板电脑、电子书、MID等；软件层包括操作系统、中间件、数据库和安全软件等；应用层包括休闲娱乐类、工具媒体类、商务财经类等不同应用与服务。随着技术和产业的发展，LTE(long term evolution，长期演进，4G通信技术标准之一)和NFC(near field communication，近场通信，移动支付的支撑技术)等网络传输层关键技术也被纳入移动互联网的范畴之内。

随着宽带无线接入技术和移动终端技术的飞速发展，人们迫切希望能够随时随地乃至在移动过程中都能方便地从互联网获取信息和服务，移动互联网应运而生并迅猛发展。然而，移动互联网在移动终端、接入网络、应用服务、安全与隐私保护等方面还面临着一系列的挑战。其基础理论与关键技术的研究，对于国家信息产业整体发展具有重要的现实意义。

我国的移动互联网由中国电信、中国移动与中国新联通在3G牌照发照后开展，现在正在全面普及5G业务。移动互联网的智能设备主要有手机和平板电脑等。

移动互联网的业务模式主要有以下几点。

- 移动广告将是移动互联网的主要盈利来源：手机广告是一项具有前瞻性的业务形态，可能成为下一代移动互联网繁荣发展的动力因素。
- 手机游戏将成为娱乐化先锋：随着产业技术的进步，移动设备终端上会发生一些革命性的质变，带来用户体验的跳跃。加强游戏触觉反馈技术，可以预见，手机游戏作为移动互联网的杀手级盈利模式，无疑将掀起移动互联网商业模式的全新变革。
- 手机电视将成为时尚人士新宠：手持电视用户主要集中在积极尝试新事物、个性化需求较高的年轻群体，这样的群体在未来将逐渐扩大。
- 移动电子阅读填补狭缝时间：因为手机功能扩展、屏幕更大更清晰、容量提升、用户身份易于确认、付款方便等诸多优势，移动电子阅读正在成为一种流行迅速传播开来。
- 移动定位服务提供个性化信息：随着随身电子产品日益普及，人们的移动性在日益增强，对位置信息的需求也日益高涨，市场对移动定位服务需求将快速增加。

- 手机搜索将成为移动互联网发展的助推器：手机搜索引擎整合搜索概念、智能搜索、语义互联网等概念，综合了多种搜索方法，可以提供范围更宽广的垂直和水平搜索体验，更加注重提升用户的使用体验。
- 手机内容共享服务将成为客户的黏合剂：手机图片、音频、视频共享被认为是 5G 手机业务的重要应用。
- 移动支付蕴藏巨大商机：支付手段的电子化和移动化是不可避免的必然趋势，移动支付业务发展预示着移动行业与金融行业融合的深入。
- 移动社交将成为客户数字化生存的平台：在移动网络虚拟世界里面，服务社区化将成为焦点。社区可以延伸出不同的用户体验，提高用户对企业的黏性。

9.2.2 物联网的定义和特征

物联网的定义是：将物品通过射频识别信息、传感设备与互联网连接起来，实现物品的智能化识别和管理。该定义体现了物联网的三个主要本质特征。

- 互联网特征：物联网的核心和基础仍然是互联网，需要联网的物品一定要能够实现互联互通。
- 识别与通信特征：纳入物联网的"物"一定要具备自动识别(如 RFID)与物物通信(M2M)的功能。
- 智能化特征：网络系统应具有自动化、自我反馈与智能控制的特点。

物联网中的"物"要满足以下条件。

- 要有相应信息的接收器。
- 要有数据传输通路。
- 要有一定的存储功能。
- 要有专门的应用程序。
- 要有数据发送器。
- 遵循物联网的通信协议。
- 在网络中有被识别的唯一编号。

通俗地说，物联网就是物物相连的互联网。这里有两层含义，一是物联网的核心和基础仍然是互联网，是在互联网基础上延伸和扩展的网络；二是用户端延伸和扩展到了物品和物品之间进行信息交换的通信。物联网包括互联网上所有的资源，兼容互联网所有的应用，但物联网中所有的元素(如设备、资源及通信等)都是个性化和私有化的。

9.2.3 物联网的应用和发展趋势

物联网通过智能感知、识别技术和普适计算，广泛应用于社会各个领域之中，因此被称为继计算机、互联网之后信息产业发展的第三次浪潮。物联网并不是一个简单的概念，它联合了众多对人类发展有益的技术，为人类提供着多种多样的服务。

1. 物联网的技术应用

物联网主要通过以下几种关键技术提供服务应用。

- **传感器技术**：把模拟信号转换成数字信号，收集、识别万物信息并通过网络上传到数据库中。
- **RFID 技术**：RFID 技术也是一种传感器技术，是融合了无线射频技术和嵌入式技术于一体的综合技术。RFID 在自动识别、物品物流管理方面有着广阔的应用前景。
- **二维码**：又称二维条码，是用特定的几何图形按一定规律在平面(二维方向)上分布的黑白相间的图形来记录信息的条形码。因为二维条码是在水平和垂直方向的二维空间存储信息的条码，所以存储信息量比商品上的一维条码存储的信息量大，而且具有纠错能力，用手机摄像头一拍，立刻解码出丰富的信息内涵。在我们的实际生活中，二维码已是随处可见，应用广泛。
- **嵌入式系统技术**：嵌入式系统技术是综合了计算机软硬件、传感器技术、集成电路技术、电子应用技术于一体的复杂技术，在智能家电等设备中广泛应用。
- **网络技术**：物联网和云计算都需要网络支持，现在移动互联网、IPv6 和 5G 通信技术已经开始得到广泛应用。

物联网提供源源不断的大数据，再通过网络进行云存储，用云计算的强大计算能力来实现数据处理和挖掘其应用价值。物联网在物流行业广泛用于物流跟踪，在种植、食品行业广泛用于产品追溯，在各行各业都具有应用价值。

2. 物联网的发展趋势

随着万物互联的物联网时代的来临，其作为新一代信息技术的高度集成和综合运用，将对新一轮产业变革和经济社会绿色、智能、可持续发展起到重要作用。物联网未来的发展趋势主要有新机遇和新挑战两方面。

随着我国物联网行业应用需求升级，将为物联网产业发展带来新机遇。

- 传统产业智能化升级将驱动物联网应用进一步深化：当前物联网应用正在向工业研发、制造、管理、服务等业务全流程渗透，农业、交通、零售等行业物联网集成应用试点也在加速开展。
- 消费物联网应用市场潜力将逐步释放：全屋智能、健康管理、可穿戴设备、智能门锁、车载智能终端等消费领域市场保持高速增长，共享经济蓬勃发展。
- 新型智慧城市全面落地实施将带动物联网规模应用和开环应用：全国智慧城市由分批试点步入全面建设阶段，促使物联网从小范围局部性应用向较大范围规模化应用转变，从垂直应用和闭环应用向跨界融合、水平化和开环应用转变。

我国物联网产业核心基础能力相对较为薄弱、高端产品对外依存度较高、原始创新能力尚显不足等问题长期存在。此外，随着物联网产业和应用加速发展，一些新问题日益突出，主要体现在以下几个方面。

- 产业整合和引领能力仍需要提高：当前各知名物联网企业纷纷以平台为核心构建产业生态，通过兼并整合、开放合作等方式增强产业链上下游资源整合能力，在企业营收、应用规模、合作伙伴数量等方面均大幅增加。我国的物联网企业需要继续整合产业链上下游资源、引领产业协调发展，不断提升产业链协同性能力。
- 物联网安全问题日益突出：数以亿计的设备接入物联网，针对用户隐私、基础网络环境等的安全攻击不断增多，物联网风险评估、安全评测等尚未成熟，成为推广物联网应用的重要制约因素。
- 标准体系仍不完善：一些重要标准研制进度较慢，跨行业应用标准制定推进困难，尚难满足产业急需和规模应用需求。

因此，我国必须重新审视物联网对经济社会发展的基础性、先导性和战略性意义，牢牢把握物联网发展的新一轮重大转折机遇，进一步聚焦发展方向，优化调整发展思路，持续推动我国物联网产业保持健康有序发展，抢占物联网生态发展主动权和话语权，为我国国家战略部署的落地实施奠定坚实基础。

9.3 认识大数据

大数据开启了重大的时代转型，带来的信息风暴变革人们的生活、工作和思维。大数据对人类的认知和与世界交流的方式提出了全新的挑战，它已成为新发明和新服务的源泉。

9.3.1 大数据的定义和特征

大数据(big data)是指信息量巨大，无法利用现有的软件工具在合理的时间内提取、存储、搜索、共享、分析和处理的海量的、复杂的数据集合。大数据一般是指 PB(拍字节，即 2^{50}B，也就是 2 的 50 次方字节)级及以上的数量级规模。

大数据具有"5V"特征，对大数据的特征描述比较准确：大体量(volume)、多种类(variety)、高速度(velocity)、低价值密度(value)、准确性(veracity)。

- 大体量(Volume)：数据量大，包括采集、存储和计算的量都非常大。大数据的起始计量单位是 PB(1000 个 TB)、EB(100 万个 TB)或 ZB(10 亿个 TB)。
- 多种类(variety)：大数据的类型可以包括网络日志、音频、视频、图片、地理位置信息等。其中 10%为结构化数据，通常存储在数据库中；90%为半结构化、非结构化数据，格式多种多样。它具有异构性和多样性的特点，没有明显的模式，也没有连贯的语法和句义，而多种类型的数据对数据的处理能力提出了更高的要求。
- 高速度(velocity)：处理速度快，时效性要求高，需要实时分析，数据的输入、处理和分析要连贯性地处理，这是大数据区别于传统数据挖掘的最显著特征。
- 低价值密度(value)：大数据价值密度相对较低。例如，随着物联网的广泛应用，信息感知无处不在，产生了海量信息，但存在大量不相关信息。

- 准确性(veracity)：也可以称之为真实性，即大数据来自现实生活，因此能够保证一定的真实准确性。相对来说，大数据信息含量高、噪声含量低，即信噪比较高。

9.3.2 大数据的处理技术

大数据的处理结果往往采用可视化图形表示，基本原则是：要全体不要抽样，要效率不要绝对精确，要相关不要因果。具体的大数据处理方法很多，主要处理流程是大数据采集、数据导入和预处理、数据统计和分析、数据挖掘等。

- 大数据采集：大数据采集是指利用多个数据库来接收发自客户端(Web、App 或者传感器等)的数据。大数据采集的特点是并发数高，因为可能会有成千上万的用户同时进行访问和操作。例如火车票售票网站和淘宝网站，它们的并发访问量在峰值时达到了上百万，所以需要在采集端部署大量数据库才能支持数据采集工作，这些数据库之间如何进行负载均衡也需要深入思考和仔细设计。
- 数据导入和预处理：要对采集的海量数据进行有效的分类，还应该将这些来自前端的数据导入一个集中的大型分布式数据库中，并且在导入基础上做一些简单的数据清洗和预处理工作。导入与预处理过程的特点是数据量大，每秒钟的导入量经常会达到百兆，甚至千兆。可以利用数据提取、转换和加载工具，将分布的、异构的数据(如关系数据、图形数据等)抽取到临时中间层后，进行清洗、转换、集成，最后导入数据库中。
- 数据统计和分析：统计与分析主要是对存储的海量数据进行普通的分析和分类汇总，常用的统计分析有假设检验、显著性检验、差异分析、相关分析、方差分析、回归分析、曲线分析、因子分析、聚类分析、判别分析等技术。统计与分析的特点是涉及的数据量大，会极大地占用系统资源，特别是 I/O 设备。
- 数据挖掘：大数据只有通过数据挖掘才能获取很多深入的、有价值的信息。大数据挖掘最基本的要求是可视化分析，因为可视化分析能够直观地呈现大数据的特点，同时能够非常容易地被读者接受。数据挖掘主要是在大数据基础上进行各种算法的计算，从而起到预测的效果。数据挖掘的方法有分类、估计、预测、相关性分析、聚类、描述和可视化等。可对 Web、图像、视频、音频等复杂数据类型进行数据挖掘。如果数据挖掘算法很复杂，设计的数据量和计算量就会很大，常用数据挖掘算法以多线程为主。

9.3.3 大数据的应用

大数据技术在政府机关、电子商务、金融、医疗、能源以及教育等领域都有广泛应用。

1. 政务大数据

许多国家的政府和国际组织都认识到了大数据的重要作用，纷纷将开发利用大数据作为夺取新一轮竞争制高点的重要抓手。我国已将大数据视为国家战略，并且在实施上已经进入企业战略层面，这种认识已经远远超出当年的信息化战略。其他很多国家的政府部门也已经开始推广大数据应用。

政务和互联网大数据加速融合，互联网网民行为数据、交易数据、日志数据、意愿数据等海量数据，蕴藏着无限的可挖掘的价值。在"互联网+"时代，互联网、移动互联网已经成为民众获取信息的最主要渠道，也成为政府采集民众意愿、需求等数据的有效来源。因此，政务数据与互联网数据之间的融合应用，是深化政务大数据应用的必然趋势。

2. 行业大数据

在电子商务、金融、医疗、能源、交通、制造业甚至跨行业领域，大数据的应用无处不在，目前应用最为广泛的是以下几个方面。

- 电子商务：目前，电子商务已经超过了传统的零售模式，成为大众最主流的消费方式之一。爆炸性增长的数据已经成为电子商务非常具有优势和商业价值的资源，电子商务平台掌握了非常全面的客户信息、商品信息，以及客户与商品之间的联系信息，包括用户注册信息、浏览信息、消费记录、送货地址、用户对商品的评价、商品信息、商品交易信息、库存量以及商家的信用信息等。可以说，大数据已被应用到整个电子商务的业务流程当中。电子商务能够有现在的发展，能够在消费模式中牢牢占据主流位置，大数据技术功不可没。
- 金融：金融机构的作用就是解决资金融通双方信息不对称问题。大数据技术中的对信息进行挖掘分析的功能，在金融领域当中能够有效促进行业的健康发展，增加市场份额，提升客户忠诚度，提升整体收入，降低金融风险。目前大数据在金融领域主要应用于风险评估和市场预测等。
- 医疗：随着医疗卫生信息化建设进程的不断加快，医疗数据的类型和规模也在以前所未有的速度迅猛增长。这种特殊、复杂的庞大医疗数据，比如从挂号开始，医院便将个人姓名、年龄、住址、电话等信息输入数据库；面诊过程中病患的身体状况、医疗影像等信息也会被录入数据库；看病结束以后，费用信息、报销信息、医保使用情况等信息也被添加到数据库里面。这就是医疗大数据最基础、最庞大的原始资源。这些数据可以用于临床决策支持，如用药分析、药品不良反应、疾病并发症、治疗效果相关性分析，或者用于疾病诊断与预测，或者制定个性化治疗方案。对医疗数据进行管理、整合、分析、预测，能够帮助医院进行更有效的决策。

3. 教育大数据

在教育界，特别是在学校教育中，数据成为教学改进最为显著的指标。通常，这些数据不仅包括教师和学生的个人信息、考试成绩，同时也包括入学率、出勤率、辍学率、升学率等。对于具体的课堂教学来说，数据应该是能说明教学效果的，如学生识字的准确率、作业的正确率、积极参与课堂提问的举手次数、回答问题的次数、时长与正确率、师生互动的频率与时长。进一步具体来说，例如每个学生回答一个问题所用的时间是多长，不同学生在同一问题上所用时长的区别有多大，整体回答的正确率是多少，这些具体的数据经过专门的收集、分类、整理、统计、分析就成为大数据。近年来，随着大数据成为互联网信息技术行业的流行词汇，教育逐渐被认为是大数据可以大有作为的一个重要应用领域，大数据也将给教育领域带来革命性的变化。

在如今的信息化社会，每个人都至少有一部手机，办公不再是纸质文件，而是被计算机所代替。每个行业，每天都要产生大量的数据。随着数据的不断增加，其已成为了一种商业资本，一项重要投入。在很多行业里，每天产生的数据都具备大数据的特征，需要用大数据的处理方式来处理。如果没有大数据的处理技术，很多行业都不会发展到今天这样的高度。因此可以说，大数据技术未来的发展将会影响到很多行业的发展。

9.4 认识人工智能

人工智能(artificial intelligence，AI)，是研究与开发用于模拟、延伸和扩展人的智能的理论、方法、技术及应用系统的一门新的技术科学。

9.4.1 人工智能的概念和发展

人工智能是计算机科学的一个分支，它企图了解智能的实质，并生产一种新的能以人类智能相似的方式做出反应的智能机器，该领域的研究包括机器人、语言识别、图像识别、自然语言处理和专家系统等。人工智能从诞生以来，理论和技术日益成熟，应用领域也不断扩大，可以设想，未来人工智能带来的科技产品，将会是人类智慧的"容器"。人工智能可以对人的意识、思维的信息过程进行模拟。

人工智能虽然不是人的智能，但能像人那样思考，也可能超过人的智能。

从1956年正式提出人工智能学科算起，60多年来，人工智能取得长足的发展，成为一门广泛的交叉和前沿科学。总的说来，人工智能的目的就是让计算机这台机器能够像人一样思考。如果希望做出一台能够思考的机器，那就必须知道什么是思考，更进一步讲就是什么是智慧。什么样的机器才是智慧的呢？科学家已经制造出了汽车、火车、飞机、收音机等，它们模仿我们身体器官的功能，但是能不能模仿人类大脑的功能呢？到目前为止，我们也仅仅知道我们的大脑是由数十亿个神经细胞组成的器官，我们对其知之甚少，模仿它或许是天下最困难的事情了。

而当计算机出现后，人类开始真正有了一个可以模拟人类思维的工具，在以后的岁月中，无数科学家为这个目标努力着。如今人工智能已经不再是几个科学家的专利，全世界几乎所有大学的计算机系都有人在研究这门学科，在大家不懈的努力下，如今计算机似乎已经变得十分聪明。例如，1997年5月，IBM公司研制的深蓝(Deep Blue)计算机战胜了国际象棋大师卡斯帕洛夫(Kasparov)。

许多人或许没有注意到，在一些地方，计算机帮助人进行原来只属于人类的工作，计算机以其高速和准确为人类发挥着它的作用。人工智能是计算机科学的前沿学科，计算机编程语言和其他计算机软件都因为有了人工智能的进展而得以存在。

9.4.2 人工智能的特点和应用

1. 人工智能的特点

现有人工智能的特点可以总结为：弱人工智能比人强，强人工智能不如人。

- 弱人工智能：就是指应用到专一领域只具备专一功能的人工智能系统，例如股价预测、无人驾驶、智能推送或者 Alpha 狗。这类应用的领域非常专一，重复劳动量大，训练数据体量异常庞大，涉及复杂决策或分类难题。
- 强人工智能：就是指通用型人工智能。目前人工智能系统受限于学习能力、算法、数据来源等，只适合训练针对单一工作的弱人工智能系统。况且人类目前对于自己的认知行为的研究尚且有限，更不要说开发出具有跟人类一样认知能力的全能型人工智能系统。

2. 人工智能的应用领域

人工智能应用的范围很广，包括计算机科学、金融贸易、医院和医药、工业、运输、远程通信、在线和电话服务、法律、科学发现、玩具和游戏、音乐等。下面举例介绍常用的几种应用。

- 人机对话：学术界和工业界越来越重视人机对话，在任务比较明确的应用领域，人机对话已取得很明显的成效。现在，网购平台90%以上的询问已由计算机智能客服解决，只有不到 10%的询问由人工客服完成。人机对话系统经历了语音助手、聊天机器人和面向场景的任务执行 3 个阶段。目前，人机对话已经在多个行业领域得到应用，除了电子商务外，还包括金融、通信、物流和旅游等。
- 智能金融：人工智能技术在金融业中可以用于服务客户，支持授信、各类金融交易和金融分析中的决策，并用于风险防控和监督，将大幅改变金融现有格局，金融服务将会更加个性化与智能化。百度、阿里巴巴和腾讯 3 家互联网企业都是智能金融应用起步较早、技术较为成熟的代表。它们不仅开展人工智能研究性工作，而且本身具备强大的智能金融应用场景，因此处于人工智能金融生态服务的顶端。
- 智能医疗：随着人工智能、大数据、物联网的快速发展，智能医疗在辅助诊疗、疾病预测、医疗影像辅助诊断、药物开发、精神健康、可穿戴设备等方面发挥了重要作用，同时，让更多人共享有限的医疗资源，为解决"看病难"的问题提供了新的思路。目前，世界各国的诸多科技企业都投入大量资源建立人工智能团队，从而进入智能医疗健康领域。
- 智能安防：随着智慧城市建设的推进，安防行业正进入一个全新的加速发展的时期。从平安城市建设到居民社区守护，从公共场所的监控到个人电子设备的保护，智能安防技术已得到深入广泛应用。利用人工智能对视频、图像进行存储和分析,进而从中识别安全隐患并对其进行处理是智能安防与传统安防的最大区别。从 2015 年开始,我国多个城市都在加速推进平安城市的建设,积极部署公共安全视频监控体系。无论是在生活、工作、购物还是休闲中,都能看到安防系统,它就像无声的"保镖"守护着人们人身和财物的安全,公安部门也可以借助安防监控系统破获各类案件。现在很多城市中的新旧住宅小区也都安装了智能安防系统。

- 自动驾驶:随着科技的不断发展和进步,一批互联网高科技企业,如百度等都以人工智能的视角切入自动驾驶领域。中国无人驾驶车在环境识别、智能行为决策和控制等方面实现了新的技术突破。虽然现在人工智能在自动驾驶领域得到了大量的应用,但目前还不很成熟,无人驾驶功能现在只能称之为自动辅助驾驶。

9.4.3 人工智能的开发框架和平台

1. 常用的开发框架和 AI 库

- TensorFlow:TensorFlow 是人工智能领域最常用的框架,是一个使用数据流图进行数值计算的开源软件,该框架允许在任何 CPU 或 GPU 上进行计算。TensorFlow 拥有包括 TensorFlow Hub、TensorFlow Lite、TensorFlow Research CLond 在内的多个项目以及各类应用程序接口,被广泛应用于各类机器学习算法的编程实现。该框架使用 C++和 Python 作为编程语言,简单易学。
- Caffe:Caffe 是一个强大的深度学习框架,主要采用 C++作为编程语言,深度学习速度非常快。借助 Caffe,可以非常轻松地构建用于图像分类的卷积神经网络。
- Accord.NET:Accord.NET 框架是一个.NET 机器学习框架,主要使用 C#作为编程语言。该框架可以有效地处理数值优化、人工神经网络甚至是可视化,除此之外,它有强大的计算机视觉和信号处理功能。
- 微软 CNTK:CNTK (Cognitive Toolkit)是一款开源深度学习工具包,是一个提高模块化和维护分离计算网络,提供学习算法和模型描述的库,可以同时利用多台服务器,速度比 TensorFlow 快,主要使用 C++作为编程语言。
- Theano:Theano 是一个强大的 Python 库。该库使用 GPU 来执行数据密集型计算,操作效率很高,常被用于为大规模的计算密集型操作提供动力。
- Keras: Keras 是一个用 Python 编写的开源神经网络库。与 TensorFlow、CNTK 和 Theano 不同,Keras 作为一个接口提供高层次的抽象,让神经网络的配置变得简单。
- Torch:Torch 是一个用于科学和数值计算的开源机器学习库,主要采用 C 语言作为编程语言。它是基于 Lua 的库,通过提供大量的算法,更易于深入学习研究,提高了效率和速度。它有一个强大的 N 维数组,有助于切片和索引之类的操作。此外,Torch 还提供了线性代数程序和神经网络模型。

- Spark MLlib：Apache Spark MLlib 是一个可扩展的机器学习库，可采用 Java、Scala、Python、R 作为编程语言，可以轻松地插入 Hadoop 工作流程中。它提供了机器学习算法，如分类、回归、聚类等，处理大型数据时非常快速。

2. 人工智能的开发平台

目前，国内比较知名的 AI 开放平台有百度 AI 开放平台、腾讯 AI 开放平台和阿里 AI 开放平台。利用 AI 开放平台，初学者就能轻松地使用搭建好的基础架构资源，通过调用其相关 API (application programming interface，应用程序编程接口)，使用自己的应用程序获得 AI 功能。在使用平台功能之前，需要在相关网页中注册和认证，方可进行相关业务操作。

9.5 认识虚拟现实

虚拟现实(virtual reality，VR)又称为"灵境""赛博空间"等，它集中体现了计算机技术、计算机图形学、多媒体技术、传感技术、显示技术、人机交互、人工智能等多个领域的最新发展。

9.5.1 虚拟现实的概念和特性

虚拟现实是利用计算机技术等高新技术生成一种逼真的三维模拟环境，用户能通过多种传感设备沉浸到这个能产生"身临其境"感觉的仿真场景。

虚拟现实以计算机技术为主，利用并综合三维图形动画技术、多媒体技术、仿真技术、传感技术、显示技术、伺服技术等多种高科技的最新发展成果，利用计算机等设备来产生一个逼真的三维视觉、触觉、嗅觉等多种感官体验的虚拟世界，从而使处于虚拟世界中的人产生一种身临其境的感觉。在这个虚拟世界中，人们可直接观察周围世界及物体的内在变化，与其中的物体之间进行自然的交互，并能实时产生与真实世界相同的感觉，使人与计算机融为一体。与传统的模拟技术相比，VR 技术的主要特征是：用户能够进入一个由计算机系统生成的交互式的三维虚拟环境中，可以与之进行交互。通过参与者与仿真环境的相互作用，并利用人类本身对所接触事物的感知和认知能力，帮助启发参与者的思维，全方位地获取事物的各种空间信息和逻辑信息。

进入 20 世纪 90 年代后，迅速发展的计算机硬件技术与不断改进的计算机软件系统相匹配，使得基于大型数据集合的声音和图像的实时动画制作成为可能，人机交互系统的设计不断创新，新颖、实用的输入输出设备不断地涌入市场。

虚拟现实的特性主要有以下几方面。

- 沉浸性：沉浸性(immersion)是指用户感受到被虚拟世界所包围，好像完全置身于虚拟世界中一样。VR 技术最主要的技术特征是让用户觉得自己是计算机系统所创建的虚拟世界中的一部分，使用户由观察者变成参与者，沉浸其中并参与虚拟世界的活动。理想的虚拟世界应该达到使用户难以分辨真假的程度，甚至超越真实，实现比现实更逼真的照明和音响效果。
- 交互性：交互性(interactivity)的产生，主要借助于 VR 系统中的特殊硬件设备(如数据手套、力反馈装置等)，使用户能通过自然的方式，产生同在真实世界中一样的感觉。
- 构想性：构想性(imagination)又称为想象性，指虚拟的环境是人想象出来的，同时这种想象体现出设计者相应的思想，因而可以用来实现一定的目标。比如设计室内装修效果图、设计建筑物、设计传说中的神话人物、设计外壳数字模型、设计战场环境等。所以说 VR 技术不仅是一个媒体或一个高级用户界面，还是一个复杂的仿真系统，是为解决工程、医学、军事等方面的问题而由开发者设计出来的应用软件。

9.5.2 虚拟现实的分类和应用

1. 虚拟现实系统的分类

在实际应用中，根据 VR 技术对沉浸程度的高低和交互程度的不同，将 VR 系统划分为 4 种类型：沉浸式 VR 系统、桌面式 VR 系统、增强式 VR 系统、分布式 VR 系统。其中桌面式 VR 系统因其技术非常简单，需投入的成本也不高，在实际应用中较广泛。

2. 和虚拟现实相关的概念

在虚拟现实中还派生了其他几种相关概念。
- 增强现实(augmented reality，AR)：AR 是将计算机系统提供的信息或图像与在虚拟现实世界的时间、空间范围内很难体验到的实体信息进行信息叠加呈现给用户，虚实结合从而提升用户对现实世界的感知能力。微软公司于 2015 年 1 月 22 日发布了 HoloLens 全息眼镜，这是增强现实技术的一个重要的时刻，标志着增强现实技术逐步开始进入普通人的日常生活中。
- 混合现实(mixed reality，MR)：MR 包括增强现实和增强虚拟。加拿大多伦多大学工业工程系的保罗·米尔格拉姆(Paul Milgram)对 MR 的定义是——真实世界和虚拟世界在一个显示设备中同时呈现，构建虚拟现实影像信息与现实实体信息两者合并出现的场景。
- 扩展现实(extended reality，XR)：XR 通过信息技术和可穿戴设备等将现实与虚拟现实影像相结合而构建的一个真实与虚拟相结合、可人机交互的环境。

3. 虚拟现实技术应用

虚拟现实在游戏、医学、军事、教育等领域有广泛的应用。
- 游戏领域应用：Steam 等游戏平台为玩家们提供了大量的 VR 游戏，配合虚拟现实头盔，就可以让用户进入一个可以交互的虚拟场景中体验惊险刺激的游戏内容。
- 医疗领域应用：虚拟现实技术不只是在游戏领域有巨大潜力，在医疗领域同样有广阔空间，特别在医疗培训、临床诊疗、医学干预、远程医疗等方面具有一定的优势。2020

年 11 月，我国首个"虚拟现实医院计划"正式启动。"虚拟现实医院计划"将采用 VR/AR/MR、全息投影、人机接口、神经解码编码等技术，促进医、教、研、产一体化，提出未来新医疗全套解决方案。
- 军事领域应用：虚拟现实技术应用于军事领域，通过虚拟现实技术模拟训练场、作战环境、灾难现场等，训练士兵在军事实战和危险应急的情况下如何做出快速有效的反应，对提高训练和演习效果起到了至关重要的作用。例如，采用虚拟现实技术让受训者置身于一座现代化"战争实验室"，营造出逼真战场氛围。在动感座舱里战士们戴上"VR 头盔"进行战争"预实践"，培养战术素养、锤炼心理素质。

9.6 认识区块链

作为一种新兴技术，区块链是分布式数据库存储、点对点传输、共识机制、加密算法等计算机技术在互联网时代的创新应用模式。从应用角度来看，区块链在数据共享、优化业务流程、降低运营成本、建设诚信社会有着关键和基础的作用。

9.6.1 区块链的定义和特点

2021 年 6 月，工业和信息化部、中共中央网络安全和信息化委员会办公室印发《关于加快推动区块链技术应用和产业发展的指导意见》这一政策文件，对区块链的定义如下：区块链是新一代信息技术的重要组成部分，是分布式网络、加密技术、智能合约等多种技术集成的新型数据库软件。区块链具有数据透明、不易篡改、可追溯等特点，有望解决网络空间的信任和安全问题，推动互联网从传递信息向传递价值变革，重构信息产业体系。这一政策文件明确提出到 2025 年，区块链产业综合实力达到世界先进水平，产业初具规模。到 2030 年，区块链产业综合实力持续提升，产业规模进一步壮大。区块链与互联网、大数据、人工智能等新一代信息技术深度融合，在各领域实现普遍应用，培育形成若干具有国际领先水平的企业和产业集群，产业生态体系趋于完善。区块链成为建设制造强国和网络强国，发展数字经济，实现国家治理体系和治理能力现代化的重要支撑。

从上述定义来看，区块链最重要的特点是基于区块链技术的数据库软件中的信息"透明、安全、可信"。区块链数据透明、不易篡改、可追溯，能让数据可以"信任"。信任是区块链最基础的功能，把现实生活中人与人之间的诚信用数据库中数据区块与数据区块之间形成的区块链来实现数据信任机制。这样可以减少人们在事务中查验证照等信息的时间和成本，提高效率。

9.6.2 区块链的应用构想

区块链技术最重要的意义就在于去除中心管理和控制的必要性，用分布存储、数字签名技术和统计的方法建立一种让互不信任的各方可以信赖的机制，用于记录和交换信息资源。这为许多原来不能实现的应用开辟了途径，并颠覆了一些习以为常的思维方法，其影响是深刻的。比特币是区块链最成功的应用，已经广为人知。下面介绍几个有代表性的应用构想，有助于进一步理解区块链的意义。

- 食品和生活用品的生产供应链及流通过程的监督记录：原料供应商、生产商、销售商、政府监督部门联合组成一个区块链网络，用区块链实时记录原料供应、生产流程以及产品库存和流通的信息，为最终的产品提供可以跟踪的历史数据。由于这些团体利益不同，保证了任何一个团体没法控制整个系统而单独修改或删除数据。这有助于保证和提高产品的质量。
- 各级政府的资源管理和项目审批过程的监督记录：各级政府控制的地产、矿产等各种自然资源，以及其利用和审批过程的各种文件交流和结果，工程项目的招标、投标的各种信息和文件交流、决策及项目结果等，都可以记录到区块链中。甚至项目合同也可以通过区块链实现。区块链由全国的各级政府、媒体、民间团体组成网络共同维护，使得任何一方无法单独修改记录。这不仅大大提高政府的行政效率，还提高政府的透明度和信誉，让腐败难以藏身。
- 建立全面的个人数字档案：个人数字档案详细地记录了教育和工作经历，包括就读学校和学习成绩、工作单位和年薪、家庭及财产和债务构成、身体健康和医疗记录、成就、荣誉以及犯罪记录等。这些信息分布在不同的区块链中，分别由教育系统、就业或税收系统、医疗系统、金融系统以及执法系统维持。有些敏感数据的所有权属于个人，用个人的公钥加密并且只有个人的私钥才能解密。有些数据的所有权属于个人和有关部门，只有各自的私钥才能解密。个人可以根据要求授权让第三方查阅有关资料。具备这些丰富的、真实且不可修改的数据，申请房贷将成为一个人工智能的决策过程，而交易合同可以通过金融系统的区块链自动实现，如每月自动从银行账户转移还款数额。可靠又能正当盈利的网络 P2P 也可能重获生机。医生可以在病人的授权下随时随地查阅所有的健康数据、用药和治疗历史，进而提高治疗的水平。

9.7 课后习题

1. 简述云计算的服务和部署模式。
2. 简述大数据的处理技术。
3. 简述人工智能的应用领域。
4. 简述虚拟现实的概念和特性。